新世纪高职高专
计算机应用技术专业系列规划教材

WPS Office 2019
· 对标国家课程标准
· 采用国产软件讲解
· 内含丰富微课视频

信息技术基础

WPS版

新世纪高职高专教材编审委员会 组编
主　编　疏国会　张成叔　林　昕
副主编　张世平　藕海云　马晓松
　　　　邹汪平　刘寒春　张莉莉

大连理工大学出版社

图书在版编目(CIP)数据

信息技术基础：WPS版 /疏国会，张成叔，林昕主编. — 大连：大连理工大学出版社，2022.1(2024.12重印)
新世纪高职高专计算机应用技术专业系列规划教材
ISBN 978-7-5685-3392-8

Ⅰ.①信… Ⅱ.①疏… ②张… ③林… Ⅲ.①电子计算机－高等职业教育－教材 Ⅳ.①TP3

中国版本图书馆CIP数据核字(2021)第245685号

大连理工大学出版社出版

地址：大连市软件园路80号 邮政编码：116023
发行：0411-84708842 邮购：0411-84708943 传真：0411-84701466
E-mail:dutp@dutp.cn URL:https://www.dutp.cn
辽宁虎驰科技传媒有限公司印刷 大连理工大学出版社发行

幅面尺寸:185mm×260mm	印张:16 字数:408千字
2022年1月第1版	2024年12月第5次印刷

责任编辑：李 红 责任校对：马 双
封面设计：张 莹

ISBN 978-7-5685-3392-8 定 价：46.80元

本书如有印装质量问题，请与我社发行部联系更换。

前 言

《信息技术基础(WPS版)》是新世纪高职高专教材编审委员会组编的计算机应用技术专业系列规划教材之一。

信息技术已成为经济社会转型发展的主要驱动力,是建设创新型国家、制造强国、网络强国、数字中国、智慧社会的基础支撑。高等职业教育专科"信息技术"课程是各专业学生必修或限定选修的公共基础课程。学生通过学习本课程,能够增强信息意识,提升计算思维,促进数字化创新与发展能力,树立正确的信息社会价值观和责任感,为其职业发展、终身学习和服务社会奠定基础。

本书围绕落实立德树人根本任务和高等职业教育专科各专业对信息技术学科核心素养的培养需求,吸纳信息技术领域的前沿技术,按照"理论够用、实践够重、案例驱动、方便教学"的理念进行编写,促进"教学做一体化"课程教学,提升学生应用信息技术解决问题的综合能力,使学生成为德智体美劳全面发展的高素质技术技能人才。

本书具有以下特点:

1. 课程思政,服务立德树人

本书融入"课程思政"元素,包括网络信息的安全性甄别、就业信息的检索与可信度筛查、失信记录规避、个人素养和社会责任的养成等,更好地服务职业教育立德树人的根本任务。

2. 课标为纲,服务人才培养

《高等职业教育专科信息技术课程标准(2021年版)》由教育部于2021年4月发布,该课程标准为高等职业教育专科公共基础课的第一份课程标准。本书编写团队积极响应国家号召,仔细研读课程标准,分析课程标准的核心要义和落实措施,严格按照课程标准要求,精心策划和设计,认真组织案例和内容,旨在促进国家课程标准的精准落地,服务人才培养。

3. 国产软件,服务国家战略

采用WPS Office 2019软件进行编写,大力推广国产软件在高等职业教育和青年群体中的应用,是服务国家信息安全战略的重要举措,符合新时代对高等职业教育专科

公共基础课"信息技术"课程建设的要求。

4. 案例驱动,服务教育教学

以技能为主的单元,按照一个具体项目案例的制作过程和所需的知识点展开,循序渐进,当该单元内容结束时,该案例即完成。以知识为主的单元,设计足够的经典案例,通过案例引入知识,这样更加符合职业教育的要求,也更加符合教学规律。

5. 一体化设计,服务课程建设

本书采用新形态一体化设计,配套丰富的数字化教学资源,包括微课视频、教学设计、教学 PPT、案例素材、习题答案,为课程建设提供了足够的资源,学习者可以通过扫描书中的二维码来观看微课视频,丰富了学习手段和形式,提高了学习的兴趣和效率。

6. 搭建 MOOC,服务线上线下

本书还将搭建和制作大规模在线开放课程(MOOC)平台,便于教师搭建自己的"线上线下混合教学"课堂和 SPOC,促进教学模式创新和教学质量提升。

本书共设计了 6 个项目,分别是:WPS Office 2019 文字处理、WPS Office 2019 表格处理、WPS Office 2019 演示文稿制作、信息检索、认识新一代信息技术、培养信息素养和社会责任。

本书由安庆职业技术学院疏国会、安徽财贸职业学院张成叔和安徽城市管理职业学院林昕任主编,安徽财贸职业学院张世平、藕海云,黄山职业技术学院马晓松,池州职业技术学院邹汪平,铜陵职业技术学院刘寒春,安徽粮食工程职业学院张莉莉任副主编。具体编写分工如下:项目 1 由张世平和张莉莉编写;项目 2 由疏国会、马晓松和刘寒春编写;项目 3 由林昕和邹汪平编写;项目 4 由藕海云编写;项目 5 和项目 6 由张成叔编写。微课视频由张成叔设计和制作,全书由张成叔和疏国会统稿和定稿。

在本书的策划和出版过程中,得到了大连理工大学出版社的大力支持,也得到了很多从事计算机教育的同仁的关心和帮助,在此一并表示感谢。

本教材适合作为高等职业教育专科公共基础课"信息技术"和"计算机应用基础"课程的教材,建议安排 64 课时左右,理论讲授课时和实训课时的比例可安排为 1∶1。

由于编者水平有限,书中难免有疏漏和不足之处,敬请广大读者批评指正。

编　者

2022 年 1 月

所有意见和建议请发往:dutpgz@163.com
欢迎访问职教数字化服务平台:https://www.dutp.cn/svc/
联系电话:0411-84707492　84706104

目 录

项目 1　WPS Office 2019 文字处理 ·· 1
- 任务 1-1　认识 WPS Office 2019 文字 ··· 2
- 任务 1-2　掌握 WPS 文字的基本操作 ··· 8
- 任务 1-3　编辑 WPS 文档 ·· 13
- 任务 1-4　制作表格 ·· 28
- 任务 1-5　插入图形和艺术字 ·· 35
- 任务 1-6　邮件合并和协同编辑文档 ··· 45
- 任务 1-7　页面设置和文档输出 ··· 49

项目 2　WPS Office 2019 表格处理 ·· 55
- 任务 2-1　认识 WPS Office 2019 表格 ··· 56
- 任务 2-2　掌握工作簿的基本操作 ·· 58
- 任务 2-3　掌握单元格的基本操作 ·· 61
- 任务 2-4　管理工作表 ··· 86
- 任务 2-5　使用公式和函数 ··· 93
- 任务 2-6　数据管理 ··· 100
- 任务 2-7　制作图表 ··· 107
- 任务 2-8　制作数据透视表和数据透视图 ·· 111
- 任务 2-9　页面布局和打印输出 ·· 117

项目 3　WPS Office 2019 演示文稿制作 ··· 127
- 任务 3-1　认识 WPS Office 2019 演示文稿 ····································· 128
- 任务 3-2　创建并保存演示文稿 ·· 133
- 任务 3-3　添加幻灯片的组成对象 ··· 135
- 任务 3-4　设计幻灯片 ·· 145
- 任务 3-5　设置幻灯片切换与动画效果 ··· 156
- 任务 3-6　放映与输出幻灯片 ··· 165

项目 4　信息检索 ··· 172
- 任务 4-1　认识信息检索 ··· 173
- 任务 4-2　使用信息检索技术检索信息 ··· 178
- 任务 4-3　使用网络搜索引擎检索信息 ··· 185
- 任务 4-4　使用中文学术期刊数据库和专利检索系统检索信息 ············· 189
- 任务 4-5　检索就业信息 ··· 202

项目 5　认识新一代信息技术 …………………………………………………… 208
任务 5-1　了解信息与信息技术 ………………………………………… 209
任务 5-2　了解物联网技术 ……………………………………………… 211
任务 5-3　了解云计算和大数据技术 …………………………………… 213
任务 5-4　了解人工智能技术 …………………………………………… 218
任务 5-5　了解移动通信技术和区块链技术 …………………………… 220

项目 6　培养信息素养和社会责任 ………………………………………………… 227
任务 6-1　了解信息素养概述和评价 …………………………………… 228
任务 6-2　了解信息安全 ………………………………………………… 234
任务 6-3　培养个人素养与社会责任 …………………………………… 239

参考文献 ……………………………………………………………………………… 247

微 课 目 录

序号	名称	页码
1	选项卡和功能区	4
2	视图方式	6
3	插入符号和特殊字符	9
4	查找和替换文本	14
5	格式刷	18
6	段落的缩进格式	19
7	样式	21
8	设置页眉页脚	25
9	创建表格	28
10	调整列宽和行高	29
11	插入/删除表格的行或列	30
12	合并和拆分单元格拆分表格	31
13	表格中数据的排序	35
14	图形的绘制和选择	36
15	插入图片	39
16	公式编辑器	42
17	设置文字环绕	43
18	邮件合并	45
19	多人协同编辑文档	48
20	页面设置	49
21	工作簿、工作表、单元格的概念	58
22	输入数值	63
23	数据智能填充	64
24	单元格的清除	70
25	行高、列宽的调整	72
26	单元格数字格式	74
27	单元格数据的对齐方式	76
28	条件格式	81

序号	名称	页码
29	批注	84
30	重命名工作表	87
31	冻结窗格	90
32	公式的格式和录入	93
33	相对引用	95
34	绝对引用	95
35	函数结构	97
36	输入函数	97
37	排序的方法	100
38	筛选	103
39	分类汇总	107
40	图表的创建	108
41	编辑图表	109
42	创建数据透视表	111
43	WPS 演示文稿的工作窗口	130
44	WPS 演示文稿的视图方式	131
45	插入文本框	137
46	插入图片	138
47	插入图表	142
48	插入声音对象	143
49	幻灯片母版	154
50	设置幻灯片切换方式	156
51	动画基本操作	158
52	超链接	164
53	放映方式	167
54	百度	186
55	检索方式	190
56	专利检索	199

项目 1
WPS Office 2019 文字处理

项目工作任务
- 文档的创建和保存;文本的输入和编辑
- 表格的制作和应用;图文混排和应用;邮件合并和多人协同办公
- 文档页面设置和输出

项目知识目标
- 理解文档与文字、图文混排、页面设置与文档输出之间的关系
- 理解表格的作用和主要功能
- 理解文字格式、段落格式和页面格式的关系
- 理解插入公式、符号等对象的应用场合

项目技能目标
- 能快速准确地录入文字
- 能熟练地进行文字编辑
- 能根据内容要求对文档合理地排版
- 熟练制作各种表格和实现图文混排
- 能熟练掌握邮件合并和多人协同办公
- 能熟练地将文档输出为 PDF 格式
- 能熟练地使用打印机

项目重点难点
- 文字、公式等各种录入方法和技巧
- 文档的各种常用编辑技巧
- 各种复杂表格的制作技巧,邮件合并的处理
- 文字、表格和图片的各种形式的混合排版

任务 1-1　认识 WPS Office 2019 文字

WPS Office 2019 文字（以下简称"WPS 文字"）是 WPS Office 2019 的主要组件之一，用于进行文字处理，WPS 文字界面如图 1-1 所示。

图 1-1　WPS 文字界面

WPS Office 是由北京金山办公软件股份有限公司自主研发的一款办公软件套装，主要包含 WPS 文字（WPS）、WPS 表格（ET）和 WPS 演示（WPP）三大功能模块，分别与微软公司的 Word、Excel 和 PowerPoint 相对应，可以实现办公软件最常用的文字、表格、演示以及 PDF 阅读等多种功能。具有兼容免费、云"办公"、强大插件平台支持、免费提供海量在线存储空间及文档模板的优点。在 WPS Office 2019 家族中，每个组件有明确的功能，具体如下：

①WPS Office 2019 文字支持查看和编辑 doc/docx 文档，无论是图文、表格混排还是批注、修订模式，均游刃有余，并支持 WPS 文档的加密和解密。

②WPS Office 2019 表格可以输入、输出、显示数据，利用公式计算一些简单的四则运算。还可以制作各种复杂的表格文档，利用函数进行烦琐的数据计算，能对输入的数据进行各种复杂统计运算，并显示为可视性效果极佳的表格。

③WPS Office 2019 演示不仅可以创建演示文稿，还可以在互联网上召开面对面会议、远程会议或在网上给观众展示作品或产品。

④WPS Office 2019 内置了 PDF 阅读工具，可以快速打开 PDF 文档，转换 PDF 文件为 Word 格式、进行注释、合并 PDF 文档、拆分 PDF 文档及签名等。

WPS 2019 文字的常用功能如下：

①管理文档：支持.doc、.docx、.dot、.dotx、.wps、.wpt 等格式文档的建立、保存、加密。

②编辑文档：输入、复制、移动、查找替换、修订、字数统计、拼写检查等操作。

③属性设置：文字、段落、页面对象属性设置。

④表格处理：建立、保存、编辑和转换表格。

项目1　WPS Office 2019 文字处理

⑤图形处理:图形的绘制、插入、编辑和图文混排。
⑥公式编辑:数理化公式编辑,支持批注、水印、OLE 对象的显示。
⑦其他功能:项目编号和符号、邮件合并、样式与模板的制作和使用等。

子任务 1-1-1　启动和退出 WPS 文字

1. WPS 文字的启动

启动 WPS 文字的一般方法如下:

方法 1:依次单击任务栏上的"开始"按钮→"WPS Office"→"WPS Office ××版"(此处为 WPS Office 教育考试专用版)菜单命令,如图 1-2 所示。

方法 2:双击桌面快捷方式图标 。

方法 3:双击任意一个 WPS 文档。

方法 4:右击任务栏上的"开始"按钮,选择"运行"菜单命令,打开"运行"对话框,如图 1-3 所示,输入文件"WPS.exe"所在路径,或单击"浏览"按钮,在打开的"浏览"对话框中,找到文件后单击"打开"按钮,然后单击"确定"按钮启动。

图 1-2　"开始"菜单命令　　　　图 1-3　"运行"对话框

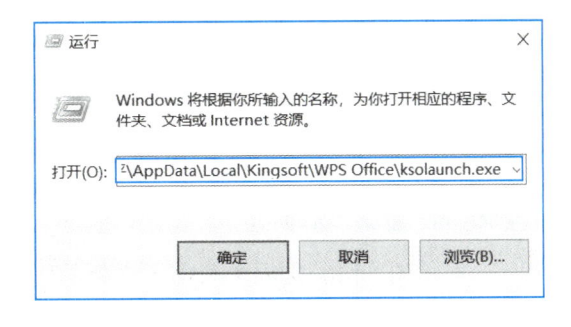

2. WPS 文字的退出

退出 WPS 文字的一般方法如下:单击该窗口的"✕"按钮。

子任务 1-1-2　认识 WPS 文字工作窗口

1. 标题栏

WPS 文字标题栏如图 1-4 所示,从左到右依次是首页、稻壳模板、文件名、工作区/标签列表和三个窗口操作按钮(最小化、最大化/还原和关闭)。

①当前程序名为 WPS"首页"。
②所有模板均在"稻壳模板"中列出。
③当前文件名为"项目1 WPS 文字处理.docx",新建默认的完整文件名是"文字文稿1.

图 1-4　WPS 文字标题栏

docx"。

④工作区/标签列表列出当前正在编辑的文档,单击可以切换当前文档。

⑤双击标题栏空白处可以最大化/还原窗口,在非最大化状态下,拖动空白处可以移动窗口。

2. 选项卡和功能区

菜单栏中列出了 WPS 文字中的 10 个主选项卡:文件、开始、插入、页面布局、引用、审阅、视图、章节、开发工具和特色功能以及快速访问工具栏,单击每一个选项卡标签,都会出现相应的功能区,功能区由若干个选项组构成,相关命令按选项组分类排列,命令可以是按钮、菜单、列表或者输入框,如图 1-5 所示。

其中快速访问工具栏包括保存、撤销和恢复等常用命令按钮,可以自定义添加或删除。如单击右侧的下拉按钮,在下拉菜单中单击常用的命令可以直接添加,或选择"其他命令"按钮,在"选项"对话框中自动定位到"快速访问工具栏"选项卡,在左侧或右侧命令列表中选取相应的命令,可以添加或删除需要的命令按钮。

微课:
选项卡和功能区

图 1-5　选项卡、功能区和选项组

3. "字体"和"段落"选项组

如图 1-5 所示的"开始"选项卡列出了文档的基本编辑操作命令选项,例如"开始"选项卡下的"字体"选项组和"段落"选项组,如图 1-6 所示。如果不清楚某个命令选项的具体名称(如主题颜色)或具体功能(如文本效果),可用鼠标在这个命令选项按钮上停留片刻,系统会自动显示屏幕提示,如图 1-6 所示,帮助解决日常操作难题。另外,单击某些选项组的右下角小箭头(对话框启动器),就会弹出带有更多命令的对话框或任务窗格。

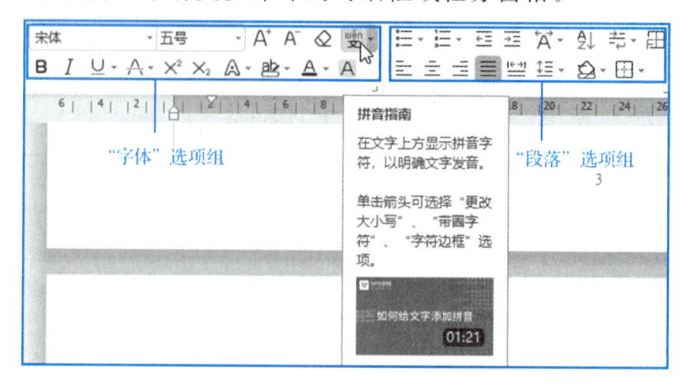

图 1-6　"字体"和"段落"选项组

4. "文件"选项卡

如图 1-7 所示的"文件"选项卡列出了对文件和文档进行基本操作的固定选项卡。

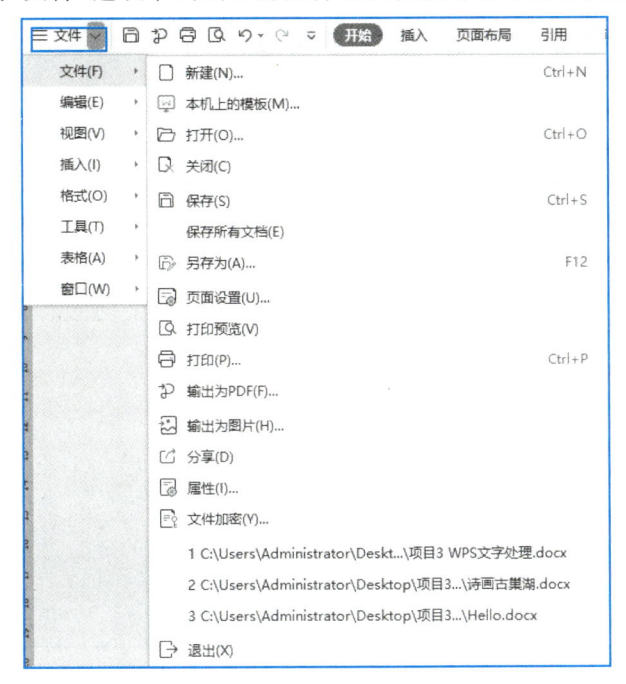

图 1-7 WPS 文字"文件"选项卡

5. 标尺

通过标尺可以选择不同制表符并设置制表符位置、调整页边距大小和设置不同段落缩进的具体位置,如图 1-8 所示。

图 1-8 WPS 文字标尺

①要显示或隐藏标尺,可以在"视图"选项卡"显示"选项组中勾选"标尺",使其前面出现"☑",表示正在显示状态,或单击右侧滚动栏顶部的 命令按钮。

②要改变标尺的度量单位,可以依次单击"文件"→"选项"命令,打开"选项"对话框,单击"常规与保存"选项卡,在"常规选项"选项组中首先通过"使用字符单位"复选框来设置当前是否以字符为度量单位。若不选用使用字符单位,则以"度量单位"右侧的下拉列表中所选单位为当前度量单位,如图 1-9 所示。

6. 文档编辑区

文档编辑区用来显示和编辑文档内容。在编辑区左边空白处,鼠标显示为向右的空心箭头" ",这个区域称为文本选定区,在此区域单击选行、双击选段和三击选全文,具体见子任务 1-3-1 的介绍。

7. 插入点

文本中闪烁的"|"称为插入点,表示当前输入文本所在的位置。输入文本前必须先指定插入点的位置,可以用鼠标或键盘来完成,具体见子任务 1-2-2 的介绍。WPS 2019 文字支持"即点即输"功能。

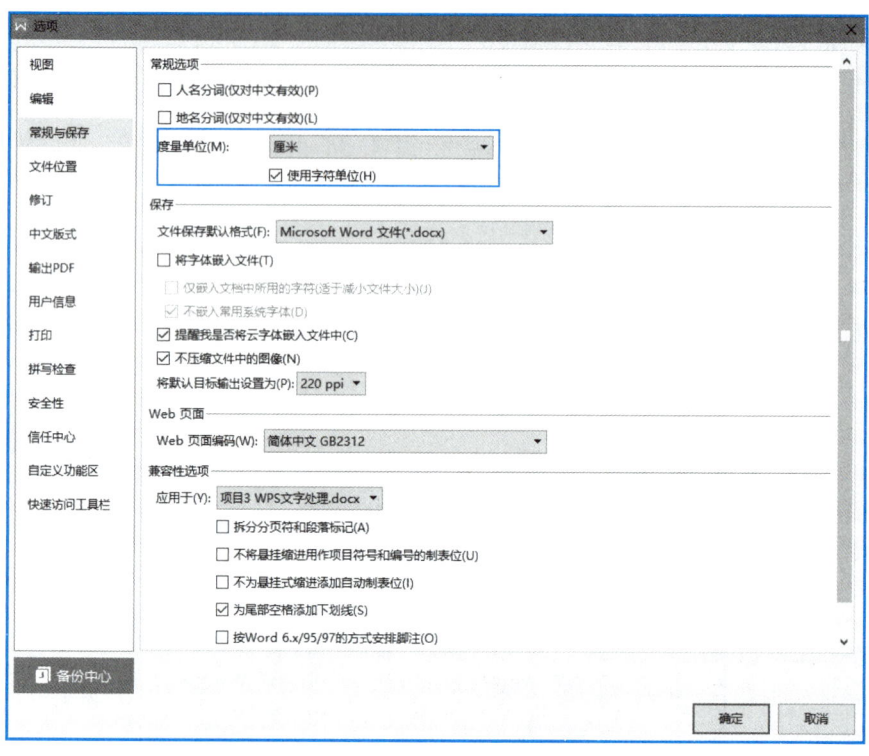

图 1-9　WPS 文字度量单位

8. 滚动条

WPS 文字有垂直滚动条和水平滚动条，用于纵向和横向滚动查看文档。一般说来，拖动其中的滑块可以快速浏览显示文档，在进行大范围粗略定位文档时常用；单击 ▲ 或 ▼ 按钮可以将显示内容向上或向下滚动一行，常用于小范围仔细逐行浏览文本。

9. 状态栏

状态栏位于窗口的底部，如图 1-10 所示，它用于显示当前编辑操作的状态，包括正在显示的文档的页码、页面、节数、设置值、插入点行数、列数、字数、拼写检查、文档校对、视图方式和显示比例等。

图 1-10　WPS 文字状态栏

10. 视图方式

WPS 文字有多种视图，可以单击"视图"选项卡相应视图按钮进行切换，如图 1-11 所示。还可以通过单击状态栏中的相应视图按钮进行切换。

微课：
视图方式

图 1-11　视图选择按钮

(1)页面视图

在页面视图中,编辑时所见到的页面对象分布效果就是打印出来的效果,基本能做到"所见即所得",是最占用内存的一种视图方式。它能同时显示水平标尺和垂直标尺,从页面设置到文字录入、图形绘制,从页眉/页脚设置到生成自动化目录都建议在此视图下完成,也是我们在编辑文档时使用最多的视图方式。

(2)阅读版式视图

阅读版式视图是为了方便阅读浏览文档而设计的视图模式,最适合阅读长篇文章。此模式默认仅保留了方便在文档中跳转的导航窗格,而将其他诸如开始、插入、页面布局、审阅等文档编辑工具进行了隐藏,扩大了 WPS 文字的显示区域。另外,对阅读功能进行了优化,最大限度地为用户提供优良的阅读体验,在该视图下同样可以进行文字的编辑工作,且视觉效果更好,眼睛不容易感到疲劳。比如,单击正文左右两侧的箭头,或者直接按键盘上的左右方向键,就可以分屏切换文档显示。

要使用"阅读版式",只需在打开的 WPS 文字文档中,单击"视图"选项卡上"阅读版式"命令按钮。想要停止阅读文档,切换回页面视图时,请单击"阅读版式"工具栏上的"退出阅读版式"按钮或按 Esc 键。

(3)Web 版式视图

在 Web 版式视图中,文档显示效果和 Web 浏览网页的显示效果相同,正文显示的宽度不是页面宽度,而是整个文档窗口的宽度,并且自动换行以适应窗口。对文档不进行分页处理,不能查看页眉/页脚等,显示的效果不是实际打印的效果,而是利用 WPS Office 2019 文字做好网页后可以在 Web 端查看的发布效果。

如果碰到文档中存在超宽的表格或图形对象而又不方便选择调整的时候,可以考虑切换到此视图中进行操作,会有意想不到的效果。

(4)大纲视图

大纲视图能显示文档的层次结构,它将所有的章节标题或文字都转换成不同级别的大纲标题进行显示。大纲视图中的缩进和符号并不影响文档在页面视图中的外观,而且也不会打印出来,不显示页边距、页眉/页脚、图片和背景。可以通过双击一个标题来查看标题下的文字内容,也可将大标题下的一些小标题和文字隐藏起来,使文档层次结构清晰明了,还可以通过拖动标题来移动、复制和重新组织文本。特别适合编辑那种含有大量章节的长文档,在查看、重新调整文档结构时使用,可以轻松地合并多个文档或拆分一个大型文档。

> **注意:** 大纲视图和文档结构图要求文章具备诸如标题样式、大纲符号等表明文章结构的元素。不是所有的文章都具备这样的文章结构,因此不一定都能显示出大纲视图和导航窗格。

(5)全屏显示视图

在全屏显示视图中,可以显示文字的格式和分页符等,它简化了页面的布局,可以显示图片、页眉/页脚和分栏等,能显示水平标尺和垂直标尺,比较节约内存,适用于快速浏览文档及简单排版等。可以按 Esc 键退出全屏显示视图。

(6)写作模式

在写作模式中,WPS 只显示"字体"和"段落"选项组、目录、水平标尺和垂直标尺等与写作有关的工具按钮,提供了翻译、文档校对等这些帮助写作的功能,并可以设置按字数统计稿费和"护眼模式"等功能。可以单击"关闭"按钮恢复原来的视图。

另外,在"视图"选项卡中还可以通过单击"导航窗格"和"缩放"等命令按钮来快速定位浏览文档。

任务 1-2　掌握 WPS 文字的基本操作

子任务 1-2-1　创建新文档

建立新文档通常有以下三种方法。

方法 1:启动 WPS 文字后按"Ctrl+N"快捷键,可以快速创建一个空白文档——文字文稿1.docx。

方法 2:在首页上单击"新建"命令选项,然后在"新建"→"文字"列表内选择"新建空白文档"图标即可新建文档。

方法 3:在首页上单击"从模板创建"选项卡,如图 1-12 所示,然后在"从模板新建"选项卡中选择"文档",选择模板类别后再单击具体的模板,如"英文简历",如图 1-13 所示。

图 1-12　"从模板新建"选项卡　　　　图 1-13　"文档"模板类别

子任务 1-2-2　输入文档内容

1. 选用合适的输入法

输入法可以通过按"Ctrl+Shift"快捷键循环切换。

2. 定位"插入点"

输入、修改文本前首先要指定文本对象输入的位置，可以通过鼠标和键盘来进行定位。

①鼠标定位。通过滚动条浏览，移动鼠标指针至目标位置后单击。

②键盘定位。使用键盘上的按键或快捷键定位插入点"|"，常见操作见表1-1。

表1-1　　　　　　　　　　　光标移动键或快捷键的作用

按(快捷)键	定位单位	按(快捷)键	定位单位
Page Up	上移一页	Ctrl+↑	上移一段
Page Down	下移一页	Ctrl+↓	下移一段
Home	移到行首	Ctrl+Home	移到文首
End	移到行尾	Ctrl+End	移到文尾

3. 输入文本内容

自然段内系统自动换行，自然段结束按 Enter 键完成手动换行，同时显示段落符号"↵"。

4. 插入符号和特殊符号

①利用键盘输入中文标点符号。常见中文标点符号的对应键见表1-2。

表1-2　　　　　　　　　　常用中文标点符号的对应键

标点符号	对应键	标点符号	对应键
、	\	。	@
——	—	……	
《	<	》	>

注意：在当前正在使用的中/英文输入法之间切换可按"Ctrl+空格"或 Shift 键进行。

②利用软键盘输入符号。在汉字输入法工具条上右击"软键盘"按钮，选用相应的符号选项，在弹出的键盘图中单击要输入的符号即可。关闭软键盘可通过单击"软键盘"按钮完成。

③依次单击"插入"→"符号"→"其他符号"命令，在弹出的"符号"对话框中选择"符号"选项卡，如图1-14所示。然后在"字体"下拉列表中选择不同的符号集，找到要输入的符号后选中，如"☆"，最后单击"插入"按钮插入指定位置（可连续插入多个符号）。

图1-14　"符号"对话框

5. 插入"页码""日期和时间"

依次单击"插入"→"页码"→"页码"命令，如图 1-15 所示。在弹出的"页码"对话框中，可以设置页码在垂直方向上的位置和水平方向上的对齐方式，单击"确定"按钮后即在所需位置插入页码。

确定插入点后，依次单击"插入"→"日期"命令，在弹出的"日期和时间"对话框中选择格式和语言后，单击"确定"按钮后即可以将日期和时间插入文本中，如图 1-16 所示。

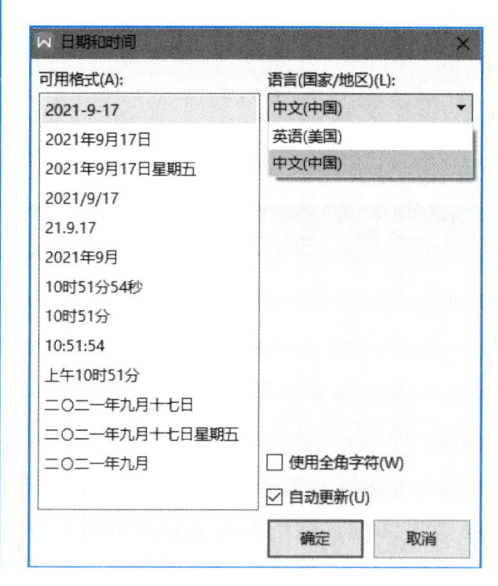

图 1-15　插入"页码"命令　　　　　　　　图 1-16　"日期和时间"对话框

子任务 1-2-3　保存文档

1. 保存新建文档

保存新建文档的操作步骤如下：

步骤 1　依次单击"文件"→"保存"命令或单击"快速访问工具栏"上的"保存"按钮，弹出"另存文件"对话框。

步骤 2　输入文件名。在"文件名"文本框中输入即可。

步骤 3　选择保存位置。单击"保存位置"列表框右侧的箭头选择目标文件夹。

步骤 4　选择保存类型。在"保存类型"下拉列表中选择文件类型［默认类型为 Microsoft Word 文件（*.docx）］。

步骤 5　单击"保存"按钮。

2. 以原名保存修改后的文档

依次单击"文件"→"保存"命令或单击"快速访问工具栏"上的"保存"按钮即可实现。

3. 另存文件

无论是否进行过修改操作，若想更换文件名、保存位置或保存类型，并将原来的文件留作备份，则进行以下操作：

步骤 1　依次单击"文件"→"另存为"命令，弹出"另存文件"对话框。
步骤 2　输入文件名并指定保存位置或保存类型。
步骤 3　单击"保存"按钮。

4. 自动保存

为了防止突然断电或出现其他意外情况，WPS 文字提供了按指定时间间隔系统自动保存文档的功能。设置步骤是先依次单击"文件"→"选项"命令，打开"选项"对话框，然后单击"备份中心"，在打开的"备份中心"对话框中单击"设置"按钮，选择"定时备份,时间间隔×小时×分钟(小于 12 小时)"，调整间隔时间后单击"返回"按钮即可。

5. 加密保存

某些文档需要保密，不希望被别人随意打开查看，此时可以设置文档加密。有以下两种方法：

(1)文件选项加密

步骤 1　打开要加密的 WPS 文档，单击左上角的"文件"→"选项"命令，在"选项"对话框中单击"安全性"选项卡，如图 1-17 所示。

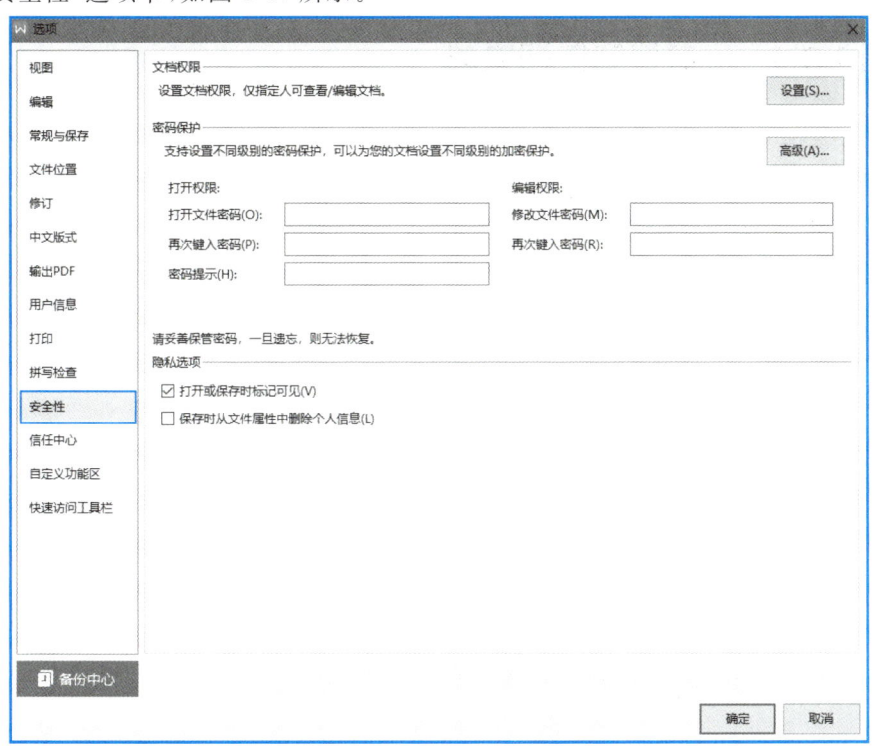

图 1-17　"选项"对话框

步骤 2　在中间窗格的"密码保护"选项中"打开文件密码"加密框中输入密码，再次输入相同的密码后，单击"确定"按钮。

(2)另存文件加密

步骤 1 打开要加密的 WPS 文档,依次单击"文件"→"另存为"命令,弹出"另存文件"对话框,单击选择"我的电脑"。

步骤 2 在下面单击"加密"按钮,弹出"密码加密"对话框,在"打开文件密码"加密框中输入要设置的密码,再次输入相同的密码后,单击"应用"按钮,如图 1-18 所示。

图 1-18 "密码加密"对话框

步骤 3 最后单击"保存"按钮,即可为文档设置密码。

子任务 1-2-4　打开和关闭文档

1. 打开文档

对已有的文件进行修改或浏览时,要先打开文档。操作步骤如下:

步骤 1 启动 WPS 文字程序后,依次单击"文件"→"打开"命令,弹出"打开文件"对话框,单击选择"我的电脑",如图 1-19 所示。

图 1-19 "打开文件"对话框

步骤 2 在"位置"下拉列表中选择需要打开的文件路径。
步骤 3 在"文件类型"下拉列表中选择需要打开的文件类型。
步骤 4 单击需要打开的文件名。
步骤 5 单击"打开"按钮即可。

2. 关闭文档

关闭文档有以下两种方法。

方法 1：单击标题栏上的"关闭"✕按钮，退出 WPS 文字程序的同时关闭文档。
方法 2：依次单击"文件"→"关闭"命令，关闭文档窗口。

任务 1-3　编辑 WPS 文档

子任务 1-3-1　掌握文本的基本编辑方法

1. 选定文本内容

文本编辑及格式化工作遵循"先选定、后操作"的原则，只有准确地选择好操作对象，才能进行正确的文本编辑。

选定文本内容一般有鼠标法和键盘法两种。

(1) 鼠标法选择文本

鼠标在不同的区域操作时，选择的文本单位也不相同，详情见表 1-3。

表 1-3　　　　　　　　　　鼠标操作和对应的选择对象单位

正文编辑区	选择文本单位	文本选定区	选择文本单位
双击	一词	单击	一行
三击	一段	双击	一段
Ctrl+句中单击	一句	三击	全文
Alt+拖动	矩形区域	拖动	连续文本行

注意：鼠标在正文编辑区的形状为"I"；鼠标在文本选定区的形状为"➚"。

(2) 键盘法定位选择文本

①用 Shift＋←、→、↑或↓键，可以从插入点位置开始选择任意连续区域的文本。
②按"Ctrl＋A"快捷键，可以选中整篇文档。

2. 设置文本输入状态

默认文本输入状态为"插入"模式，此时可以在文档中插入字符；而要在文档中修改字符时，则应处于"改写"状态，此时为"覆盖模式"；若要在文档中显示修改的痕迹，应处于"修订"状态。

①"插入"状态：输入的文本将插入当前插入点处，插入点后面的字符顺序后移。
②"改写"状态：输入的文本将替换插入点后的字符，其余字符位置不变。
③"修订"状态：输入的文本与"插入"状态相同，但它可以显示修改的痕迹。

④状态的切换:右击状态栏空白处,在弹出的快捷菜单中选择"改写"或"修订",可更换为相应状态。若不选择"改写"和"修订",则为默认的"插入"状态。

3. 删除文本

删除文本可用键盘、鼠标和菜单命令完成。常用的文本删除方法见表1-4。

表1-4　　　　　　　　　　　　常用的文本删除方法

按(快捷)键	删除文本单位	定位后操作
Delete	插入点后一字	按Delete键
Backspace	插入点前一字	按Backspace键
Ctrl+Delete	插入点后一词	按Ctrl+Delete快捷键
Ctrl+Backspace	插入点前一词	按Ctrl+Backspace快捷键

也可在选定文本后,单击"开始"→"剪切"按钮来删除选定文本。

4. 移动或复制文本

(1)文件内文本的移动或复制

①用鼠标拖动,一般用于近距离文本的移动或复制。

- 移动文本:选择要移动的文本,直接拖动鼠标到目的地释放即可。
- 复制文本:选择要复制的文本,按住Ctrl键,同时拖动鼠标到目的地释放即可。

②用键盘操作,一般用于远距离文本的移动或复制。

- 移动文本:选择要移动的文本,按"Ctrl+X"快捷键,将移动文本剪切到剪贴板中;定位插入点于目的地,按"Ctrl+V"快捷键将文本从剪贴板中粘贴到目的地。
- 复制文本:选择要复制的文本,按"Ctrl+C"快捷键;定位插入点于目的地,按"Ctrl+V"快捷键完成文本的复制。

③用菜单命令。

- 移动文本:选择要移动的文本,依次单击"开始"→"剪切"按钮;定位插入点于目的地,再依次单击"开始"→"粘贴"按钮完成。
- 复制文本:选择要复制的文本,依次单击"开始"→"复制"按钮;定位插入点于目的地,再依次单击"开始"→"粘贴"按钮完成。

(2)文件间文本的移动或复制

用键盘或菜单命令操作。步骤同上,注意源文件和目标文件的插入点定位切换。

5. 查找和替换文本

在文档的编辑过程中经常需要进行单词或词语的查找和替换操作,WPS文字提供了强大的查找和替换功能。

(1)查找

步骤1　依次单击"开始"→"编辑"→"查找替换"按钮,弹出"查找和替换"对话框。

步骤2　在"查找"选项卡(图1-20)的"查找内容"文本框中输入要查找的文本内容,按Enter键或单击"查找下一处"按钮,就可以查找到插入点之后第一个与输入文本内容相匹配的文本。

步骤3　连续单击"查找下一处"按钮,可以进行多处匹配的文本内容的查找。

步骤 4 所有相匹配的文本查找完毕后,会弹出"WPS 文字"提示框,显示查找结果。

图 1-20 "查找"选项卡

(2)替换

步骤 1 依次单击"开始"→"编辑"→"查找替换"按钮,弹出"查找和替换"对话框。

步骤 2 在"替换"选项卡(图 1-21)的"查找内容"文本框中输入要查找的文本内容,在"替换为"文本框中输入替换内容。

图 1-21 "替换"选项卡

步骤 3 逐次单击"查找下一处"按钮,找到要替换的文本后,单击"替换"按钮,可以进行有选择性的替换;单击"全部替换"按钮,可以一次性完成替换。

(3)高级搜索

除了可以查找替换的字符外,还可以查找替换某些特定的格式或特殊符号,这时需要通过单击"高级搜索"按钮来扩展"查找和替换"对话框,如图 1-22 所示。

①"搜索"下拉列表:用于选择查找和替换的方向。以当前插入点为起点,"向上"、"向下"或者"全部"搜索文档内容。

②"区分大小写"复选框:勾选后,查找和替换时区分字母的大小写。

③"全字匹配"复选框:勾选后,单词或词组必须完全相同,部分相同不执行查找和替换操作。

④"使用通配符"复选框:勾选后,单词或词组部分相同也可以进行查找和替换操作。

⑤"格式"按钮:可以设置文本的字体、段落和样式等排版格式进行查找和替换。

⑥"特殊格式"按钮:查找和替换的对象是特殊字符,如段落标记、制表符、手动换行符等。

图 1-22 "查找和替换"对话框的"高级搜索"选项

⑦"区分全/半角"复选框:勾选后,查找和替换时区分全/半角。

6. 撤销、恢复文本

如果在文档编辑过程中操作有误或存在冗余操作,想撤销本次错误操作或之前的冗余操作,可以使用 WPS 文字的撤销功能。

(1)撤销操作

①单击快速访问工具栏上的"撤销"按钮(或按"Ctrl+Z"快捷键),可以撤销之前的一次操作;多次执行该命令可以依次撤销之前的多次操作。

②单击快速访问工具栏上的"撤销"按钮右边的下拉按钮可以撤销指定某次操作之前的多次操作。

(2)恢复撤销操作

如果撤销过多,需要恢复部分操作,可以使用恢复功能完成。

①单击快速访问工具栏上的"恢复"按钮(或按"Ctrl+Y"快捷键),可以恢复之前的一次操作;多次执行该命令可以依次恢复之前的多次撤销操作。

②单击快速访问工具栏上的"恢复"按钮右边的下拉按钮可以一次恢复指定某次撤销操作之前的多次撤销操作。

子任务 1-3-2　认识字符格式

字符指文本中汉字、字母、标点符号、数字、运算符号以及某些特殊符号。字符格式的设置决定了字符在屏幕上显示和打印出的效果,包括:字符的字体和字号,字符的粗体、斜体、空心和下划线等修饰,调整字符间距,等等。

对字符格式的设置,在字符输入前或后都可以进行。输入前,可以通过选择新的格式定义对将要输入的文本进行格式设置;对已输入的文字格式进行设置,要先选定需设置格式的文本范围,再对其进行各种设置。为了能够集中输入,一般采用先输入后设置的方法。

设置字符格式主要使用"字体"选项组中的命令选项和"字体"对话框启动器。

1."字体"选项组

"开始"选项卡下的"字体"选项组中有"字体"、"字号"下拉列表和"加粗"、"倾斜"、"下划线"等按钮,如图1-23所示。

图1-23 "字体"选项组

- "字体"下拉列表中提供了宋体、楷体、黑体等各种常用字体。
- "字号"下拉列表中提供了多种字号以表示字符大小的变化。字号的单位有字号和磅两种。
- "加粗"、"倾斜"、"下划线"、"字符边框"、"字符底纹"和"字符缩放"提供了对字形的几种修饰。

使用"字体"选项组只能进行字符的简单格式设置,若要设置得更为复杂多样,就应当使用"开始"→"字体"对话框启动器。

2."字体"对话框启动器

依次单击"开始"→"字体"对话框启动器 ，弹出如图1-24所示的"字体"对话框。

图1-24 "字体"对话框

对话框中有"字体"和"字符间距"两个选项卡。

①在"字体"选项卡中,可以设置字体(如"思索")、字号和字符的颜色。

②可以设置加粗(如"**心怀大志**")、倾斜(如"*冒险*")、加下划线(如"如履薄冰")。

③可以加删除线(如"改过自新")、双删除线(如"删繁就简")、上标(如 X^2)和下标(如 H_2)。

④还可以设置小型大写字母(如 THINK)、全部大写字母(如 THINK)、隐藏文字等。

⑤在"字体颜色"下拉列表中可以从多种颜色中选择一种颜色;通过"下划线线型"下拉列表,可以选择所需要的下划线样式(如单线、粗线、双线、虚线、波浪线等类型)。

⑥操作的效果在对话框下方的"预览"框内显示。

在"字符间距"选项卡(图1-25)中,可以设置字符间的缩放比例、水平间距和字符间的垂直位置,使字符更具有可读性或产生特殊的效果。WPS文字提供了标准、加宽和紧缩三种字符间距供选择,还提供了标准、上升和降低三种位置供选择。

单击"文本效果"按钮,弹出"设置文本效果格式"对话框,如图1-26所示,可以在对话框中设置字符的填充、边框、阴影等显示效果。

图1-25 "字符间距"选项卡　　　　图1-26 "设置文本效果格式"对话框

3. 格式刷

利用"开始"选项卡上"剪贴板"选项组中的"格式刷"按钮可以复制字符格式。操作步骤如下:

步骤1　选定带有需要复制字符格式的文本。
步骤2　单击或双击"剪贴板"选项组中的"格式刷"按钮。
步骤3　用刷子形状的鼠标指针在需要设置新格式的文本处拖过,该文本即被设置成新的格式。

> **注意:**单击"格式刷"按钮可以复制格式一次,双击"格式刷"按钮可以连续复制多次,但结束时应再单击一次"格式刷"按钮或按Esc键,表示结束格式复制操作。

4. 特殊字体效果

通过"文件"→"格式"→"中文版式"列表的"双行合一"、"合并字符"(最多6个字)、"拼音指南"、"带圈字符"等命令可以设置如下效果:

项目 1　　WPS Office 2019 文字处理

"双行合一"效果　　"合并字符"效果　　"拼音指南"效果　　"带圈字符"效果

子任务 1-3-3　认识段落格式

段落的格式主要包括段落的对齐方式、段落的缩进(左/右缩进、首行缩进)、行间距与段间距、段落的修饰等处理。设置段落格式时,不用选定整个段落,只需要将插入点移至该段落内即可,但如果同时对多个连续段落进行设置,那么在设置之前必须先选定。

进行段落格式化主要通过"段落"选项组中的命令选项、"段落"对话框和标尺实现。

1. 设置段落缩进格式

所谓段落缩进,是指段落中的文本内容相对页边界缩进一定的距离。段落的缩进方式分为左缩进、右缩进、悬挂缩进以及首行缩进等。所谓"首行缩进",是指对本段落的第一行进行缩进设置;"悬挂缩进"是指段落中除了第一行之外的其他行的缩进设置。设置段落缩进位置可以使用"段落"对话框、标尺和"段落"选项组命令按钮,其中使用标尺最为简捷。

(1)使用"段落"对话框

依次单击"开始"→"段落"对话框启动器，弹出"段落"选项组,如图 1-27 所示,弹出"段落"对话框,在"缩进和间距"选项卡中进行左、右缩进及特殊格式的设置,如图 1-28 所示。

图 1-27　"段落"选项组　　　　图 1-28　"段落"对话框

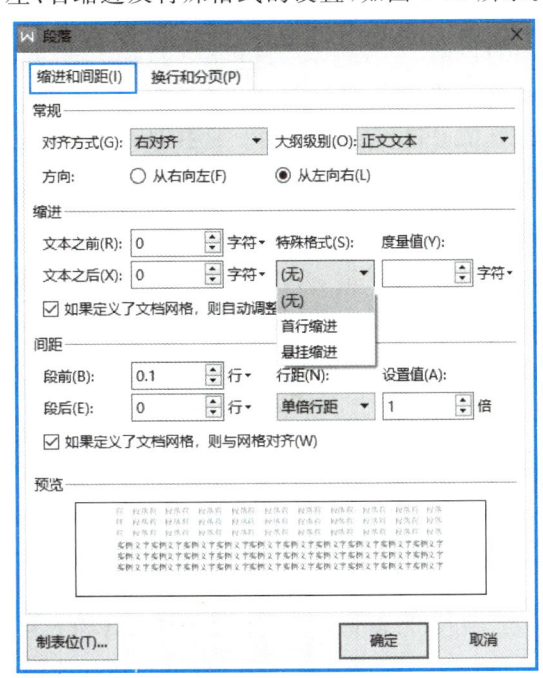

(2)使用标尺

标尺位于正文区的上方,由刻度标记,左、右缩进标记,悬挂缩进标记和首行缩进标记组成,用来标记水平缩进位置和页面边界等。用鼠标在标尺上拖动左、右缩进标记,或首行缩进标记以确定其位置。

(3) 使用"段落"选项组

单击"段落"选项组中的"减少缩进量"按钮或"增加缩进量"按钮可使插入点所在段落的左边整体减少或增加缩进一个默认的制表位。默认的制表位一般是 0.5 英寸。

2. 设置段落对齐方式

在编辑文本时,出于某种需要,有时希望某些段落的内容在行内居中、左端对齐、右端对齐、分散对齐或两端对齐。所谓"两端对齐",是指使段落内容同时按左右缩进对齐,但段落的最后一行左对齐;"分散对齐"是指使行内字符左右对齐、均匀分散,这种格式使用较少。

设置段落对齐方式常用"段落"对话框或"段落"选项组中的命令按钮。

(1) 使用"段落"对话框

打开"段落"对话框,在"缩进和间距"选项卡的"对齐方式"下拉列表中选择段落的对齐方式。

(2) 使用"段落"选项组

用鼠标单击"段落"选项组中的"左对齐"按钮、"居中对齐"按钮、"右对齐"按钮、"两端对齐"按钮或"分散对齐"按钮,设置段落的对齐方式。

3. 设置段落间距和段落内行间距

段落间距是指相邻段落间的间隔。段落间距设置通过单击"开始"→"段落"对话框启动器,在弹出的"段落"对话框"缩进和间距"选项卡的"间距"区域进行。它有段前、段后、行距三个选项,用于设置段落前、后间距以及段落中的行间距。行距有单倍行距、1.5 倍行距、2 倍行距、最小值、固定值、多倍行距等多种。选择最小值、固定值、多倍行距后,还要在"设置值"文本框中确定具体值。

4. 设置段落修饰

段落修饰设置是指给选定段落加上各种各样的框线和(或)底纹,以达到美化版面的目的。设置段落修饰可以使用"段落"选项组中的"底纹"和"边框"进行简单设置,还可以通过依次单击"开始"→"段落"→"边框"下拉列表中的"边框和底纹"命令,在弹出的"边框和底纹"对话框中完成,如图 1-29 所示。其中,在"边框"选项卡中设置段落边框类型(无边框、方框和自定义边框)、边框线型、颜色和宽度,文字与边框的间距选项等;在"底纹"选项卡中设置底纹的类型及前景、背景颜色。

5. 设置段落首字下沉

段落的首字下沉,可以使段落第一个字放大数倍,以增强文章的可读性,突出显示段首或篇首位置。设置段落首字下沉的方法是:将插入点定位于段落,依次单击"插入"→"文本"→"首字下沉"按钮,在弹出的"首字下沉"对话框的"位置"框中选择"下沉",如图 1-30 所示。

图1-29 "边框和底纹"对话框　　图1-30 "首字下沉"对话框

①选择"无":不进行首字下沉,若该段落已设置首字下沉,则可以取消下沉功能。
②选择"下沉":首字后的文字围绕在首字的右下方。
③选择"悬挂":首字下面不排放文字。

6. 样式

(1) 样式的概念

样式是一组已命名的字符和段落格式的组合。样式是WPS文字的强大功能之一,通过使用样式可以在文档中对字符、段落和版面等进行规范、快速的设置。当定义一个样式后,只要把这个样式应用到其他段落或字符,就可以使这些段落或字符具有相同的格式。

WPS文字不仅能定义和使用样式,还能查找某一指定样式出现的位置,或对已有的样式进行修改,也可以在已有的样式基础上建立新的样式。

使用样式的优越性主要体现在:
①保证文档中段落和字符格式的规范,修改样式即自动改变了引用该样式的段落、字符的格式。
②使用方便、快捷,只要从样式列表框中选定一个样式,即可进行段落、字符的格式设置。

(2) 样式的建立

依次单击"开始"→"样式和格式"命令按钮,在"样式和格式"窗格(图1-31)中单击"新样式"按钮,弹出"新建样式"对话框,如图1-32所示。先在"名称"文本框中输入样式的名称,然后设置所建样式的类型、基准样式等,再通过单击"格式"按钮选择对应的格式菜单项,可以对所建立的样式进行字体、段落等格式设置。样式建立后,单击"确定"按钮退出。

图 1-31 "样式和格式"窗格　　　　图 1-32 "新建样式"对话框

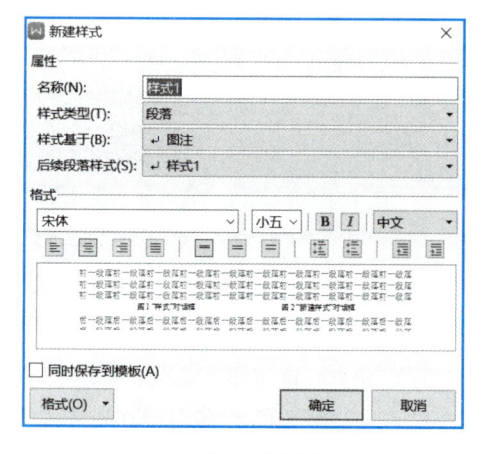

(3) 应用样式编排文档

实际上，WPS 文字已预定义了许多标准样式，如各级标题、正文、页眉、页脚等，这些样式可适用于大多数类型的文档。应用已有样式编排文档时，首先选定段落或字符，然后在"样式"选项组（图 1-33）上的"样式"下拉列表中选择所需要的样式，所选定的段落或字符便按照该样式格式来编排。当然，也可以先选定样式，再输入文字。

图 1-33 "样式"选项组

(4) 样式的修改

应用样式之后，如果某些格式需要修改，不必分别设置每一段文字的格式，只需修改其所引用的样式即可。样式修改完成后，所有使用该样式的文字格式都会做相应的修改。

修改样式的方法是：首先在"样式和格式"窗格中的样式中选择要应用的样式，单击其右侧下拉按钮，选择"修改"命令，或在"样式"选项组中右击相应样式，选择"修改样式"命令，而后在弹出的"修改样式"对话框中单击"格式"按钮，在各选项的级联菜单中对该样式的各种格式进行修改。

7. 模板及其应用

模板是一种特殊的 WPS 文档（*.dotx）或者启用宏的模板（*.dotm），它提供了制作最终文档外观的基本工具和文本，是多种不同样式的集合体。

WPS 针对不同的使用情况，预先提供了丰富的模板文件，使得在大部分情况下，不需要对所要处理的文档进行格式化,直接套用后录入相应文字,即可得到比较专业的效果。例如,发传真、新闻稿、报表、简历、报告和信函等,如果需要新的文章格式,也可以通过创建一个新的模板或修改一个旧模板来实现。

(1) 利用模板建立新文档

WPS 文字中内置了多种文档模板,使用模板创建文档的步骤如下:

其操作要领是依次单击"首页"→"新建"命令,在"品类专区"选择类别(求职简历、人事行政、法律合同、平面设计等),如图 1-34 所示,在出现的模板列表中选择所需的模板,再单击"免费使用"或"立即购买"即可修改编辑。

图 1-34 WPS 文字的推荐模板

(2) 新模板文件的制作

所有的 WPS 文档都是基于模板建立的,WPS 文字为用户提供了许多精心设计的模板,但对于一些特殊的需求格式,可以根据自己的实际工作需要制作一些特定的模板。例如,建立自己的简历模板、试卷、文件等的模板。用户可以将自定义的 WPS 模板保存在"我的模板"文件夹(C:\Users\×××\AppData\Roaming\kingsoft\office6\templates\wps\zh_CN)中,以便随时使用。以 Windows 10 系统为例,在 WPS 文字中新建模板的方法如下:

方法 1:修改已有的模板或文档建立新的模板文件。

用已有的模板或文档制作新模板是一种最简便的制作模板的方法。其操作要领是:

①打开一个要作为新模板基础的模板或文档；编辑修改其中的元素格式，例如文本、图片、表格、样式等；通过"文件"→"另存文件"命令，在"另存文件"对话框中选择存储的"保存位置"为"我的模板"文件夹。

②单击"保存类型"下拉按钮，并在下拉列表中选择"Microsoft Word 模板文件(＊.dotx)"选项。在"文件名"文本框中输入模板名称，并单击"保存"按钮即可，如图 1-35 所示。

图 1-35　修改已有的模板制作新模板

③依次单击"文件"→"本机上的模板"命令，在"模板"对话框中选择"常规"选项卡。在模板列表可以看到新建的自定义模板，如图 1-36 所示。选中该模板并单击"确定"按钮即可新建一个文档。

图 1-36　创建个人新模板

方法 2：创建新模板。

当文档的格式与已有的模板和文档的格式差异过大时，可以直接创建模板。模板的制作方法与一般文档的制作方法完全相同。依次单击"文件"→"本机上的模板"命令，在"模板"对话框中选择"常规"选项卡，在模板列表中选择"空文档"图标，在"新建"区域选择模板，单击"确定"按钮即可新建模板文档。

设计好格式和样式后依次单击"文件"→"另存为"命令,在弹出的"另存文件"对话框中设置保存位置、文件名和保存类型(WPS 模板)即可完成。

子任务 1-3-4　认识页面格式

页面格式主要包括页中分栏,插入页眉、页脚、页面边框和背景设置等,用以美化页面外观。页面格式将直接影响文档的最后打印效果,主要涉及"页面布局"选项卡和"插入"选项卡。"页面布局"选项卡的主要选项组有"编辑主题"、"页面设置"、"页面背景"、"稿纸设置"和"排列"等,如图 1-37 所示。也可以打开"页面设置"和"段落"对话框进行页面格式设置。

图 1-37　"页面布局"选项卡

1. 设置分栏

所谓多栏文本,是指在一个页面上,文本被安排为自左至右并排排列的续栏形式。

选中需分栏的文本,依次单击"页面布局"→"页面设置"→"分栏"命令按钮,在下拉列表中选择"更多分栏"命令,在弹出的"分栏"对话框中设置栏数、各栏的宽度及间距、分隔线等,如图 1-38 所示。

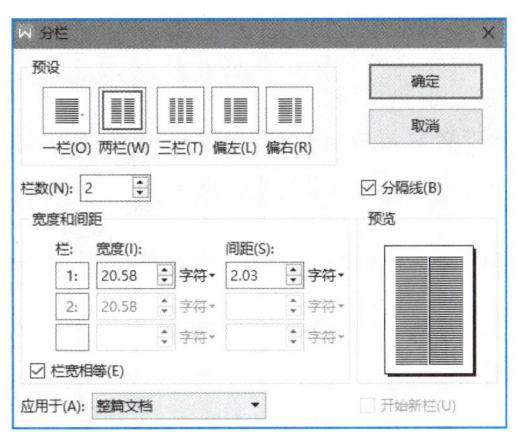

图 1-38　"分栏"对话框

也可以使用"分栏"预设列表中的快速设置按钮进行 1~3 栏的分栏设置。

2. 设置页面边框和底纹

设置方法与设置段落边框和底纹相似,在"页面布局"选项卡中的"页面背景"选项组单击"页面边框"按钮,弹出"边框和底纹"对话框的"页面边框"选项卡(图 1-39),注意多了"艺术型"下拉列表,应用范围为"整篇文档"。

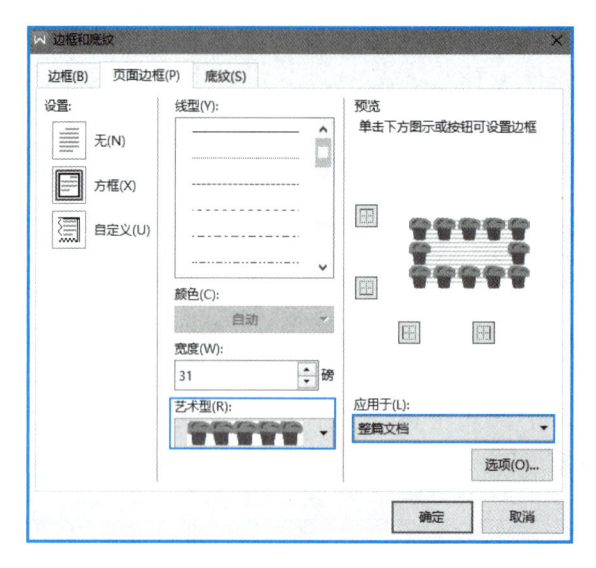

图 1-39 "边框和底纹"对话框的"页面边框"选项卡

3. 设置页眉、页脚

在实际工作中,常常希望在每页的顶部或底部显示页码及一些其他信息,如文章标题、作者姓名、日期或某些标志。这些信息若在页的顶部,称为页眉;若在页的底部,称为页脚。可以从库中快速添加页眉或页脚,也可以添加自定义页眉或页脚。设置页眉和页脚可以在"插入"选项卡上的"页眉和页脚"选项组中,单击"页眉和页脚"按钮,选择要添加到文档中的页眉或页脚类型,并显示一个虚线页眉或页脚区来实现。如图 1-40 所示,可以在其中插入页码、页眉横线、日期和时间,甚至插入图片和域。设置页眉或页脚后,再单击"页眉和页脚"选项卡上的"关闭" ✕ 按钮,可以返回正文。

(1) 设置页眉和页脚的位置

"页眉和页脚"选项卡包括"页眉和页脚"、"插入"、"导航"、"选项"、"位置"选项组和"关闭"按钮(图 1-41)。其中的"导航"选项组用以切换页眉页脚(初始为页眉项);"显示前一项"或"显示后一项"按钮用以显示前面或后面页的页眉(脚)内容。

图 1-40 插入页眉和页脚内容

若要将信息放置到页面中间或右侧,单击"页眉和页脚"选项卡的"选项"选项组中的"插入对齐制表位"按钮,在弹出的"对齐制表位"对话框中单击"居中"或"右对齐",再单击"确定"按钮。

(2) 给页眉/页脚添加页码、日期和时间图片

"页眉和页脚"选项卡的"页码"、"日期和时间"和"图片"可以将页码、日期和时间、图片插入页眉/页脚中,使用时先把插入点定位于页眉/页脚相应位置,添加后还可以单击"选项"选项组中的"插入对齐制表位"按钮修改位置。

项目 1　WPS Office 2019 文字处理

"页眉和页脚"选项组　　"插入"选项组　　"导航"选项组　　"选项"选项组　　"位置"选项组

图 1-41　"页眉和页脚"选项卡

(3) 设置首页不同的页眉/页脚和奇偶页不同的页眉/页脚

可以在文档的第二页开始编号,也可以在其他页面上开始编号。

① "首页不同"页码。双击页码,打开"页眉和页脚"选项卡,如图 1-41 所示,在"选项"选项组中,单击"页眉页脚选项"按钮,在"页眉/页脚设置"对话框中勾选"首页不同"复选框,如图 1-42 所示。若要从 1 开始编号,选择"页眉和页脚"选项组中的"页码",再单击"页码"命令,然后在弹出的"页码"对话框中选中"起始页码"并输入"1",单击"确定"按钮返回正文,如图 1-43 所示。

② 在其他页面上开始编号。若要从其他页面而非文档首页开始编号,则在要开始编号的页面之前添加分节符,以"节"为单位,设置应用于本节的节内页码。

单击要开始编号的页面的开头,在"页面布局"选项卡上的"页面设置"选项组中,单击"分隔符"命令,选择"下一页分节符"。

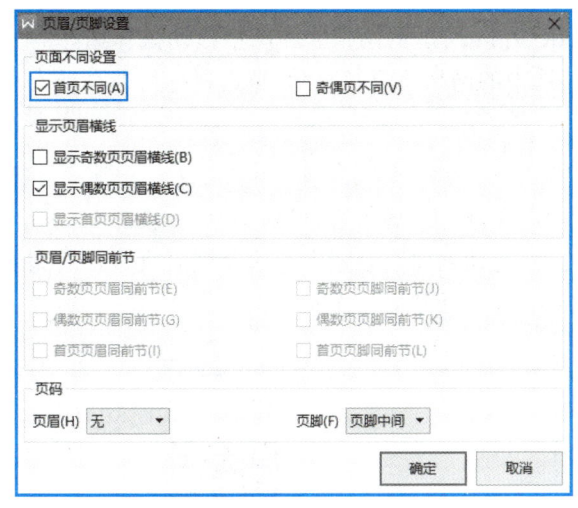

图 1-42　"页眉/页脚设置"对话框　　　　图 1-43　"页码"对话框

双击页眉区域或页脚区域(靠近页面顶部或页面底部),打开"页眉和页脚"选项卡。在"导航"选项组中,单击"同前节"按钮以禁用它。若要从 1 开始编号,选择"页眉和页脚"组中的"页码",再单击"页码"命令,然后选中"起始页码"并输入"1"。单击"确定"按钮返回正文。

③ 奇偶页不同的页眉/页脚。双击页眉区域或页脚区域,打开"页眉和页脚"选项卡。单击"页眉页脚选项"按钮,在弹出的"页眉/页脚设置"对话框中勾选"奇偶页不同"复选框。

在其中一个奇数页上,添加要在奇数页上显示的页眉、页脚或页码编号。

在其中一个偶数页上,添加要在偶数页上显示的页眉、页脚或页码编号。

(4) 删除页眉/页脚

要删除页眉/页脚,把光标定位到页眉/页脚区,选择所有页眉/页脚对象,按 Delete 键即可。

任务 1-4 制作表格

在中文文字处理中,常采用表格的形式将一些数据分门别类、有条有理、集中直观地表现出来。WPS 文字所提供的制表功能非常简单、有效。建立一个表格,一般的步骤是先定义好一个规则表格,再对表格线进行调整,而后填入表格内容,使其成为一个完整的表格。

子任务 1-4-1 创建表格

WPS 文字的表格由水平的表行和竖直的表列组成,行与列相交的方框称为单元格。在单元格中,用户可以输入及处理有关的文字符号、数字以及图形、图片等。

表格的建立可以使用"插入"→"表格"命令按钮。在表格建立之前要把插入点定位在表格制作的前一行。

1. 利用"插入表格"网格

单击"插入"→"表格"命令按钮,出现如图 1-44 所示的网格。在图中拖动鼠标选择需要的行列数(网格上方显示当前的"行×列"数),选中的网格将反色显示,单击鼠标后即在插入点处建立了一个指定行列数的空表格。

2. 利用"插入表格"对话框

依次单击"插入"→"表格"→"插入表格"命令,弹出"插入表格"对话框,如图 1-45 所示,根据需要输入行列数及列宽,列宽的默认设置为"自动列宽",表示左页边距到右页边距的宽度除以列数作为列宽。单击"确定"按钮后即可在插入点处建立一个空表格。

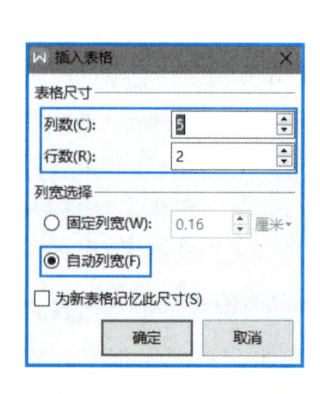

图 1-44 "插入表格"网格   图 1-45 "插入表格"对话框

3. 利用"插入内容型表格"命令

单击"插入"→"表格"→"插入内容型表格"命令，选择所需特殊样式的表格，如汇报表、通用表、统计表、物资表和简历等。

4. 利用快速表格绘制工具

定位插入点后可以单击"插入"→"表格"→"绘制表格"命令，启动画笔工具来自行绘制表格。完成绘制后按 Esc 键取消画笔工具。

子任务 1-4-2　编辑表格

为了制作更漂亮、更具专业水平的表格，在建立表格之后，经常要根据需求对表格中的文字和单元格进行格式化，单元格中文字的格式化操作同文档文字的格式化操作。格式化表格包括添加行或列、改变表格列宽、改变表格行高、单元格的拆分与合并、插入/删除单元格等。

表格调整，可以使用"表格工具"选项卡，如图 1-46 所示。

图 1-46　"表格工具"选项卡

1. 单元格的选定

对表格处理时，一般都要求首先选定操作对象，包括单元格、表行、表列或整个表格。

①在单元格左侧，鼠标变为右上实心箭头"➚"时，单击或拖动选定一个或多个单元格。

②在行左外侧选定栏中，鼠标变为右上空心箭头"➚"时，单击或拖动选定一行或连续多行。

③在表格上边线处，鼠标变为向下的实心箭头"⬇"时，单击或拖动选定一列或多列。

④依次单击"表格工具"→"选择"命令按钮，可以选定当前插入点所在单元格、列、行或表格。

⑤当鼠标在表格内，且表格左上角出现一个十字方框时，用鼠标单击该十字方框即选定整个表格。

2. 调整列宽和行高

（1）利用表格框线

将鼠标移到表格的竖框线上，鼠标指针变为垂直分隔箭头，拖动框线到新位置，松开鼠标后该竖线即移至新位置，该竖线右边各表列的框线不动。同样的方法也可以调整表行高度。

若拖动的是当前被选定的单元格的左右框线，则将仅调整当前单元格宽度。

（2）利用标尺粗略调整

当把光标移到表格中时，WPS 在标尺上用交叉槽标示出表格的列分隔线，如图 1-47 所示。用鼠标拖动列分隔线，与使用表格框线同样可以调整列宽，所不同的是使用标尺调整列宽时，其右边的框线做相应的移动。同样，用鼠标拖动垂直标尺的行分隔线可以调整行高。

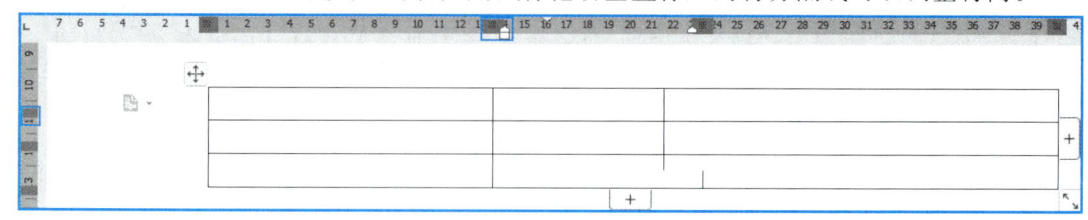

图 1-47　WPS 标尺及行列分隔线

(3)利用"表格"对话框精确调整

当要调整表格的列宽时，应先选定该列或单元格，依次单击"表格工具"→"表格属性"对话框启动器，弹出"表格属性"对话框，如图 1-48 所示，在其"列"选项卡中指定列宽。"前一列"和"后一列"按钮用来设置当前列前一列或后一列的宽度。行高的设置与列宽设置方法基本一样，通过"表格属性"对话框"行"选项卡调整。

要自动调整各列/行的大小，可以使用"表格工具"→"自动调整"命令按钮，根据具体的表格内容或窗口大小进行列/行的调整，还可以利用"平均分布各列"和"平均分布各行"命令选项，如图 1-49 所示，来平均分布表格中选定的列/行。

图 1-48　"表格属性"对话框　　　图 1-49　"自动调整"下拉列表

3. 插入/删除表行或列

(1)插入/删除表行

在表格的指定位置插入新行时，常用方法如下：

方法 1：先定位插入点于欲插入行的下(上)方或右(左)侧单元格，依次单击"表格工具"→"行和列"→"在上(下)方插入行"或"在左(右)侧插入列"按钮。

方法 2：依次单击"表格工具"→"插入单元格"对话框启动器。增加行时，应先选定插入新行的下一行的任意一个单元格，然后在"插入单元格"对话框(图 1-50)中选中"整行插入"单选按钮，单击"确定"按钮后即插入一新行。

方法 3：当插入点在表外行末时，可以直接按 Enter 键，则在本表行下面插入一个新的空表行。

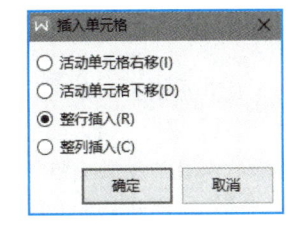

项目 1　WPS Office 2019 文字处理

　　　　(a)"插入单元格"菜单　　　　　　　(b)"插入单元格"对话框

图 1-50　"插入单元格"菜单和对话框

选定要删除的几行后,删除表格指定行的方法是:

方法 1:依次单击"表格工具"→"行和列"→"删除"→"行"命令。

方法 2:依次单击"表格工具"→"行和列"→"删除"→"单元格"命令,弹出"删除单元格"对话框,选择"删除整行",如图 1-51 所示。

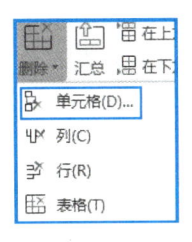

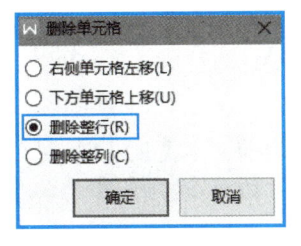

　　　　(a)"删除"菜单　　　　　　　　(b)"删除单元格"对话框

图 1-51　"删除"菜单和"删除单元格"对话框

方法 3:右击选定行,从弹出的快捷菜单中单击"删除单元格"菜单命令即可。

(2)插入/删除表列

插入/删除表列的操作与插入/删除表行的操作基本相同,所不同的是选定的对象不同,插入的位置不同(一般是当前列的左边)。

(3)删除整个表格

当插入点在表格中时,依次单击"表格工具"→"行和列"→"删除"→"表格"命令,或选定整个表格后单击"开始"→"剪贴板"选项组上的"剪切"按钮,都可以删除整个表格。

> **注意**:当选择了表格后按 Delete 键,删除的只是表格中的内容。

(4)在表格中插入表格(嵌套表格)

嵌套表格就是在表格中创建新的表格。嵌套表格的创建与正常表格的创建完全相同。

4. 合并和拆分单元格拆分表格

(1)合并单元格

WPS 文字可以把同一行或同一列中两个或多个单元格合并起来。操作时,首先选定要合并的单元格,常用方法如下:

方法 1:依次单击"表格工具"→"合并"→"合并单元格"按钮。

方法 2:右击,选择"合并单元格"快捷菜单命令。

方法 3:单击"表格工具"→"绘图"选项组中的"擦除"按钮,可以擦除相邻单元格的分隔线,实现单元格的合并。

微课:
合并和拆分单元格
拆分表格

(2) 拆分单元格

需要把一个单元格拆分成若干个单元格时，首先选定要拆分的单元格，然后用下列方法之一即可完成。

方法1：依次单击"表格工具"→"合并"→"拆分单元格"按钮，在弹出的"拆分单元格"对话框（图1-52）中输入拆分成的"行数"或"列数"即可完成拆分单元格。

图1-52 "拆分单元格"对话框

方法2：单击"表格工具"→"绘图边框"→"绘制表格"按钮，在单元格中绘制水平或垂直线，实现单元格的拆分。

(3) 拆分表格

将光标定位于要拆分表格的行或列处，依次单击"表格工具"→"合并"→"拆分表格"命令按钮，在下拉列表中选择"按行拆分"还是"按列拆分"。或者将光标定位于某一行，按"Ctrl＋Shift＋Enter"快捷键，WPS将在当前行的上方将表格拆分成上下两个表格。

5. 表格排列

当表格的宽度比当前文本宽度小时，可以对整个表格进行对齐排列。操作时，首先选定整个表格，单击"开始"→"段落"选项组中的各个水平对齐按钮（无垂直对齐方式）。

6. 绘制斜线

首先选定要斜线拆分的单元格，然后用下列方法之一即可完成。

方法1：依次单击"表格样式"→"绘制斜线表头"按钮，在"斜线单元格类型"对话框中，如图1-53所示，选择"斜下框线"按钮，单击"确定"按钮。

方法2：依次单击"表格样式"→"边框"命令按钮，在"边框"下拉列表中选择"边框和底纹"命令，在弹出的"边框和底纹"对话框（图1-54）中单击相应的"斜线"按钮，在"应用于"下拉列表中选择"单元格"，单击"确定"按钮可以在当前单元格制作对角斜线。

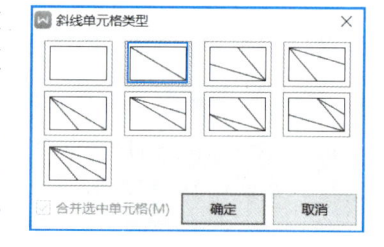

图1-53 "斜线单元格类型"对话框

方法3：依次单击"表格样式"→"边框"选项组中的"绘制表格"按钮，拖动鼠标在一个单元格中绘制对角斜线。

7. 给表格加边框和底纹

为了美化、突出表格内容，可以适当地给表格加边框和底纹。在设置之前要选定处理的表格或单元格。

①给表格加边框。依次单击"表格样式"→"边框"命令按钮，在下拉列表中选择所需选项给表格加内外边框。

②设置表格边框。依次单击"表格样式"→"边框"命令按钮，在下拉列表中选择"边框和底纹"命令，在弹出的"边框和底纹"对话框中可以设置表格边框的线型、颜色和宽度，如图1-54所示。

③为表格加底纹。依次单击"表格样式"→"底纹"命令按钮进行颜色选择；或在"边框"下拉列表中选择"边框和底纹"命令，在弹出的"边框和底纹"对话框中单击"底纹"选项卡进行设置，如图1-55所示。

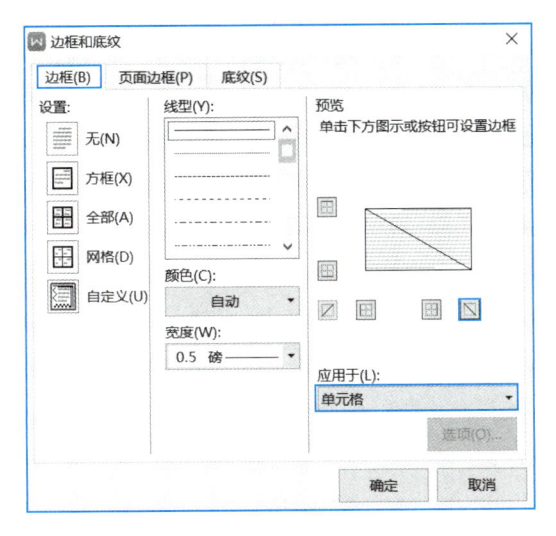

项目 1　WPS Office 2019 文字处理

图 1-54　"边框和底纹"对话框"边框"选项卡　　　　图 1-55　"边框和底纹"对话框"底纹"选项卡

8. 表格的移动与缩放

当鼠标在表格内移动时，在表格左上角新增带方框的十字箭头状表格全选标志"✥"，在右下角新增方框状缩放标志"⬚"，如图 1-56 所示。

图 1-56　全选标志和缩放标志

拖动表格全选标志，可将表格移动到页面上的其他位置；将鼠标移动到缩放标志上时，鼠标指针变为斜对的双向箭头，拖动可成比例地改变整个表格的大小。

9. 表格数据的输入与编辑

(1) 表格中插入点的移动

在表格操作过程中，经常要使插入点在表格中移动。表格中插入点的移动有多种方法，可以使用鼠标在单元格中直接移动，也可以使用快捷键在单元格间移动。

(2) 在表格中输入文本

在表格中输入文本同输入文档文本一样，把插入点移到要输入文本的单元格，再输入文本即可。在输入过程中，如果输入的文本比当前单元格宽，WPS 会自动增加本行单元格的高度，以保证始终把文本包含在单元格中。

表格中的文字方向可分为水平排列、垂直排列两类，共有六种排列方式。设置表格中文本方向的操作是：选定需要修改文字方向的单元格，单击"表格工具"→"文字方向"命令按钮，在下拉列表中直接选择合适的方向选项，还可以选择"文字方向选项"命令，或右击在其快捷菜单中单击"文字方向"菜单命令，在弹出的"文字方向"对话框（图 1-57）中选定所需要的文字方向，单击"确定"按钮即可。

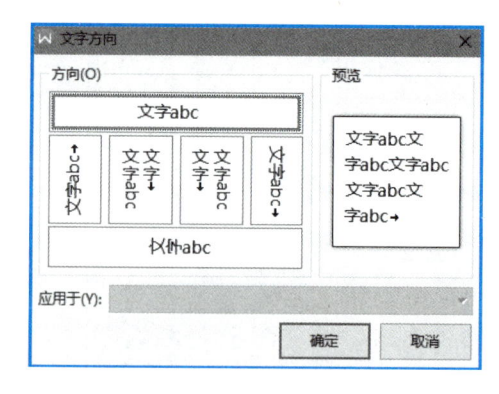

(a) "文字方向"下拉列表　　　　　　　　(b) "文字方向"对话框

图 1-57　"文字方向"下拉列表及对话框

竖排文本除用于表格外，也可用于整个文档。

(3) 编辑表格内容

在正文文档中使用的增加、修改、删除、编辑、剪切、复制和粘贴等编辑命令大多可直接用于表格。

(4) 表格内容的格式设置

WPS 文字允许对整个表格、单元格、行、列进行字符格式和段落格式的设置，如进行字体、字号、缩进、排列、行距、字符间距等设置。但在设置之前，必须先选定对象。依次单击"表格工具"→"对齐方式"命令按钮（图 1-58）；或右击，在弹出的快捷菜单中选择"单元格对齐方式"命令，打开单元格对齐按钮列表（图 1-59）；或依次单击"表格工具"→"表格属性"按钮，在弹出的"表格属性"对话框"表格"选项中，均可以对选定单元格中的文本在水平和垂直两个方向进行靠上、居中或靠下对齐排列。

图 1-58　"对齐方式"下拉列表 　　　　图 1-59　单元格对齐按钮

10. 表格数据的排序

WPS 文字可以对数据进行排序。

排序前先将插入点定位至表格中，依次单击"表格工具"→"排序"按钮，在弹出的"排序"对话框（图 1-60）中分别进行以下设置。

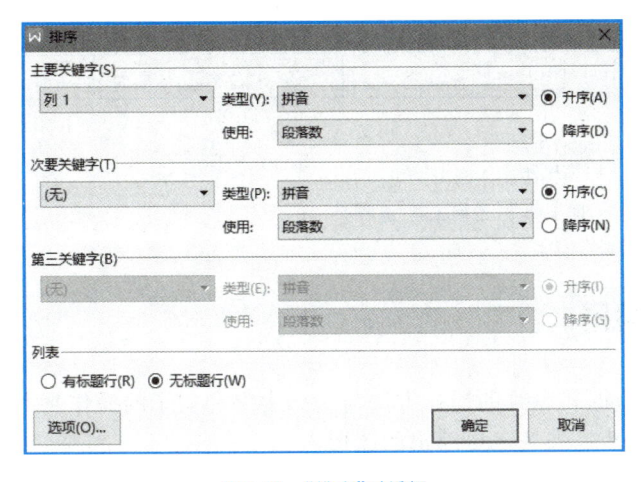

图 1-60 "排序"对话框

①排序依据:排序关键字最多三个,主要关键字相同的,按次要关键字进行,依次类推。
②类型:排序按所选列的笔画、数字、拼音或日期等不同类型进行。
③升序/降序:按所选排序类型递增/递减排列数据。
单击"确定"按钮后,表格中各行重新进行了排列。

任务 1-5　插入图形和艺术字

通过 WPS 文字可以绘制简单图形,如图 1-61 所示。

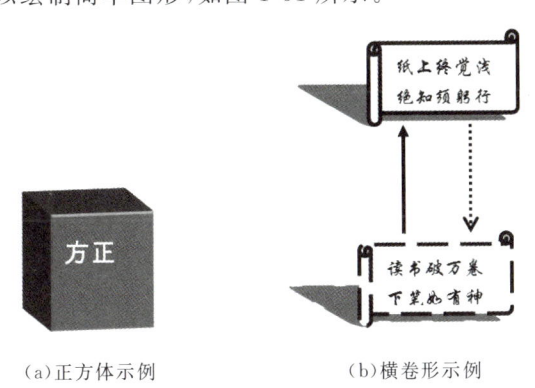

(a)正方体示例　　(b)横卷形示例

图 1-61　绘制简单图形示例

WPS 文字提供的绘图工具可使用户按需要在其中制作图形、标志等,并将它们插入文档中。依次单击"插入"→"插图"→"形状"命令按钮,如图 1-62 所示;或在进入绘图环境后单击"绘图工具"→"形状"下拉列表里的工具按钮进行绘制。如图 1-63 所示,"形状样式"选项组中有多种已定义样式和自定义形状的填充、轮廓和效果。

图 1-62　"形状"命令按钮

"插入形状"选项组　　"形状样式"选项组　　"位置"选项组　　"大小"选项组

图 1-63　"绘图工具"选项卡

子任务 1-5-1　绘制图形

图形的删除、移动、复制、加边框和底纹的操作方法与文档中字和句子的操作基本一样,但也有一些不同之处。操作前提仍然是先选定要编辑的图形。

1. 图形的绘制和选择

①图形的绘制。单击"插入"→"插图"→"形状"命令按钮,在下拉列表中选择"预设"中的图形按钮(图 1-64),在文本编辑区鼠标变成"+",拖动鼠标就可以绘制图形了,按住 Shift 键的同时拖动鼠标可以绘制等比例的图形,如正方形、正圆形、等边三角形和立方体等。

②图形的选择很简单,移动鼠标到边框处,变成"✥"时单击该图即可。一个图形被选定后,由一个方框包围。方框的 4 条边线和 4 个角上均有控制点(控点),如图 1-65 所示。按住 Shift 键的同时单击各个图形可以一次性选择多个图形。

图 1-64　"形状"下拉列表

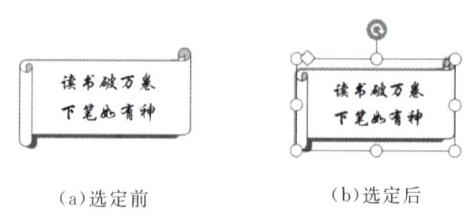

(a) 选定前　　(b) 选定后

图 1-65　图形的选择

微课：图形的绘制和选择

2. 图形的放大与缩小

用鼠标拖动某个方向的控点可以改变图形在该方向的大小。

3. 给图形添加文字

右击图形后，在弹出的快捷菜单中单击"添加文字"（未输入文时）或"编辑文字"（已输入文字时）命令，在图形区域中输入文字即可。适当调整图形和文字大小，使它们融为一体。文字编辑方法见子任务1-3-2。

4. 图形的删除

选定图形后，按Delete键即可删除图形。

5. 图形的移动和复制

选定图形后，直接拖动即可实现移动操作；按住Ctrl键的同时拖动可完成复制操作；或使用"剪切"→"粘贴"法进行移动，使用"复制"→"粘贴"法进行复制。按方向键"← ↑ ↓ →"可以进行小范围位置定位。

6. 设置线型、虚线线型和箭头样式

选中图形后，单击"绘图工具"→"形状样式"→"轮廓"下拉列表中的"线型"级联选项可以改变线条的粗细；单击"虚线线型"选项可以改变虚线的线型和粗细；单击"箭头样式"选项可以改变前端、后端箭头的形状和大小，如图1-66所示。

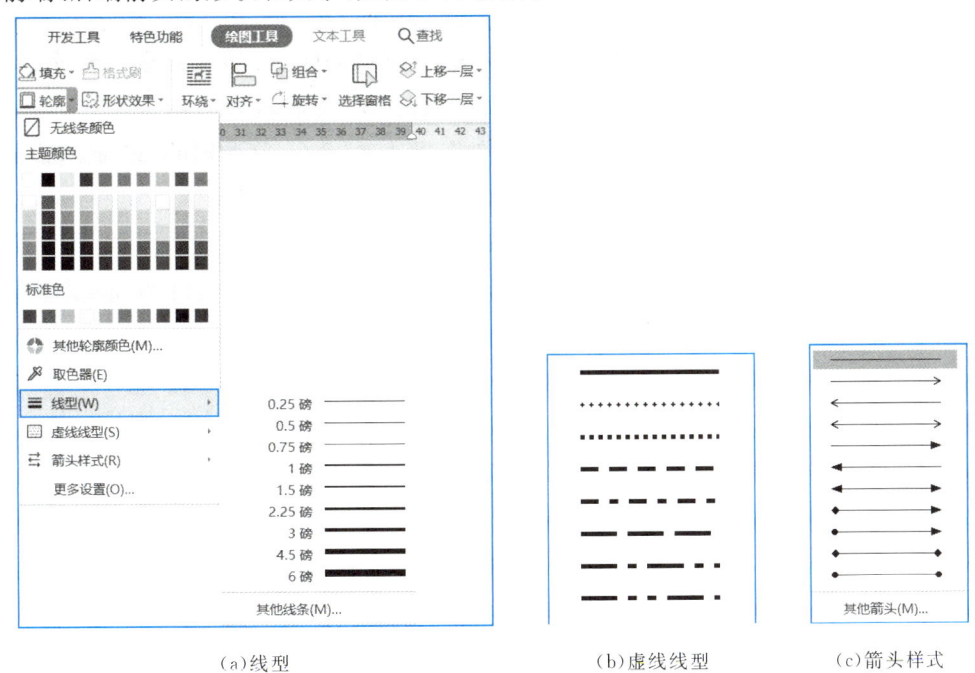

(a) 线型　　(b) 虚线线型　　(c) 箭头样式

图1-66　设置图形的线型、虚线线型和箭头样式

7. 设置线条的颜色和填充颜色

选中图形后，单击"绘图工具"→"形状样式"→"轮廓"命令按钮可以弹出颜料盒，从中可以直接选取边框颜色或选择"更多设置"命令后进行图形边框颜色调整。

单击"绘图工具"→"形状样式"→"填充"命令按钮可以弹出颜料盒，从中可以直接选取图形内部填充主题颜色或单击"其他填充颜色"命令，在弹出的"颜色"对话框中可以选择更丰富的色调，如图1-67所示。还可单击渐变、图片或纹理、图案命令，选择多彩的填充效果图案。

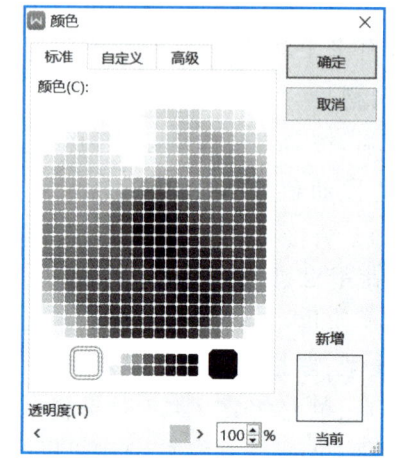

(a)"填充"下拉列表　　　　(b)"颜色"对话框

图 1-67　"形状填充"对话框

以上操作步骤还可以通过右击对象，在弹出的快捷菜单中选择"设置对象格式"命令，在打开的"属性"窗格中选择"填充与线条"选项卡下的"填充"和"线条"选项进行具体的设置。还可以通过右击对象，在弹出的快捷菜单中选择"其他布局选项"命令，在弹出的"布局"对话框中设置图形的"位置"、"文字环绕"和"大小"等，如图 1-68 所示。

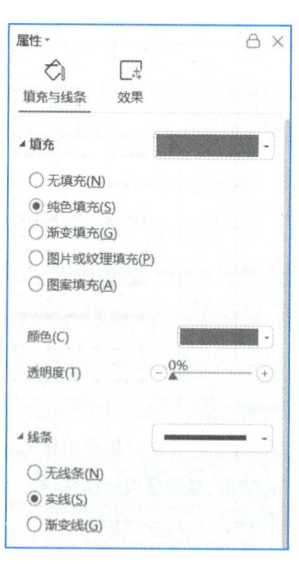

(a)"形状"快捷菜单　　　　(b)"属性"窗格　　　　(c)"布局"对话框

图 1-68　设置形状格式

8. 组合/取消组合图形

组合图形前，按住 Shift 键并逐个单击选中这些图形，单击"绘图工具"→"位置"选项组的

"组合"命令按钮,在下拉列表中选择"组合"命令;或右击图形,在弹出的快捷菜单中选择"组合"→"组合"命令,即可把多个简单图形组合起来形成一个整体,如图 1-69 所示。

(a)组合前　　　　　　　　(b)"组合"命令　　　　　　　　(c)组合后

图 1-69　组合图形

取消图形组合时,选中组合后的图形,单击"绘图工具"→"位置"选项组的"组合"命令按钮,在下拉列表中选择"取消组合"命令;或右击图形,在弹出的快捷菜单中选择"组合"→"取消组合"命令,即可把一个图形拆分为多个图形,分别处理。

子任务 1-5-2　插入图片

在 WPS 文字中插入图片等对象的方法主要有插入图片文件和从剪贴板插入图片等。在插入图片之前应当将插入点定位。

1. 将图片文件插入文档

将图片文件插入文档中的操作步骤如下:

步骤 1　将插入点定位于要插入图片的位置。

步骤 2　依次单击"插入"→"插图"→"图片"命令按钮,在下拉列表中选择"本地图片"命令,弹出如图 1-70 所示的"插入图片"对话框。

步骤 3　在对话框中确定查找范围,选定所需要的图片文件。

步骤 4　单击"打开"按钮,此图片就插入文本插入点位置了。

2. 利用剪贴板插入图片

WPS 文字允许将其他 Windows 应用软件所产生的图片剪切或复制到剪贴板上,再用"粘贴"命令粘贴到文档的插入点位置。

3. 图片的裁剪

裁剪图片的操作方法为:选定要裁剪的图片[图 1-71(a)],单击"图片工具"→"大小"选项组→"裁剪"按钮[图 1-71(b)],拖动控制点即可进行裁剪操作,操作结果如图 1-71(c)所示。

图 1-70 "插入图片"对话框

(a) 图形裁剪前　　　　(b) "大小"选项组　　　　(c) 图形裁剪后

图 1-71 图形裁剪示例

子任务 1-5-3　插入艺术字

有时在输入文字时会希望文字有一些特殊的显示效果,让文档显得更加生动活泼、富有艺术色彩,例如产生弯曲、倾斜、旋转、拉长和阴影等效果。插入艺术字的操作步骤如下:

步骤 1　单击"插入"→"文本"→"艺术字"命令按钮,屏幕即显示"艺术字"下拉列表,如图 1-72 所示。

步骤 2　在"艺术字"下拉列表中选择艺术字样式。

步骤 3　在"艺术字"文本框中输入、编辑文本。

步骤 4　输入的文字按所设置的艺术字样式显示,依次单击"文本工具"→"艺术字样式"选项组中的"更多设置",显示"属性"窗格"文本选项"面板,如图 1-73 所示。

步骤 5　单击"艺术字样式"选项组上的"文本效果"命令按钮,可以设置特殊文本效果,可以同时添加多种效果,还可以编辑文本并为文本设置形状转换等。因此可以不断尝试直到满足要求为止,如图 1-74、图 1-75 所示。也可以通过快捷菜单选择"设置对象格式"进行修改和修饰。

图 1-72 "艺术字"下拉列表

图 1-73 "文本选项"面板

图 1-74 "文本效果"下拉列表

图 1-75 艺术字示例

子任务 1-5-4　使用公式编辑器

使用 WPS 文字的公式编辑器,可以在 WPS 文档中加入分数、指数、微分、积分、级数以及其他复杂的数学符号,创建数学公式和化学方程式。启动公式编辑器创建公式的步骤如下:

步骤 1　在文档中定位要插入公式的位置。

步骤 2　依次单击"插入"→"符号"→"公式"命令按钮,弹出如图 1-76 所示的"公式"下拉列表。

图 1-76 "公式"下拉列表

步骤 3 在"公式"下拉列表中选择"公式"命令,屏幕将显示"公式编辑器"窗口(图 1-77)和输入公式的文本框。

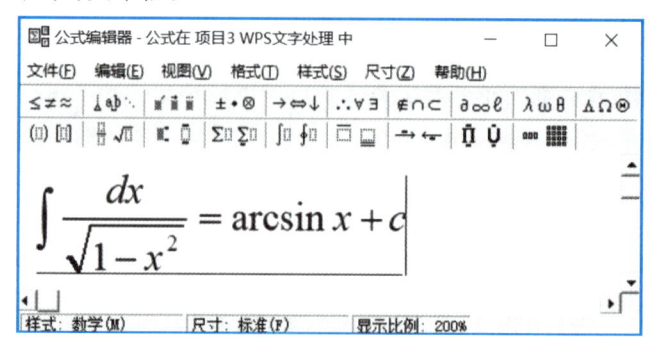

图 1-77 "公式编辑器"窗口

步骤 4 从"符号"工具栏中挑选符号或模板并输入变量和数字来建立复杂的公式。

在创建公式时,公式编辑器会根据数学上的排印惯例自动调整字体大小、间距和格式,而且可以自行调整格式并重新定义自动样式。

"公式编辑器"窗口由"标题栏"、"菜单栏"、"符号"工具栏和"模板"工具栏组成。

"符号"工具栏上有关系符号、间距和省略号、修饰符号、运算符号、箭头符号、逻辑符号、集合论符号、其他符号、小写希腊字母、大写希腊字母。如果要在公式中插入符号,用户可以单击"符号"工具栏中的按钮,然后在弹出的工具板上选取所需的符号,该符号便会加入公式输入文本框中的插入点处。

"模板"工具栏上有围栏、分式和根式、上标和下标、求和、积分、底线和顶线、标查箭头、乘积和集合论、矩阵等命令选项。

用户可以在对应结构的插槽内再插入其他样板以便建立复杂层次结构的多级公式,如图 1-78 和图 1-79 所示。

$$\int \frac{\mathrm{d}x}{\sqrt{1-x^2}} = \arcsin x + c$$

$$2H_2O \xrightarrow{\text{电解}} 2H_2\uparrow + O_2\uparrow$$

图 1-78 "数学公式"示例   图 1-79 "化学方程式"示例

创建完公式之后,关闭"公式编辑器"窗口返回文档编辑状态。

子任务 1-5-5 图文混排

WPS 文字具有强大的图文混排功能,它提供了许多图形对象,如图片、图形、艺术字、数学公式、图文框、文本框、图表等,使文档图文并茂,引人入胜。利用这些功能,可以使文档和图形合理安排,增强文档的视觉效果。图 1-80 给出了文字环绕的效果。

1. 设置文字环绕

设置文字环绕的操作步骤如下:

步骤 1 插入图片。

项目 1　WPS Office 2019 文字处理

步骤 2　右击图片,在弹出的快捷菜单中选择"其他布局选项"命令,弹出"布局"对话框;或单击"图片工具"→"排列"→"环绕"命令按钮,弹出"环绕"下拉列表。

图 1-80　文字环绕的效果

步骤 3　在"布局"对话框的"文字环绕"选项卡中选用"四周型"或"紧密型"环绕方式,如图 1-81(a)所示,或在"环绕"下拉列表中单击"四周型环绕"或"紧密型环绕"命令即可,如图 1-81(b)所示。

步骤 4　移动调整图形位置,完成设置。

(a)"布局"对话框　　　　　　　　(b)"环绕"下拉列表

图 1-81　设置文字环绕

2. 设置水印背景效果

水印是显示在已经存在的文档文字前面或后面的任何文字和图案。如果想要创建能够打印的背景,就必须使用水印,因为背景色和纹理默认设置下都是不可打印的。

①单击"插入"→"水印"命令按钮,在下拉列表中选择"插入水印"。

②在弹出的"水印"对话框中勾选"图片水印"复选框,单击"选择图片"按钮,弹出"选择图片"对话框,如图 1-82 所示,找到并选择作为水印的图片后单击"打开"按钮,再单击"确定"按钮,即可插入水印图片。

③要调整水印图片的亮度、大小和位置,在"插入"选项卡单击"页眉和页脚"按钮(如果只需在其中某一页或某段文字下添加水印图片,则应提前添加分节符,方法如下:在"页面布局"选项卡的"页面设置"选项组中单击"分隔符"命令按钮,在下拉列表中选择"下一页分节符"或"连续分节符",并在"页眉和页脚工具"选项卡的"导航"选项组中取消"同前节")。

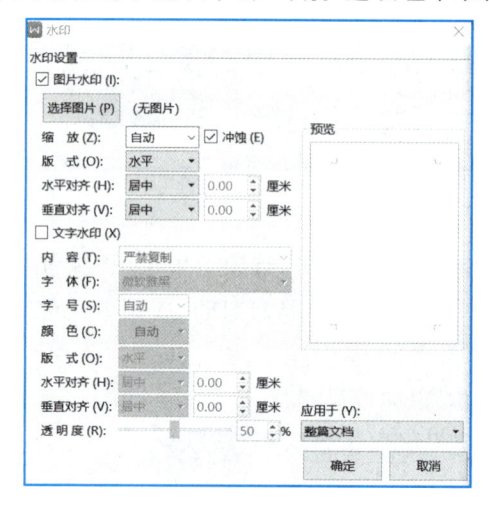

(a)"水印"对话框

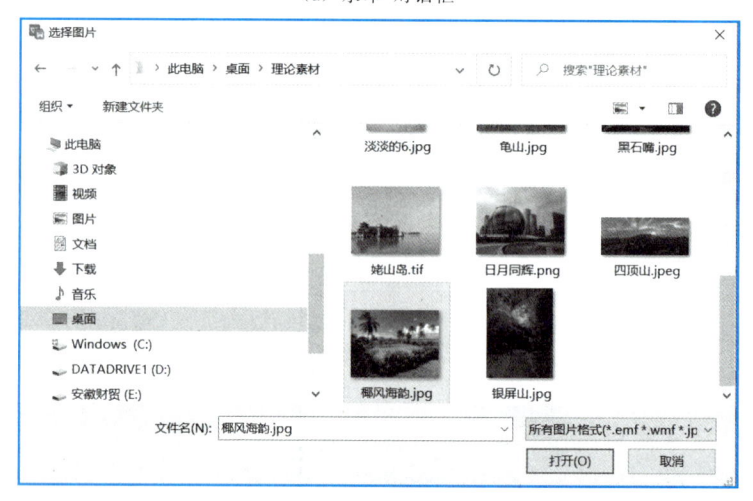

(b)"选择图片"对话框

图 1-82　设置水印图片

选中水印图片,在"图片工具"选项卡中调整对比度和亮度,适当裁剪后,拖动或指定高度和宽度后完成设置。如图 1-83 所示。

图 1-83　"图片工具"选项卡

④删除水印:单击"插入"→"水印"命令按钮,在下拉列表中选择"删除文档中的水印"命令。

任务 1-6　邮件合并和协同编辑文档

子任务 1-6-1　邮件合并

在日常工作中，经常需要一次性制作上百份座位标签、准考证、录取通知书等文档，下面以"录用通知书"（80 分以上）为例，介绍怎样使用 WPS 文字中的邮件合并功能高效完成创建主文档、选择数据源、插入合并域、预览结果和生成新文档等五大过程。

1. 创建主文档

主文档就是要使用的 WPS 模板，常见文档类型有信函、标签和普通 WPS 文档等。单击"引用"选项卡下的"邮件"按钮（图 1-84），出现"邮件合并"选项卡，如图 1-85 所示。在文档编辑区录入录用通知书主文档内容，如图 1-86 所示。

图 1-84　"引用"→"邮件"按钮

图 1-85　"邮件合并"选项卡

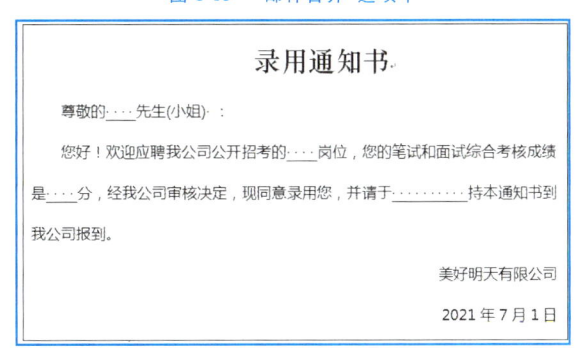

图 1-86　录用通知书主文档示例

2. 选择数据源

数据源中存放主文档所需要的数据。数据源的来源有很多，比如 WPS 文档、Excel 表格、文本文件、SQL 数据库等多种类型的文件。编辑"录用通知书数据源.xls"（表 1-6）并保存，单击"邮件合并"选项卡下的"打开数据源"按钮，弹出"选取数据源"对话框，如图 1-87 所示。

表 1-6　　　　　　　　录用通知书数据源

姓名	部门	考核成绩	报到时间
赵毅	生产部	89	2021年7月31日
钱迩	业务部	85	2021年7月31日
孙山	品管部	72	2021年7月31日
李思	保安部	76	2021年7月31日
周武	人事部	87	2021年7月31日
吴柳	财务部	53	2021年7月31日
郑琪	财务部	81	2021年7月31日
王玖	品管部	92	2021年7月31日

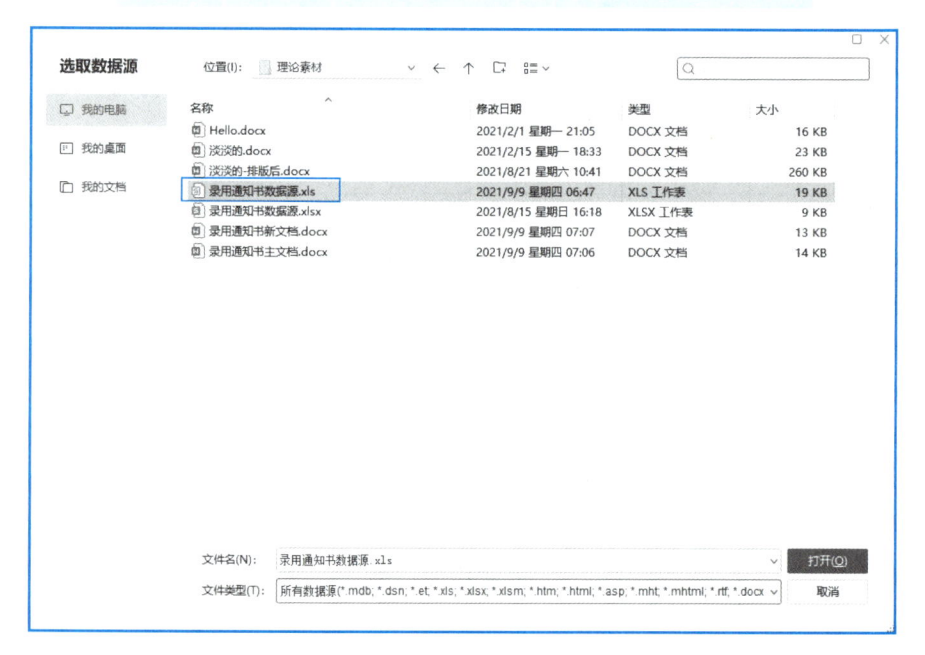

图 1-87　"选取数据源"对话框

　　选择"录用通知书数据源.xls"并打开（注意.xlsx文件格式可能打不开），在"邮件合并"选项卡中单击"收件人"按钮，在弹出的"邮件合并收件人"对话框中选择考核成绩大于或等于80的发件人后，单击"确定"按钮，如图1-88所示。

3. 插入合并域

　　将光标移至主文档需输入合并域的位置，在"邮件合并"选项卡中单击"插入合并域"按钮，在弹出的"插入域"对话框中选择需要插入的域，单击"插入"按钮，如图1-89所示。

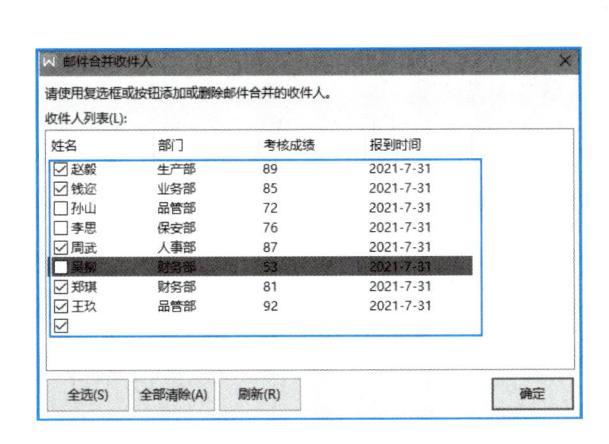

项目 1　WPS Office 2019 文字处理

图 1-88　"邮件合并收件人"对话框

图 1-89　"插入域"对话框

4. 预览结果

在"邮件合并"选项卡中单击"查看合并数据"按钮就可看到邮件合并的结果,如图 1-90 所示。

5. 生成新文档

在"邮件合并"选项卡中单击"合并到新文档"按钮,在"合并到新文档"对话框中选择"全部",单击"确定"按钮,如图 1-91 所示。生成"文字文稿 1"文档,将其保存为"录用通知书新文档.docx"即可。

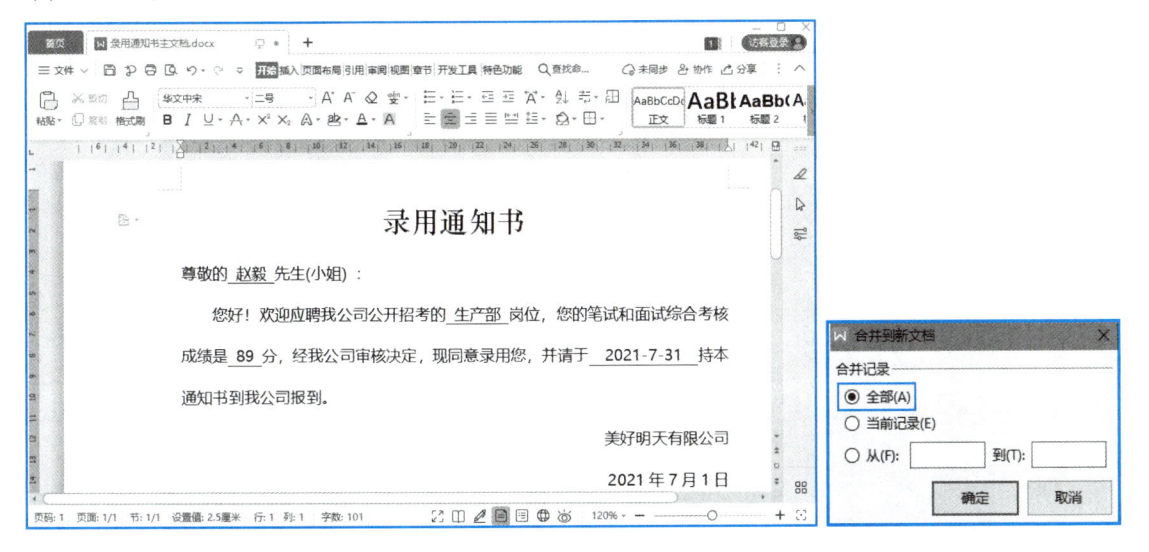

图 1-90　预览结果

图 1-91　"合并到新文档"对话框

子任务 1-6-2　多人协同编辑文档

协同编辑文档除了使用"审阅"选项卡下的"批注"和"修订"选项组外，还可以使用"特色功能"选项卡下的"分享协作功能"真正实现在线交互编辑文档。

步骤 1　首先注册并登录自己的 WPS 账号，打开本地的一个 WPS 文档，依次单击"特色功能"→"分享协作"按钮，弹出"应用中心"对话框，选择"分享协作"→"在线协作"，进入在线协作模式。如图 1-92 所示。

图 1-92　"应用中心"对话框

步骤 2　在协作模式下单击右上角"分享"按钮，在弹出的"分享"对话框中选择分享权限：任何人可查看或任何人可编辑。本例选择"任何人可编辑"，如图 1-93 所示。

图 1-93　"分享"对话框

步骤 3 单击"创建并分享"按钮,进入分享链接界面,此时可以邀请他人来加入分享编辑文档,或"复制链接",发送给相关人员加入分享,如图 1-94 所示。

图 1-94 共享链接界面

步骤 4 当开始编辑文本时,不同的人编辑时以不同的颜色显示,并可以插入评论,还可在"协作记录"中查看每个人对文档的编辑内容。

任务 1-7 页面设置和文档输出

对已有的文档可以继续进行页面设置和文档输出设置。

子任务 1-7-1 设置页面

1. 定义纸张规格

单击"页面布局"→"页面设置"对话框启动器,在弹出的"页面设置"对话框的"纸张"选项卡中,如图 1-95 所示,可以选择纸张大小(A4、A5、B4、B5、16K、8K、32K、自定义纸张大小等)、应用范围(整篇文档及插入点之后)等。

2. 设置页边距

一般地,文档打印时的边界与所选页的外缘总是有一定的距离,称为页边距。页边距分上、下、左、右 4 种。设置合适的页边距,既可规范输出格式,便于阅读,美化页面,也可合理地使用纸张,便于装订。

单击"页面布局"→"页面设置"对话框启动器,在弹出的"页面设置"对话框的"页边距"选项卡中,如图 1-96 所示,可以定义页边距(上页边距、下页边距、左页边距和右页边距)、装订线位置与宽度、输出文本的方向(纵向、横向)、页码范围及应用范围等。

图1-95 "纸张"选项卡　　　　　　　　　图1-96 "页边距"选项卡

3. 设置版式

在长文档编辑排版中,有时首页不需要页眉和页脚,而在正文页面中,奇数页与偶数页的页眉内容不同,例如在偶数页的页眉中需要将文档的名称添加上去,而在奇数页的页眉中则包含章节标题。这样就需要在"版式"中对相应选项进行设置。

单击"页面布局"→"页面设置"对话框启动器,在弹出的"页面设置"对话框中单击"版式"选项卡,在"页眉和眉脚"选项区中将"奇偶页不同"和"首页不同"两个复选框选中,以备将来对页眉和页脚做进一步的设置。设置完成后单击"确定"按钮关闭"页面设置"对话框。

子任务 1-7-2　打印文档

WPS文字提供了文档打印功能,还提供了在屏幕模拟显示实际打印效果的打印预览功能。

1. 打印预览

在文档正式打印之前,一般先要进行打印预览。打印预览可以在一个缩小的尺寸范围内显示全部页面内容。如果对编辑效果不满意,可以单击其他选项卡退出打印预览状态,也可以单击"关闭"按钮继续编辑修改,从而避免不适当的打印而造成的纸张和时间的浪费。

在"文件"选项卡中单击"打印"命令或在"快速访问工具栏"上单击"打印预览"按钮,屏幕将显示打印预览窗口,如图1-97所示。在打印预览窗口中可以使用滚动条进行翻页显示。

图 1-97　打印预览窗口

2. 打印文档

在 WPS 文字中可以查看或修改当前打印机的设置,在正式打印前应连通打印机,装好打印纸,并打开打印机电源开关。打印操作步骤如下:

步骤 1　依次单击"文件"→"打印"命令,弹出"打印"对话框,如图 1-98 所示。

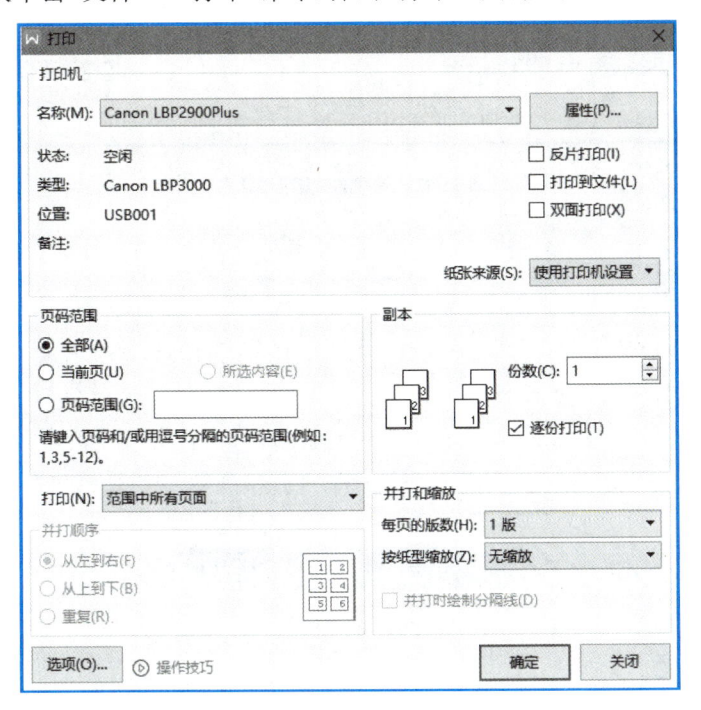

图 1-98　"打印"对话框

步骤 2　在"打印"对话框中,选择打印机名称、打印页面范围(全部、当前页、页码范围)、打印内容、打印份数等。

步骤 3　单击"确定"按钮,即开始打印。

也可以单击"快速访问工具栏"上的"打印"按钮,不进行设置而直接打印全部内容。

子任务 1-7-3　发布 PDF 格式文档

首先用 WPS 文字打开要转换的 WPS 文档,然后在 WPS Office 2019 主界面单击"文件",在弹出的"文件"菜单中选择左侧边栏的"输出为 PDF"菜单项,在弹出的"输出为 PDF"界面中单击"开始输出"按钮,如图 1-99 所示。

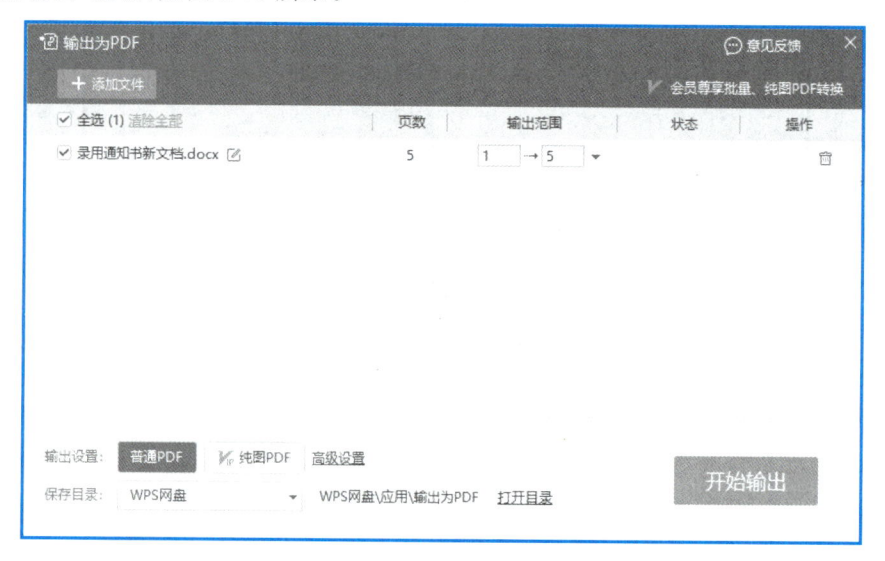

图 1-99　"输出为 PDF"对话框

项目小结

本项目主要讲述了利用字处理软件 WPS Office 2019 文字进行文件的创建、文档的排版、表格的制作以及高级操作。通过本项目的学习,学生能够熟练掌握 WPS 的一些基本操作和技巧,为以后的文字编辑节约大量的时间,提高工作效率。

习题 1

一、单项选择题

1. 关于 WPS 中的文本框,下列说法不正确的是(　　)。

　A. 文本框可以做出冲蚀效果

　B. 文本框可以做出三维效果

C.文本框只能存放文本,不能放置图片

D.文本框可以设置底纹

2.在WPS的"字体"对话框中,不可以设定文字的(　　)。

　A.字间距　　　B.字号　　　C.删除线　　　D.行距

3.下列关于WPS中样式的叙述正确的是(　　)。

　A.样式就是字体、段落、制表位、图文框、语言、边框、编号等格式的集合

　B.用户不可以自定义样式

　C.用户可以删除系统定义的样式

　D.已使用的样式不可以通过"格式刷"进行复制

4.WPS中"格式刷"按钮的作用是(　　)。

　A.复制文本　　B.复制图形　　C.复制文本和格式　　D.复制格式

5.关于WPS的快速访问工具栏,下面说法正确的是(　　)。

　A.不包括文档建立　　　　　B.不包括打印预览

　C.不包括自动滚动　　　　　D.不能设置字体

6.在WPS中查找和替换正文时,若操作错误则(　　)。

　A.可用"撤销"来恢复　　　　B.必须手工恢复

　C.无法挽回　　　　　　　　D.有时可恢复,有时就无法挽回

7.在WPS中,(　　)用于控制文档在屏幕上的显示大小。

　A.全屏显示　　B.显示比例　　C.缩放显示　　D.页面显示

8.在WPS中,如果插入的表格其内外框线是虚线,要想将框线变成实线,在(　　)中实现(假设光标在表格中)。

　A.在"表格工具"选项卡中的"虚线"命令选项

　B.在"表格样式"选项卡中的"边框"命令选项

　C.在"表格工具"选项卡中的"选中表格"命令选项

　D.在"表格样式"选项卡中的"制表位"命令选项

9.关于WPS保存文档的描述不正确的是(　　)。

　A.快速访问工具栏中的"保存"按钮与"文件"菜单中的"保存"命令选项同等功能

　B.保存一个新文档,快速访问工具栏中的"保存"按钮与"文件"菜单中的"另存为"命令选项同等功能

　C.保存一个新文档,"文件"菜单中的"保存"命令选项与"文件"菜单中的"另存为"命令选项同等功能

　D."文件"菜单中的"保存"命令选项与"文件"菜单中的"另存为"命令选项同等功能

10.在WPS的(　　)视图方式下,可以显示页眉、页脚。

　A.普通视图　　B.Web视图　　C.大纲视图　　D.页面视图

二、操作题

停止自转的地球真的能去流浪吗?

"流浪地球计划"中的第一步就是首先让地球停止转动,尽管在电影中没有直接展现这一场景,但是电影当中的旁白中有所提及,让我们就先来看一下这个停止转动是否可以实现。

在直接回答这个问题之前,我们先了解一下地球的转动能量有多少。关于能量的多少,我们很容易从网络上搜索到,地球的转动能是2.24E29焦耳,这个能量是非常巨大的。让我们

做一个比较简单的对比,从而可以更加清楚地看到这个能量有多大,一个原子弹释放出来的能量差不多相当于100万个TNT当量,或者就相当于4.2E15焦耳,而历史上曾经试验过的释放能量最强的大伊万氢弹,释放的能量差不多是5 000万TNT当量,或者就是2.1E17焦耳,然而相比较地球的转动能量,还是小巫见大巫了,地球的转动能量大约相当于1万亿(1E12)个大伊万氢弹同时爆炸。

一旦地球停止转动,那么地球上将会发生什么样的变化呢?或许你会想着,地球不是类似于物理学中的刚体么,难道没有了转动,就会发生很巨大的变化么?

最直接的一个效应就是,没有了转动,目前地球上几乎所有的大陆都会被海洋所淹没,这一点的确在电影当中有所提及。原因很简单,在地球转动的时候,因为离心力,作为液态的海洋会朝向赤道附近聚集,而一旦地球停止转动,这些水会向两级流动,从而造成大陆被淹没。根据美国ESRI公司的动画模拟,最终几乎所有的大陆都会被淹没,只剩下赤道附近的一圈超级大陆凸显出来,如果人类想要继续在大陆上生存,这将会是唯一的希望,不过在电影当中,人类是移居到地下生活。

(1)设置标题字体为"蓝色"、"华文新魏"、三号,居中对齐,标题段后间距1行。
(2)设置除标题段外所有段落首行缩进2个字符、1.2倍行间距。
(3)将"在直接回答这个问题之前"所在段落分成两栏,栏间距2个字符,带分隔线。
(4)将页边距设置为"适中"(上、下页边距2.54厘米,左、右页边距1.91厘米)。
(5)将页眉设置为"流浪地球",右对齐;页脚设置为"第1页",右对齐,注意不要产生新行。
(6)在正文后插入一个3×5的表格。
(7)保存编辑后的文档。

项目 2
WPS Office 2019 表格处理

项目工作任务

- 数据的输入、工作表和工作簿的基本操作
- 公式和函数的使用；数据统计和管理；图表的创建和应用
- 数据透视表和数据透视图的创建
- 页面设置与打印输出

项目知识目标

- 理解表格的数据、单元格、工作表和工作簿
- 理解表格的单元格引用、公式和函数；理解图表
- 理解数据透视表和数据透视图

项目技能目标

- 了解电子表格的应用场景
- 熟练掌握表格的数据输入、工作表和工作簿的基本操作
- 熟练掌握单元格格式编辑，数据排序、筛选及分类汇总等操作
- 熟练掌握公式和常用函数的使用
- 了解常见的图表类型，掌握图表的建立与编辑
- 掌握数据透视表的创建与更新操作，能利用数据透视表创建数据透视图
- 掌握表格的页面设置、打印及 PDF 输出

项目重点难点

- 不同类型数据的输入方法
- 单元格的引用、公式和函数的应用
- 数据的统计和分析
- 图表的应用
- 数据透视表和数据透视图的应用

任务 2-1　认识 WPS Office 2019 表格

电子表格处理是信息化办公的重要组成部分,在数据分析和处理中发挥着重要的作用,广泛应用于财务、管理、统计、金融等领域。WPS Office 2019 表格(以下简称"WPS 表格")是一款优秀的电子表格制作软件,不仅能满足日常办公的需要,还可以通过函数实现专业的数据处理。它支持 900 多个函数计算,具有条件表达式、排序、自动填充、多条件筛选、统计图表等丰富的功能。WPS 表格的 Docer(稻壳儿)表格模板提供了大量常用的工作表模板,可以帮助用户快速地创建各类工作表格,高效地实现多种数据计算功能。WPS 表格能够输出 PDF 格式文档,或另存为其他格式文档,并兼容 Microsoft Office Excel 文件格式,方便文件的交流和共享。

子任务 2-1-1　启动和退出 WPS 表格

1. 启动 WPS 表格

方法 1:若桌面上已经存在"WPS Office"的快捷方式,直接双击该快捷方式图标,出现 WPS 窗口,单击"新建",进入新建页,单击"表格",再单击"新建空白文档",出现 WPS 表格窗口,如图 2-1 所示。

方法 2:单击"开始"菜单,找到"WPS Office"并单击,即可出现 WPS 窗口,接下来的操作与方法 1 一样。

方法 3:双击任何一个已存在的"*.et"、"*.xls"或"*.xlsx"电子表格文件,即可启动 WPS 表格,并同时打开该文件。

2. 退出 WPS 表格

方法 1:单击文档标题栏右侧的"关闭"✕按钮。
方法 2:单击"文件"菜单,选择"退出"命令。
方法 3:使用快捷键"Alt+F4"。

> 注意:如果单击工作簿标题右侧的"关闭"✕按钮,可关闭当前的工作簿窗口,不退出 WPS。

子任务 2-1-2　WPS 表格工作窗口

如图 2-1 所示,WPS 表格由文档标题栏、快速访问工具栏、功能区、数据编辑区、选项卡、工作表标签、滚动条和状态栏等组成。各组件的说明见表 2-1。

项目2　WPS Office 2019 表格处理　　57

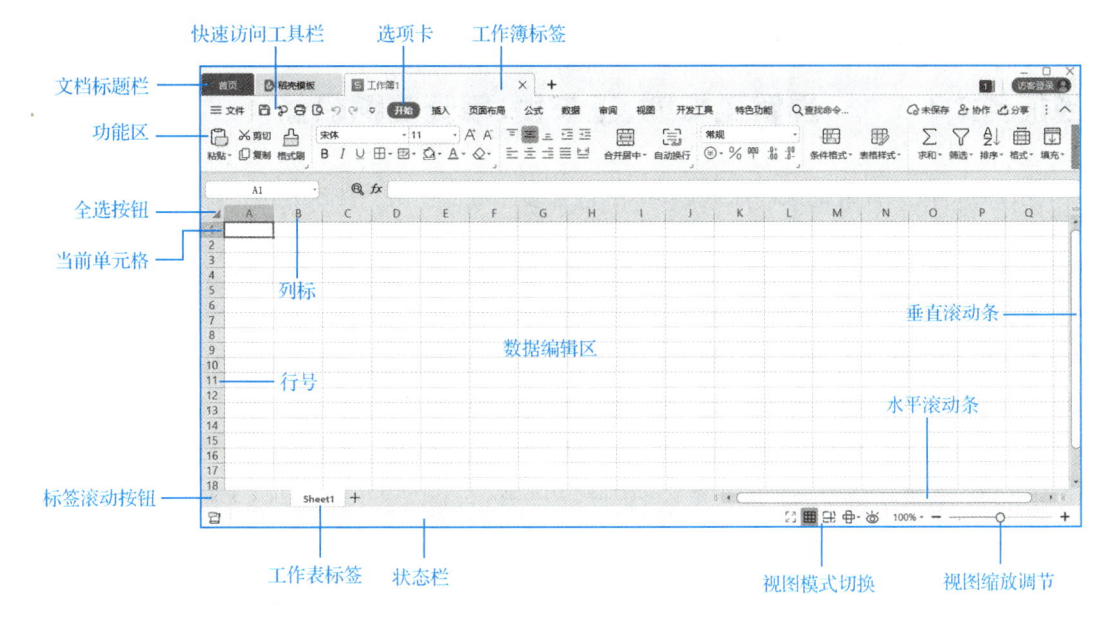

图 2-1　WPS 表格窗口

表 2-1　　　　　　　　　　WPS 表格操作界面各组件说明

序号	名称	功能
1	文档标题栏	位于窗口顶部，用来显示 WPS 表格菜单及当前工作簿文档名，最右侧三个按钮依次是最小化、最大化/还原和关闭按钮
2	快速访问工具栏	包含了 WPS 表格最常用的保存、打印、撤销、恢复等按钮，也可以进行自定义
3	选项卡	用于切换 WPS 表格的大部分功能
4	工作簿标签	显示当前工作簿的名称
5	功能区	显示所选定的选项卡下对应的功能按钮
6	全选按钮	单击此按钮可选定数据编辑区所有单元格
7	行号	二维表格中用阿拉伯数字表示的水平行的编号
8	列标	二维表格中用字母表示的各垂直列的标号
9	当前单元格	单击某单元格，该单元格边框加粗，行列标号突出显示，单元格名称显示在名称框中
10	垂直滚动条	当表格的长度过长，不能在一页显示时，可拖动垂直滚动条查看表格的上下部分
11	水平滚动条	当表格的宽度过宽，不能在一页显示时，可拖动水平滚动条查看表格的左右部分
12	标签滚动按钮	当工作簿所含的工作表过多时，可用标签滚动按钮左右查看所要操作的工作表
13	工作表标签	单击不同的工作表标签可切换到对应的工作表，当前编辑的工作表标签会突出显示
14	状态栏	用于显示当前工作表的编辑状态和操作结果
15	视图模式切换	根据编辑需要，可以在全屏显示、普通视图、分页预览、阅读模式和护眼模式之间切换
16	视图缩放调节	用于调节当前视图模式下的显示比例
17	数据编辑区	由单元格组成的数据编辑区域，包括名称框、数据按钮和编辑栏

子任务 2-1-3　理解工作簿、工作表、单元格的概念

工作簿类似于日常记账的账簿，其中可包含多个账页。在 WPS 表格中，文件可以用工作簿的形式保存，扩展名为".et"。

工作表类似于日常记账账簿中的一个账页，工作表不单独存在，它包含在工作簿中，要操作工作表，必须先打开工作簿。

单元格是二维工作表中的行列交公区域，用来保存输入的数据，单元格是 WPS 表格中最基本的操作单位。当用户在某单元格上单击鼠标左键，该单元格边框加粗，行列标号突出显示，同时单元格名称显示在名称框，单元格的数据显示在编辑栏中，该单元格称为当前单元格。在同一时刻，只能有一个当前单元格。如图 2-2 所示。

图 2-2　单元格

任务 2-2　掌握工作簿的基本操作

子任务 2-2-1　创建工作簿

WPS 表格是以工作簿的形式进行保存的，要进行数据处理，首先要创建工作簿。用户可以通过"新建空白文档"来创建一个空的完全自主设置的工作簿，也可以利用 WPS 表格的模板来创建一个具有一定结构内容的工作簿。

1. 新建空的工作簿

创建方法参见"子任务 2-1-1"中"1. 启动 WPS 表格"的操作步骤。

2. 利用模板创建工作簿

方法 1：在 WPS 首页窗口，单击"新建"，进入新建页，单击"表格"，在左侧选择所需的品类，在主区域选择相应模板（部分模板可能只有会员或购买后才能使用，下同），如图 2-3 所示。

方法 2：在 WPS 首页窗口，单击左侧"从模板新建"，单击"表格"，选择相应模板，如图 2-4 所示。

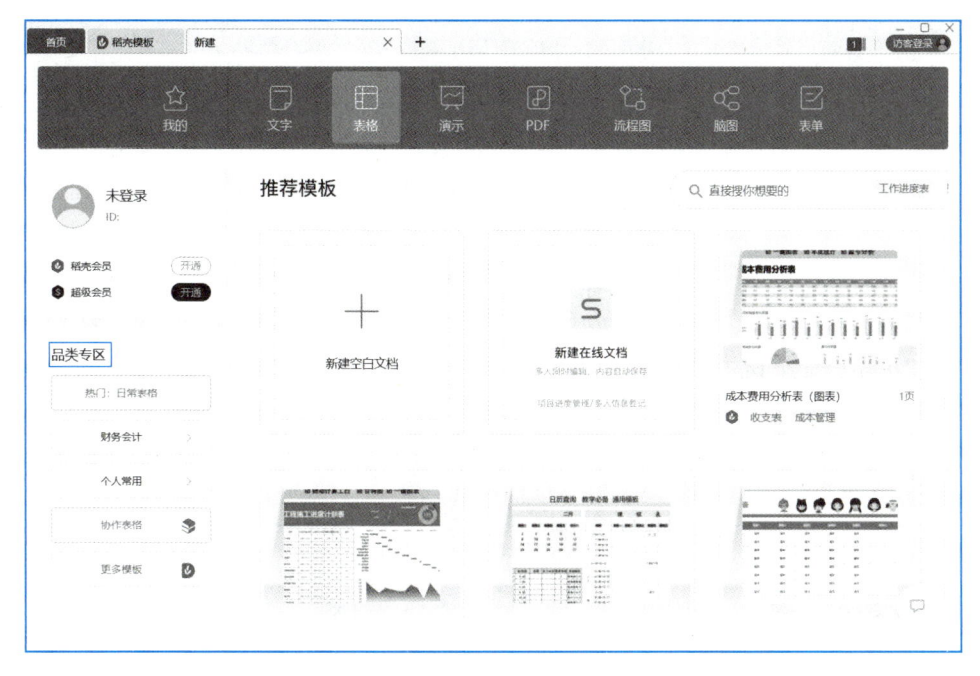

项目2　WPS Office 2019 表格处理

图 2-3　WPS 表格"推荐模板"页

图 2-4　WPS 表格"从模板新建"页

方法 3：在 WPS 表格窗口，单击"文件"菜单，选择"新建"，单击右侧菜单中的"本机上的模板"，打开"模板"对话框，如图 2-5 所示，选择需要的模板，单击"确定"按钮。

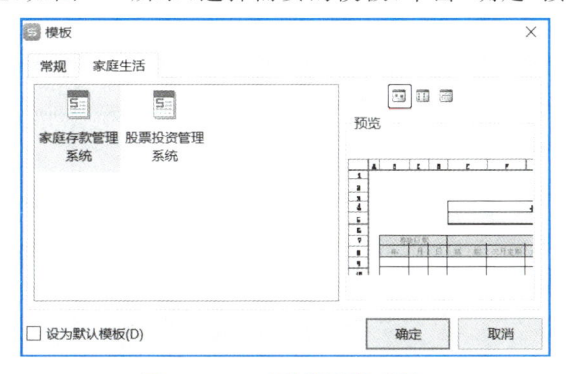

图 2-5　WPS 表格"模板"对话框

子任务 2-2-2　保存工作簿

创建新的工作簿后,为了后续的编辑、传递与交换,需要将工作簿进行永久保存,保存的方法有三种:

方法 1:单击"文件"菜单中的"保存"命令,如果该工作簿是第一次保存,则弹出"另存文件"对话框,如图 2-6 所示,在左侧选择保存的位置,在右下部输入文件名,选择文件类型,最后单击"保存"按钮。如果该工作簿以前保存过,则以上步骤操作时不会弹出对话框,直接用原文件名在原位置覆盖保存。

WPS 表格文件的自有扩展名为"*.et",如果所保存的文件要与 Microsoft Office 办公软件兼容,可以在文件类型中选择"*.xls"(早期版本)或"*.xlsx"(最新版本)格式。

图 2-6　"另存文件"对话框

方法 2:单击"快速访问工具栏"中的"保存"按钮,如图 2-7 所示。

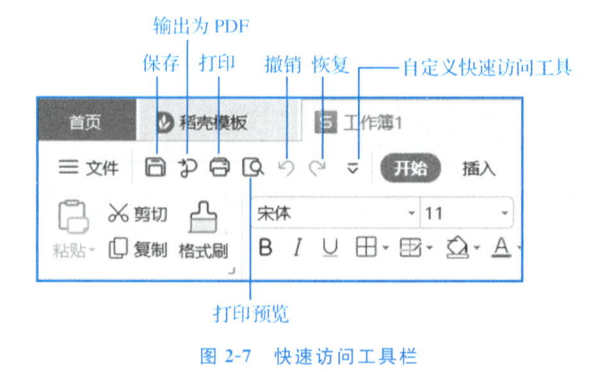

图 2-7　快速访问工具栏

项目 2　WPS Office 2019 表格处理

方法 3：单击"文件"菜单中的"另存为"命令，弹出"另存文件"对话框，如图 2-6 所示，可以重新设定保存的位置、文件名和文件类型，然后单击"保存"按钮。

子任务 2-2-3　打开与关闭工作簿

打开工作簿：在 WPS 表格窗口，单击"打开"按钮，弹出"打开文件"对话框，选择需要打开的文件，单击"打开"按钮。如图 2-8 所示。

图 2-8　"打开文件"对话框

关闭工作簿：单击工作簿标题右侧的"关闭"✖按钮或采用退出 WPS 表格的方法。关闭时，如果该文件修改后没有保存，系统会提醒用户保存。

任务 2-3　掌握单元格的基本操作

子任务 2-3-1　选定数据区域

1. 单元格的地址表示

工作表是由单元格按行列形式组成的二维表，用列标标注列，用行号标注行，如图 2-2 所示。单元格位于列和行的交会点，为便于对单元格的引用，可以采取类似于坐标的方式进行地址表示，列标在前，行号在后。在图 2-2 中，当前单元格位于 D 列 5 行，它的地址就用 D5 来表示。

2. 选定一个单元格

在要选定的单元格上单击鼠标左键,可以选定该单元格,该单元格成为当前单元格,其地址在名称框中显示出来。

3. 选定多个单元格

(1) 选定连续的矩形区域单元格

方法 1:将鼠标放在要选定的矩形区域左上角单元格上,按下鼠标左键不放,拖动鼠标到矩形区域的右下角单元格上松开,即可选定该矩形区域。

方法 2:单击要选定的矩形区域左上角单元格,按住 Shift 键不放,再单击矩形区域的右下角单元格,选定该矩形区域。如图 2-9 所示,所选定的矩形区域的左上角单元格地址为 B3,右下角单元格地址为 D7,则可以将该区域表示为"B3:D7"。

(2) 选定不连续的单元格

先使用以上方法选定第一个区域,按住 Ctrl 键不放,再选定其他区域。如图 2-10 所示,所选定的区域可以表示为"B3,B5:D6"。

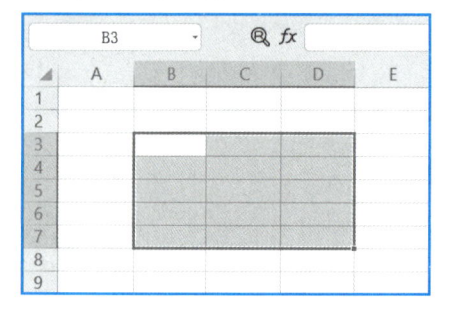

图 2-9 选定连续的矩形区域

图 2-10 选定不连续的数据区域

子任务 2-3-2 输入数据

单元格是承载数据的最小单元,单击目标单元格,输入数据后,按 Enter 键或将鼠标单击其他单元格,或单击数据编辑栏上的"√"按钮,结束输入。如图 2-11 所示。

图 2-11 输入数据

1. 输入字符

不参与计算的普通文本,通常称为字符,在 WPS 表格中输入字符时,字符左对齐显示。根据字符宽度和列宽的不同,存在三种情况:

(1)单元格宽度能够容纳字符内容时左对齐显示。

(2)单元格宽度不能够容纳字符全部内容时,如果该单元格右侧单元格无内容,字符会右扩到右侧单元格中显示。

(3)单元格宽度不能够容纳字符全部内容,但该单元格右侧单元格中有内容时,字符在本单元格中显示,超出宽度的部分会被隐藏。如图2-12所示,B1单元格的内容为"2021年",正常左对齐显示;B2和B3单元格的内容均为"2021年上半年数字经济总体形势分析",C2单元格为空,B2单元格的内容右扩显示;C3单元格的内容为"2021年下半年",B3单元格中超出的内容被隐藏。如果要在B3单元格中显示全部信息,可以调整B列的宽度,也可以将B3单元格设置为"自动换行"或"缩小字体填充",具体操作见"子任务2-3-5 设置单元格格式"的相关内容。

图2-12 字符显示

2. 输入数值

在单元格中输入数值时,可以是整数、小数、负数、百分数、科学计数法数值、货币格式数值等,如图2-13所示,根据数值的不同,可能出现以下情况:

(1)当数值总位数不超过11位时右对齐正常显示。

(2)当整数位超过11位时,系统默认将其转换成文本格式(如图2-14中的A9),左对齐显示,文本格式的数字不能参与计算。如果需要进行计算,则须将其转换为数字:选择该单元格,单击该单元格左侧或右侧的告警信息,展开下拉菜单,选择"转换为数字",如图2-14所示。

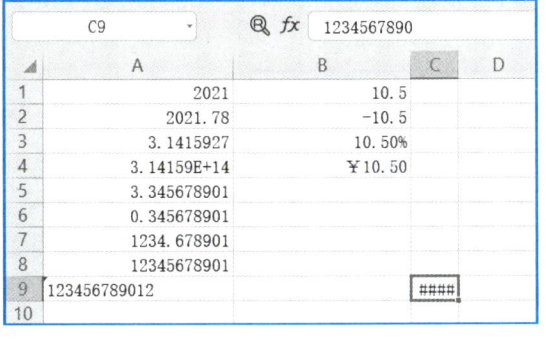

图2-13 数值显示

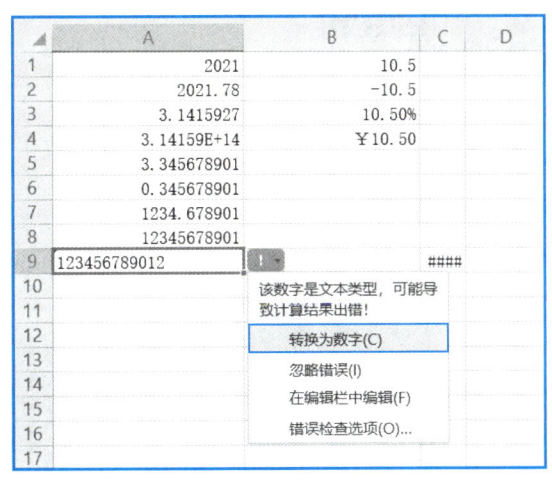

图2-14 将文本转换为数字

(3)当含小数数值位数超过11位时,右侧部分将被隐藏。

(4)当列宽不足以显示单元格的数值时,系统用"#"填充(如图2-14中的C9),调整列宽即可显示数值。

3. 输入日期和时间

在 WPS 表格中,如果输入的数据符合日期或时间的格式,系统会以日期或时间的方式来存储数据,右对齐显示。

常用的日期格式:如 2021 年 10 月 1 日,可以写为 2021-10-01、2021/10/01 或 21/10/01 等。

常用的时间格式:如 10:15:30 AM、10:15 PM、21:15、22 时 45 分、下午 5 时 10 分等(AM 表示上午,PM 表示下午,和前面数字之间保留一个空格)。

如果同时输入日期和时间,中间要用空格分隔。更多的日期和时间格式,可以通过单元格格式来设定,请参见"子任务 2-3-5 设置单元格格式"的内容。

4. 数据智能填充

利用 WPS 表格提供的智能填充功能,可以实现快速向单元格输入有规律的数据。

(1)填充相同数据

比如,先在 C2 单元格中输入"信息学院",可以使用智能填充功能在 C2 单元格以下的单元格中也填入同样的内容,具体操作如下:

步骤 1 选中 C2 单元格,该单元格则显示加粗边框,同时在粗边框的右下角出现一个小方块,该小方块被称为填充句柄,如图 2-15 所示,将鼠标指针指向填充句柄,指针变成"＋"字形状。

图 2-15 填充句柄

步骤 2 按住鼠标左键竖向拖动到 C8 单元格,松开左键;也可以双击填充句柄进行向下自动填充,填充效果如图 2-16 所示。

图 2-16 相同内容填充效果

(2)填充序列数据

在图 2-16 中，选定 A2 单元格，使用上述“(1)填充相同数据”的方法，用鼠标拖动 A2 单元格的填充句柄至 A8 单元格，松开左键；再用同样的方法将 D2 单元格填充至 D8 单元格，将 E2 单元格填充至 E8 单元格，填充效果如图 2-17 所示。

从图 2-17 的填充效果可以看出，A2 单元格填充至 A8 单元格、D2 单元格填充至 D8 单元格、E2 单元格填充至 E8 单元格的效果并不像 C2 单元格填充至 C8 单元格那样的内容复制，而是自动形成了一个数据序列。这是 WPS 表格填充的一项智能填充功能，在单元格填充时，若系统判断到单元格数据可能是一个序列时，会自动以序列方式填充。

当我们在填充类似序列的数据，但实际上又不是序列时，我们可以在拖动填充句柄的同时按住 Ctrl 键，即可实现内容的复制，而不是以序列方式填充。比如在图 2-17 中，所有值班人员的月份都是“2 月”，我们可以在拖动 D2 单元格的填充句柄至 D8 单元格的同时按住 Ctrl 键，实现复制填充，填充效果如图 2-18 所示。

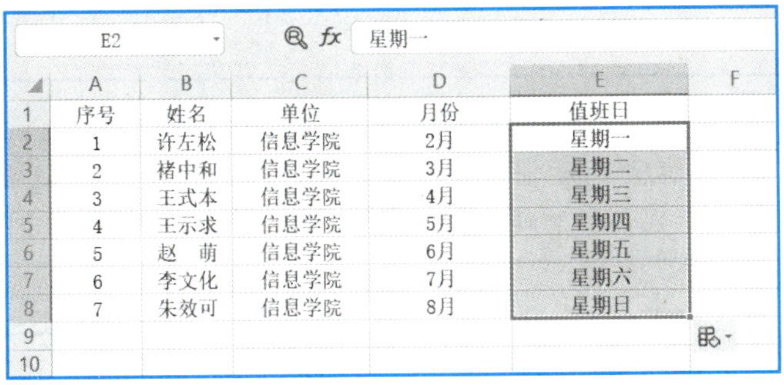

E2　fx 星期一

	A	B	C	D	E	F
1	序号	姓名	单位	月份	值班日	
2	1	许左松	信息学院	2月	星期一	
3	2	褚中和	信息学院	3月	星期二	
4	3	王式本	信息学院	4月	星期三	
5	4	王示求	信息学院	5月	星期四	
6	5	赵　萌	信息学院	6月	星期五	
7	6	李文化	信息学院	7月	星期六	
8	7	朱效可	信息学院	8月	星期日	
9						
10						

图 2-17　序列智能填充效果

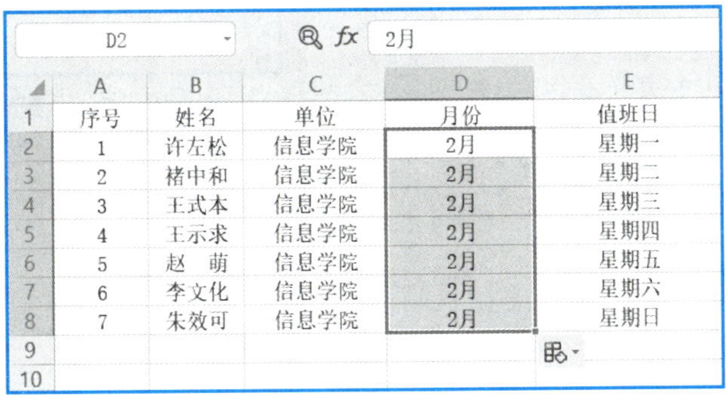

D2　fx 2月

	A	B	C	D	E
1	序号	姓名	单位	月份	值班日
2	1	许左松	信息学院	2月	星期一
3	2	褚中和	信息学院	2月	星期二
4	3	王式本	信息学院	2月	星期三
5	4	王示求	信息学院	2月	星期四
6	5	赵　萌	信息学院	2月	星期五
7	6	李文化	信息学院	2月	星期六
8	7	朱效可	信息学院	2月	星期日
9					
10					

图 2-18　类似序列的复制填充效果

也可以在直接拖动序列填充后，打开右下角的快捷菜单，如图 2-19 所示，可以看到系统默认是“以序列方式填充”，这时选择“复制单元格”选项，即可实现复制填充，填充效果与图 2-18 相同。

(3)填充自定义序列数据

在实际工作中，可能还要用到很多不同格式的序列数据，WPS 表格已经预定义了一些常用的序列数据，用户也还可以根据自己工作文档的排版要求自定义序列。单击“文件”菜单，选择“选项”，打开“选项”对话框，选择左侧的“自定义序列”，如图 2-20 所示。可以看到，系统预置的有诸如中英文星期、月份、季度及天干地支等序列，也可以在“输入序列”框中输入要添加

图 2-19　通过快捷菜单实现复制填充效果

的自定义序列,比如输入"信息学院,管理学院,商务学院,机电学院,建工学院,农林学院",完成后单击"添加"按钮,该序列会添加到"自定义序列"框中,最后单击"确定"按钮。

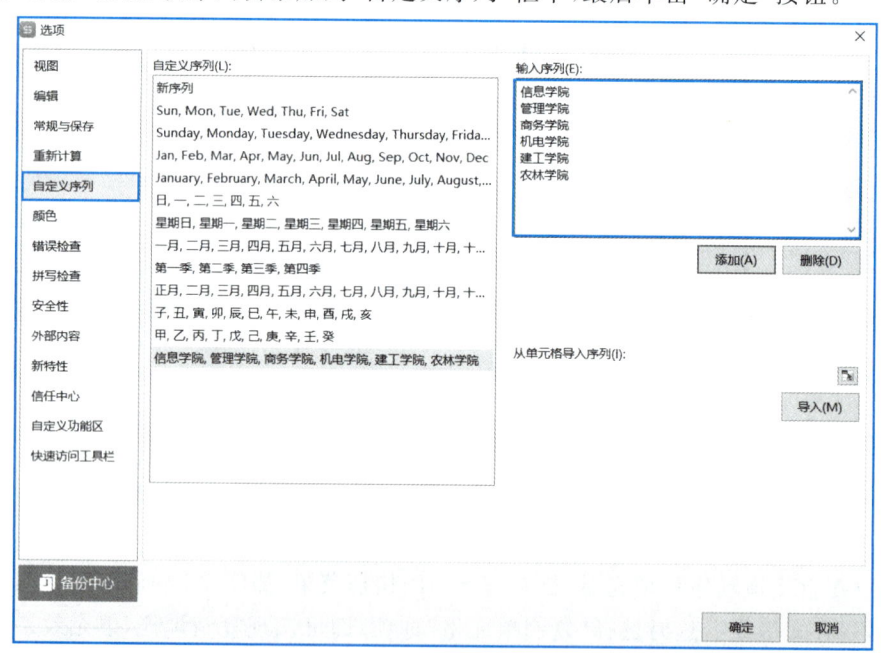

图 2-20　自定义序列

添加了自定义的序列后,就可以按自定义的序列实现自动填充了。

例如,在图 2-18 中,选中 C2 单元格,拖动其填充句柄至 C8 单元格,这次的填充操作为自动按序列进行填充了,填充效果如图 2-21 所示。

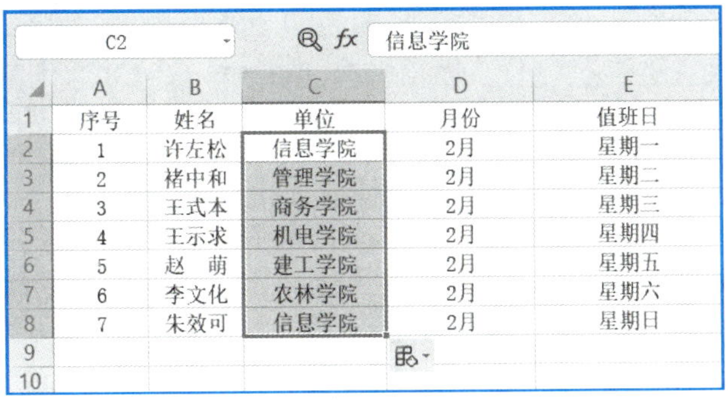

C2　信息学院

	A	B	C	D	E
1	序号	姓名	单位	月份	值班日
2	1	许左松	信息学院	2月	星期一
3	2	褚中和	管理学院	2月	星期二
4	3	王式本	商务学院	2月	星期三
5	4	王示求	机电学院	2月	星期四
6	5	赵　萌	建工学院	2月	星期五
7	6	李文化	农林学院	2月	星期六
8	7	朱效可	信息学院	2月	星期日
9					
10					

图 2-21　自定义序列的填充效果

(4)智能填充

除了复制填充和自定义序列填充外，WPS 表格还可以自动分析数据规律(如等差、等比数列等)进行智能填充。

例如，在图 2-18 中，在 E3 单元格中输入“星期三”，删除 E4:E8 单元格区域中的内容，拖动鼠标同时选定 E2 和 E3，如图 2-22 所示。拖动单元格区域右下角填充句柄至 E8 单元格，填充效果如图 2-23 所示，完成了自动等差填充。

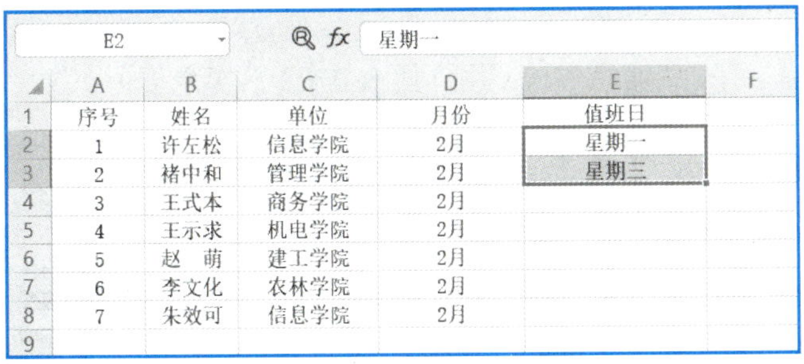

E2　星期一

	A	B	C	D	E	F
1	序号	姓名	单位	月份	值班日	
2	1	许左松	信息学院	2月	星期一	
3	2	褚中和	管理学院	2月	星期三	
4	3	王式本	商务学院	2月		
5	4	王示求	机电学院	2月		
6	5	赵　萌	建工学院	2月		
7	6	李文化	农林学院	2月		
8	7	朱效可	信息学院	2月		
9						

图 2-22　等差选定

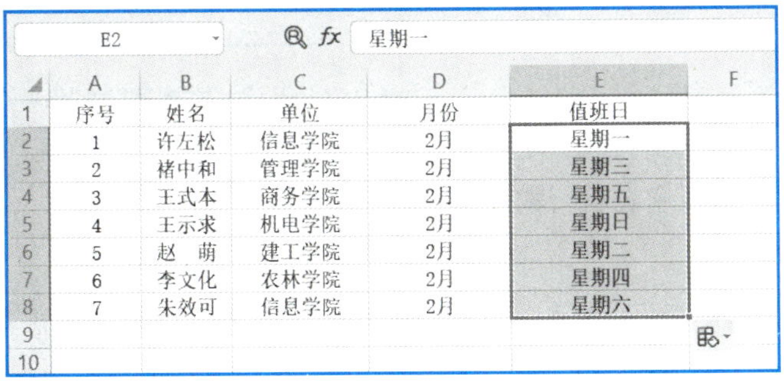

E2　星期一

	A	B	C	D	E	F
1	序号	姓名	单位	月份	值班日	
2	1	许左松	信息学院	2月	星期一	
3	2	褚中和	管理学院	2月	星期三	
4	3	王式本	商务学院	2月	星期五	
5	4	王示求	机电学院	2月	星期日	
6	5	赵　萌	建工学院	2月	星期二	
7	6	李文化	农林学院	2月	星期四	
8	7	朱效可	信息学院	2月	星期六	
9						
10						

图 2-23　智能等差填充效果

5. 输入时检查数据的有效性

为了更好地提高表格数据录入的准确性，可以为单元格数据设置输入规则，数据在输入时系统自动检查是否符合该规则，这项操作称为数据有效性检查。在 WPS 表格中，这一功能是通过设置数据有效性来实现的。

例如，在图 2-24 中，“手机号”列的数据应为 11 位数字文本，“考评得分”列的数据应在 0～100(包含 0 和 100)，像这种应用场景，可以通过设置数据有效性来对数据进行筛选。

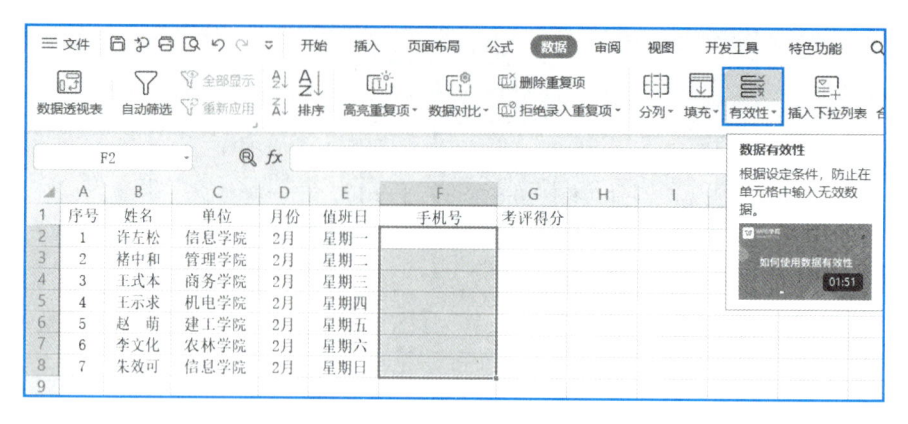

图 2-24　设置数据有效性

选择 F2:F8 单元格区域，单击"数据"选项卡，单击功能区的"有效性"按钮，打开"数据有效性"对话框，如图 2-25 所示。将有效性条件中的"允许"设置为"文本长度"，将"数据"设置为"等于"，将"数值"设置为 11，单击"确定"按钮。

将 F2:F8 单元格区域设置以上规则后，表就能根据预设的规则对键入的数据进行检查，以验证键入数据是否合乎要求，当录入不符合规则的数据，光标离开该单元格时，系统会发出"错误提示"，如图 2-26 所示，直到输入合法的数据。

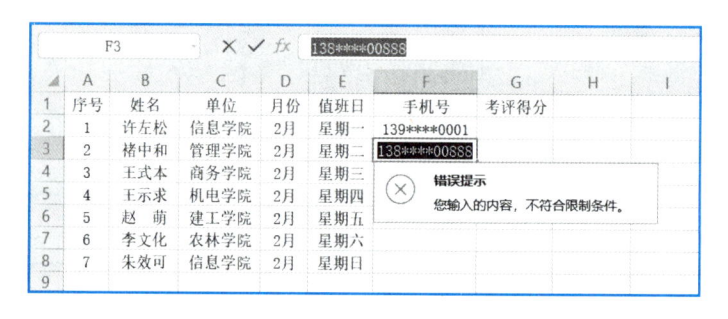

图 2-25　"数据有效性"对话框　　　　图 2-26　不符合"数据有效性"规则的错误提示

同样，可以将"考评得分"列的 G2:G8 单元格区域的数值范围设置在[0,100]的集合中，设置内容如图 2-27 所示。请读者自行测试。

6.删除重复数据

在录入数据时，为避免数据重复，需要对所录入的数据进行重复性检查，及时删除重复的数据。

例如，在图 2-28 中，"单位"列中值为"信息学院"的行出现了两次，如果要在安排表中，每单位只安排一个人，那么就要删除"单位"相同的数据记录。

如图 2-28 所示，拖动鼠标选中 A1:G8 单元格区域，单击"数据"选项卡，单击功能区的"删除重复项"按钮，打开"删除重复项"对话框，如图 2-29 所示，设定判定为重复项的条件（哪些列的值相同就判定为重复记录）。在本例中，设定为"单位"列，即在所有行中，只要"单位"值相同，就判定为行重复。在图 2-29 中完成设置后，提示"找到 1 条重复项；删除后将保留 6 条唯一项"。设定完判定条件后，单击"删除重复项"按钮，工作表会删除"朱效可"所在的行记录，如

项目 2　WPS Office 2019 表格处理

图 2-30 所示，最后单击"确定"按钮。

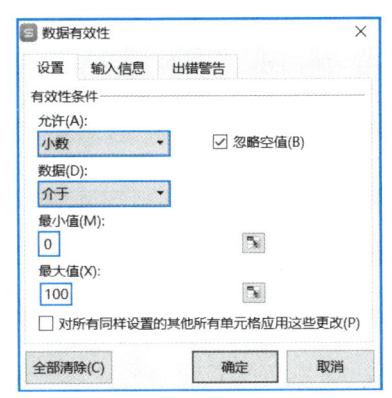

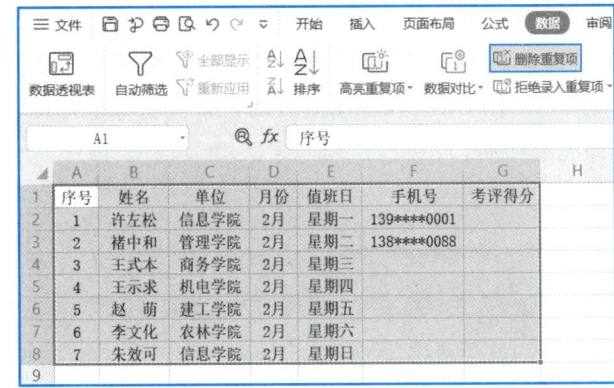

图 2-27　"考评得分"列的"数据有效性"设置

图 2-28　单击"删除重复项"

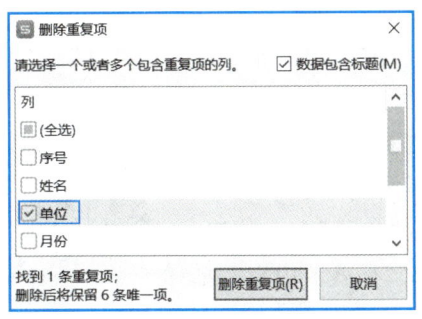

图 2-29　"删除重复项"对话框

图 2-30　"删除重复项"后的结果

子任务 2-3-3　修改、复制、移动和清除数据

在工作表的单元格中输入的文字、数字、时间日期、公式等内容，由于可能存在输入错误或数据发生变化，都需要对其进行编辑和修改。WPS 表格中编辑单元格内容的操作既可以在单元格中进行，也可以在编辑栏中进行。

1. 修改单元格中数据

单元格中数据的修改，可以用两种方法实现。

方法 1：双击待修改数据所在的单元格，光标进入该单元格，直接编辑修改。

方法 2：先选定单元格，然后在编辑栏中进行编辑修改，如图 2-31 所示。

2. 复制或移动单元格中数据

方法 1：通过快捷菜单操作完成复制/移动。

步骤 1　选定需要复制/移动的单元格或单元格区域。

步骤 2　在选定区域上右击，弹出快捷菜单，选择"复制"/"剪切"命令（或使用快捷键"Ctrl＋C"进行复制/"Ctrl＋X"进行剪切）。

步骤 3 到指定的位置上右击,弹出快捷菜单,选择"粘贴"命令(或使用快捷键"Ctrl+V"进行粘贴)。

方法 2:用鼠标指向被复制/移动单元格或单元格区域的四周边沿,指针由空十字形变为" ",然后按住 Ctrl 键,拖动到目的位置后松开鼠标即可完成复制;如果是不按 Ctrl 键直接拖动,即表示移动,如图 2-32 所示。

图 2-31 在"编辑栏"修改数据

图 2-32 "复制"/"移动"单元格的拖动过程

3. 清除单元格

单元格的清除是指从单元格中去掉原来存放在单元格中的数据、批注或数据格式等。清除后,单元格还留在工作表中。

方法 1:选定要清除的单元格,右击,弹出快捷菜单,根据需要在"清除内容"下级菜单中选择"全部""格式""内容""批注",如图 2-33 所示。

方法 2:选定要清除的单元格,单击"开始"选项卡中的"格式"命令按钮,移动鼠标到"清除"命令,根据需要在下拉菜单中选择"全部""格式""内容""批注",如图 2-34 所示。

图 2-33 "清除内容"选项

图 2-34 "格式"→"清除"命令

使用以上方式之一,可完成选定单元格的清除。如果选择"全部",则清除单元格中的所有信息,包括内容、格式和批注;如果选择其他选项,只做针对性清除。

方法 3:单元格内容的清除,除了上面的方法外,也可先选定单元格,然后直接按 Delete 键来实现。

子任务 2-3-4 单元格、行、列的插入和删除

1. 插入单元格、行或列

在 WPS 表格中,可以在指定的位置插入空白的单元格、行或列。

选定需要插入单元格的位置,右击,弹出快捷菜单,如图 2-35 所示,选择"插入"命令,打开下级菜单,根据需要可插入单元格、行或列。

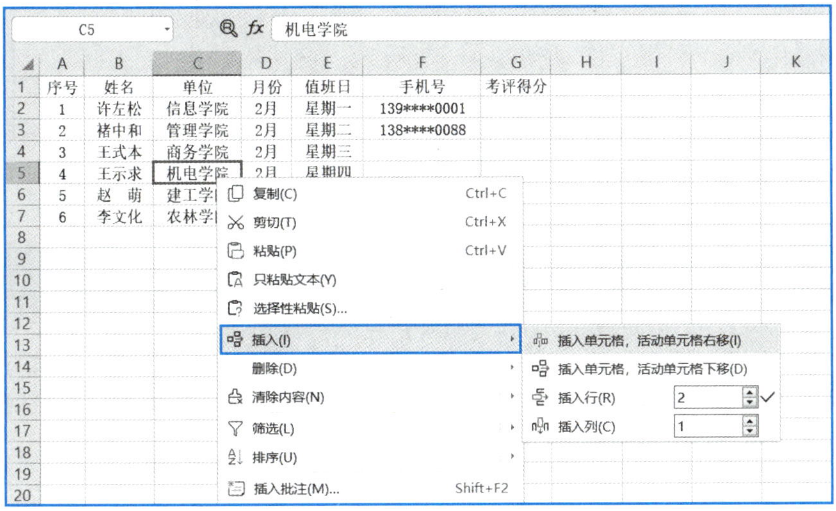

图 2-35 插入单元格、行或列

插入单元格时,可设定当前活动单元格右移或下移;插入行或列时,可设置插入的行数或列数,当行数或列数大于 1 时,其右侧会出现"√",单击"√"可在当前单元格上面插入行或在左侧插入列。请练习查看操作结果。

2. 删除单元格、行或列

在 WPS 表格中,可以删除指定单元格、单元格所在行或单元格所在列。

选定需要删除的单元格,右击,弹出快捷菜单,如图 2-36 所示,选择"删除"命令,打开下级菜单,根据需要可删除单元格、整行或整列。

删除单元格时,可设定右侧单元格左移或下方单元格上移;也可以删除当前单元格所在行或所在列,删除整行时,下方所有行会上移;删除整列时,右侧所有列会左移。

> **注意:** "清除"和"删除"是两个不同的操作。"清除"是将单元格里的内容、格式、批注之一或全部删除掉,而单元格本身会被保留;"删除"则是将单元格和单元格里的全部内容一起删除。请练习查看操作结果。

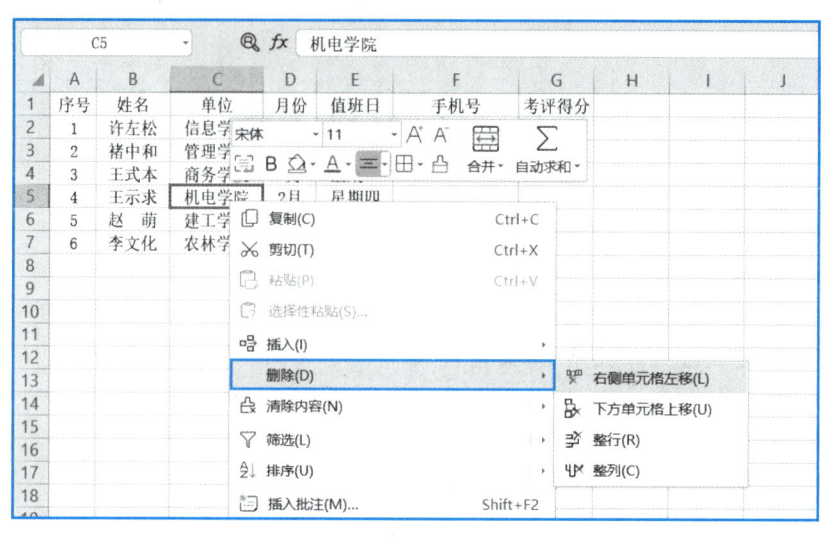

图 2-36 删除单元格、行或列

子任务 2-3-5　设置单元格格式

对工作表中的单元格进行格式设置,可使工作表的外观更加美观,排列更整齐,重点更突出、醒目。单元格的格式设置包括行高、列宽的调整,数字格式,数据的对齐,字体设置以及边框、底纹的设置等。

1. 调整行高、列宽

单元格位于工作表行和列的交叉点,对行高和列宽的调整其实就是对单元格的高度和宽度的调整。

(1)行高的调整

在 WPS 表格中,行高默认以磅为单位,可以用以下四种方法设置。

方法 1: 使用命令调整行高

选定要设置行高的行,单击"开始"选项卡下的"行和列"命令按钮,如图 2-37 所示,单击"行高"命令,打开"行高"对话框,如图 2-38 所示,在"行高"文本框中输入数值,然后单击"确定"按钮。

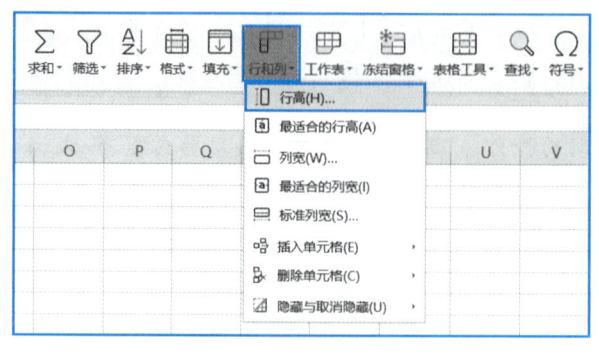

图 2-37 "行和列"命令按钮

图 2-38 "行高"对话框

方法 2：使用快捷菜单调整行高

单击要设置行高的行号选定该行，在该行上右击，弹出快捷菜单，如图 2-39 所示，单击"行高"命令，弹出如图 2-38 所示的"行高"对话框，输入数值，然后单击"确定"按钮。

图 2-39　用快捷菜单设置"行高"

方法 3：用鼠标拖动调整行高

将鼠标指针指向要改变行高的行号之间的分隔线上，当鼠标变成"✥"形状时，按住鼠标左键上下拖动进行调整，但这种方法难以精确地控制行高。

方法 4：调整为最适合行高

把鼠标直接定位在需调整行高的某行号的下边界，然后双击鼠标左键，可以把本行自动调整到最适合的行高。

(2) 列宽的调整

在 WPS 表格中，列宽默认以字符为单位，可以用以下四种方法设置。

方法 1：使用命令调整列宽

选定要设置列宽的列，单击"开始"选项卡下的"行和列"命令按钮，如图 2-41 所示，单击"列宽"命令，打开"列宽"对话框，如图 2-40 所示，在"列宽"文本框中输入数值，然后单击"确定"按钮。

图 2-40　"列宽"对话框

方法 2：使用快捷菜单调整列宽

单击要设置列宽的列标选定该列，在该列上右击，弹出快捷菜单，如图 2-41 所示，单击"列宽"命令，弹出图 2-40 所示的"列宽"对话框，输入数值，然后单击"确定"按钮。

方法 3：用鼠标拖动调整列宽

将鼠标指针指向要改变列宽的列标之间的分隔线上，当鼠标变成"✥"形状时，按住鼠标左键左右拖动进行调整，但这种方法难以精确地控制列宽。

方法 4：调整为最适合列宽

把鼠标直接定位在需调整列宽的某列标的右边界，然后双击鼠标左键，可以把本列自动调整到最适合的列宽。

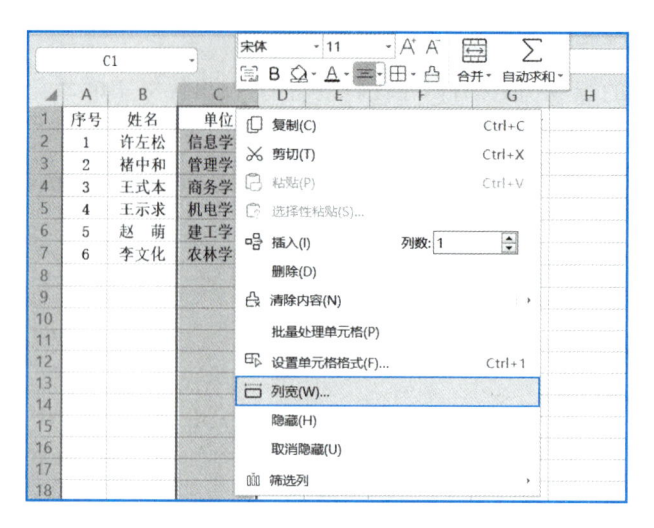

图 2-41　用快捷菜单设置"列宽"

2. 设置单元格数字格式

在 WPS 表格内部,数字、日期和时间都是以纯数字存储的。WPS 表格将日期存储为一系列连续的序列数,将时间存储为小数,因为时间被看作天的一部分。系统以 1900 年的 1 月 1 日作为数值 1,如果在单元格中输入 1900-1-20,则实际存储的是 20。如果将单元格格式设置为日期格式,则显示为"1900年 1 月 20 日"或者其他日期格式(如"1900/1/20");如果将单元格格式设置为数值格式,则显示为"20"。因此,对于数字、日期和时间的数据,它们在单元格中的显示形式可以通过"单元格格式"对话框来设置。

打开"单元格格式"对话框常用以下两种方法:

方法 1:选定需要设置的单元格,单击"开始"选项卡中的"格式"命令按钮,如图 2-42 所示,单击"单元格"命令,打开如图 2-43 所示"单元格格式"对话框。选择"数字"选项卡,各分类的含义如下,用户可以根据各类型数据的特点进行相应的显示格式设置。

- 常规:不包含任何特殊格式的数字格式,仅是一个数字。
- 数值:用于一般数字的表示,可以设置小数位数、千位分隔符、负数等不同格式,如 8,026、−8026.12 等。
- 货币:表示一般货币数值,如￥118、$22,605。与货币格式有关的"会计专用"格式,是在货币格式的基础上对一列数值设置以货币符号或以小数点对齐。
- 日期、时间:可以参照日期和时间的不同显示样式进行选择。
- 百分比:设置数字为百分比形式,比如把 0.78 设置成百分比形式为 78%。
- 分数:显示数字为分数形式,如 3/4。
- 科学记数:以科学记数法显示数字,如 5 000 可以设置为 5E+03。
- 文本:设置数字为文本格式,文本格式不能参与计算。
- 特殊:这种格式可以将数字转换为常用的中文大小写数字、邮政编码或人民币数值的大写形式。

方法 2:在单元格上右击,弹出快捷菜单,如图 2-44 所示,选择"设置单元格格式"命令,打开如图 2-43 所示的"单元格格式"对话框。

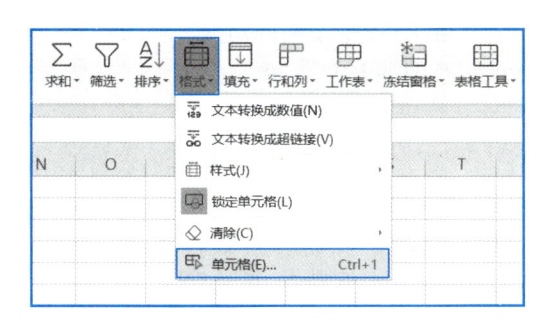

项目 2　WPS Office 2019 表格处理

图 2-42　"格式"→"单元格"命令

图 2-43　"单元格格式"对话框"数字"选项卡

3. 设置单元格数据的对齐方式

打开"单元格格式"对话框，选择"对齐"选项卡，如图 2-45 所示，根据需要设置"水平对齐"、"垂直对齐"、"文本控制"和"方向"（按度）等选项，对所选定区域的对齐方式进行设置。

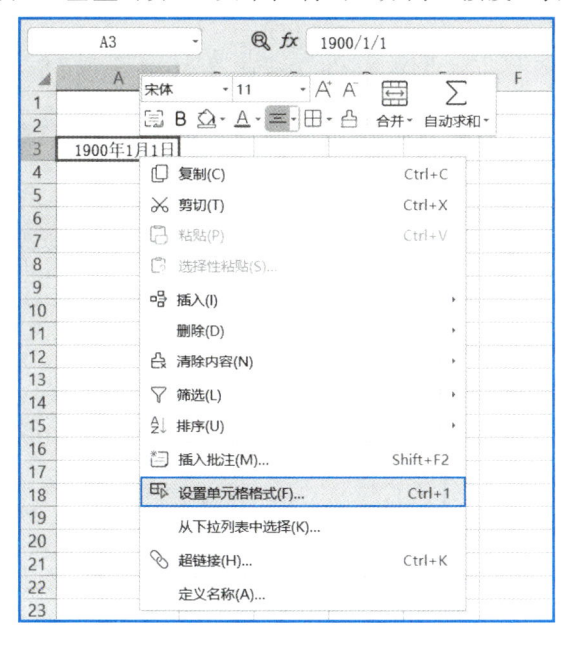

图 2-44　"设置单元格格式"快捷菜单

图 2-45　"单元格格式"对话框"对齐"选项卡

（1）"水平对齐"：用来设置单元格左右方向的对齐方式，包括"常规"、"靠左（缩进）"、"居中"、"靠右（缩进）"、"填充"、"两端对齐"、"跨列居中"和"分散对齐（缩进）"。其中"填充"是以当前单元格的内容填满整个单元格；"跨列居中"为将选定的同一行多个单元格的数据（只有一项数据）居中显示。其他方式与 WPS 文字类似。

（2）"垂直对齐"：用来设置单元格上下方向的对齐方式，包括"靠上"、"居中"、"靠下"、"两端对齐"和"分散对齐",其用法与 WPS 文字类似。

（3）"文本控制"：用来设置文本的换行、缩小、字体、填充和合并。

● "自动换行"：单元格中输入的文本达到列宽时自动换行。如果单元格中需要人工换行，按"Alt＋Enter"快捷键即可。

● "缩小字体填充"：在不改变列宽的情况下，通过缩小字符，在单元格内用一行显示所有的数据。

● "合并单元格"：将已选定的多个单元格合并为一个单元格，与"水平对齐"方式中的"居中"合用，相当于"开始"选项卡"合并居中"命令按钮的功能。

（4）"方向"（角度）：改变单元格的文本旋转角度，范围是－90°～90°。

单元格数据对齐方式示例效果如图 2-46 所示。

图 2-46 中，各单元格的对齐方式为：

A1：水平靠左，垂直靠上；B1：水平居中，垂直靠上；C1：水平靠右，垂直靠上。

A2：水平靠左，垂直居中；B2：水平居中，垂直居中；C2：水平靠右，垂直居中。

A3：水平靠左，垂直靠下；B3：水平居中，垂直靠下；C3：水平靠右，垂直靠下。

A4：水平居中，垂直居中，方向 45°；B4：水平居中，垂直居中，方向 90°。

C4：水平居中，垂直居中，方向－90°。

D1：水平常规，垂直居中，自动换行；E1：水平常规，垂直居中，缩小字体填充。

D2:E2：水平居中，垂直居中，合并单元格。

D3：水平分散对齐，垂直居中；E3：水平靠左（缩进），垂直居中。

D4：水平居中，垂直居中，文字竖排；E4：水平靠右（缩进），垂直居中。

4. 设置单元格或选定区域的字体

在表格中，通过对单元格或选定区域的字体、字形、字号、下划线、颜色和特殊效果的设置，可以使表格更加美观，易于阅读。

方法 1：在"单元格格式"对话框中，选择"字体"选项卡进行相应设置，如图 2-47 所示。

图 2-46　单元格数据对齐效果示例　　　图 2-47　"单元格格式"对话框"字体"选项卡

方法 2：直接使用"开始"选项卡"字体"选项组的命令选项进行相应设置。

以上设置方法均与 WPS 文字中字体的格式设置基本相同，可以参考本书的相应部分内容。

5．设置单元格边框

默认情况下，我们看到的 WPS 表格的灰色边框线只是网格线，是供我们编辑使用的，可以通过"视图"选项卡下的"显示网格线"命令进行打开或关闭。默认的网络线在打印时不会被打印出来。如果用户需要打印表格线和边框，必须进行相应的设置。以下是两种常用方法：

方法 1：使用功能区的命令按钮，具体操作步骤如下：

步骤 1　选定需要设置边框的单元格或单元格区域。

步骤 2　单击"开始"选项卡下的"框线"命令按钮，展开如图 2-48 所示的下拉列表，选择所需要的边框样式。如果要设置更加复杂的边框线，可以单击下拉列表中的"其他边框"命令，弹出如图 2-49 所示的"单元格格式"对话框的"边框"选项卡，具体操作在下述"方法 2"中进行说明。

图 2-48　框线设置下拉框　　　　图 2-49　"单元格格式"对话框"边框"选项卡

方法 2：使用"边框"选项卡

使用上述"方法 1"中的"其他边框"命令，或按以下操作步骤打开"单元格格式"对话框"边框"选项卡：

步骤 1　选定需要设置边框的单元格或单元格区域。

步骤 2　在选区上右击，弹出快捷菜单，单击"设置单元格格式"命令，打开"单元格格式"对话框，选择"边框"选项卡，如图 2-49 所示。

在"线条"区域中指定线型样式和线条的颜色；在"预置"区域中设定是"无框线""外边框"，还是"内部边框"；在"边框"区域中可以分别单击提示按钮以指定边框位置。最后单击"确定"按钮完成设置。

例如：要将图 2-48 中的表格外边框设为蓝色粗实线，内框线设为蓝色细实线。

步骤 1 在图 2-48 中,选定表格区域,按上述方法打开"单元格格式"对话框,选择"边框"选项卡,如图 2-49 所示。

步骤 2 在图 2-49 中,在"样式"中选择粗实线,在"颜色"中选择"蓝色",在"预置"中单击"外边框",设置状态如图 2-50 所示。

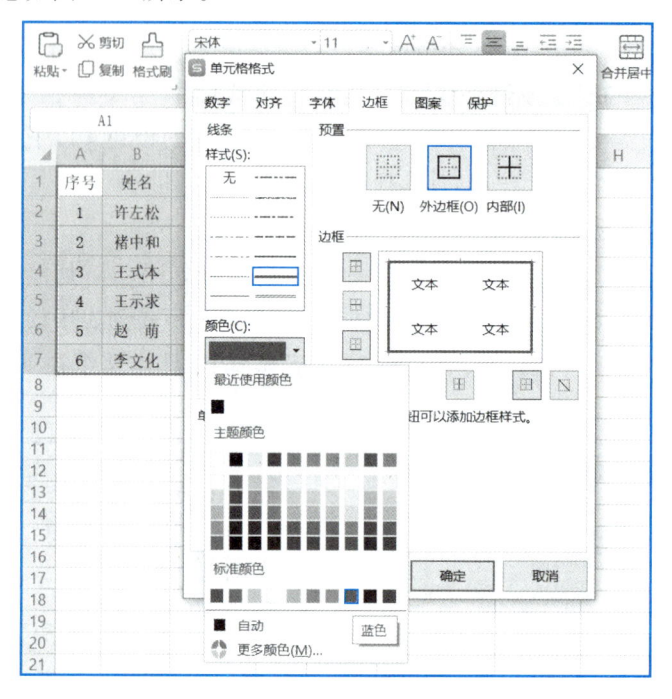

图 2-50 外边框设置

步骤 3 在图 2-50 中,在"样式"中选择细实线,在"预置"中单击"内部",设置状态如图 2-51 所示。

步骤 4 最后单击"确定"按钮,设置框线的表格如图 2-52 所示。表格的左侧和上侧外框线因为与行号和列标边缘重合,未显示出粗线,但不影响其粗线输出,表格的打印预览效果如图 2-53 所示。

6.设置底纹

为达到更好的视觉效果,可以给工作表的单元格添加颜色或者图案,操作方法如下:

给工作表的单元格添加颜色可使用"填充颜色"命令,具体操作步骤如下:

步骤 1 选定需要添加颜色的单元格或单元格区域。

步骤 2 单击"开始"选项卡下的"填充颜色"命令按钮,展开如图 2-54 所示的颜色列表,选择所需要的填充颜色。如果需要使用图案填充,可以使用下述步骤。

给工作表的单元格添加图案可使用"图案"选项卡,具体操作步骤如下:

步骤 1 选定需要加底纹的单元格或单元格区域。

步骤 2 用学过的方法打开"单元格格式"对话框,单击"图案"选项卡,如图 2-55 所示。可以在"颜色"区域选择背景色,如果想进一步设置底纹,可以在"图案样式"和"图案颜色"中,选择底纹的样式和颜色。

项目 2　WPS Office 2019 表格处理

图 2-51　内框线设置

图 2-52　设置框线的表格

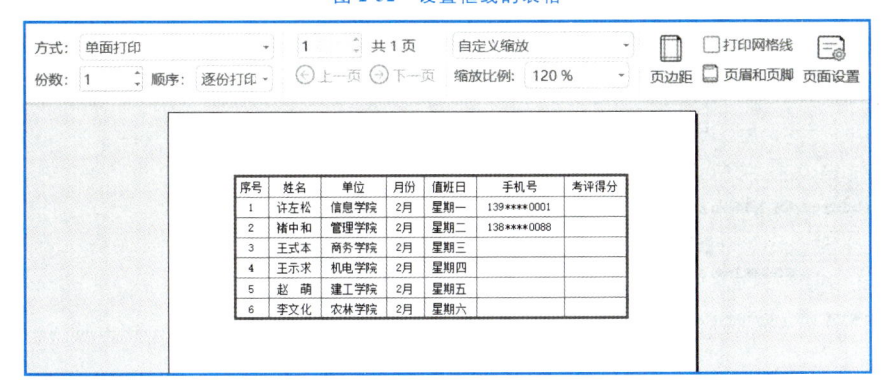

图 2-53　表格的打印预览效果

7. 自动套用格式

WPS 表格内置了一些实用的表格格式，可以把它们套用到正在编辑的表格上，实现对表格的快速格式化。

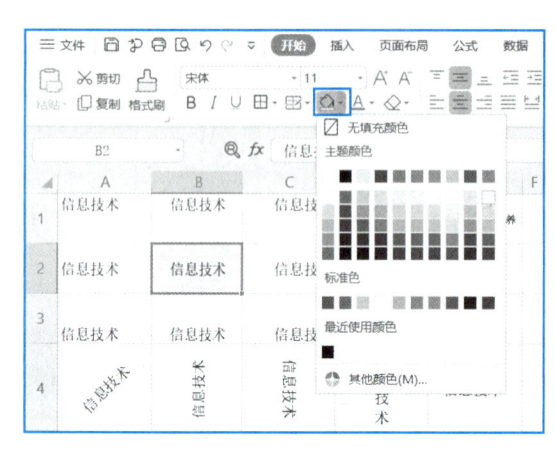

图 2-54 "填充颜色"下拉列表

图 2-55 "单元格格式"对话框"图案"选项卡

具体套用步骤如下：

步骤 1　选定要套用格式的单元格区域。

步骤 2　单击"开始"选项卡下的"表格样式"命令按钮，展开如图 2-56 所示的列表，可以在"预设样式"（可在"浅色系/中色系/深色系"中切换）中选择一项，也可以在"表格样式推荐"中选择一项。

例如，在图 2-56 中，选择"浅色系"中的"表样式浅色 2"，套用后的表格显示效果如图 2-57 所示。

在图 2-56 中，单击"新建表格样式"，可以自定义表格样式。

要清除套用的格式，可以先选定单元格区域，右击，弹出快捷菜单，选择"清除内容"下的"格式"。

图 2-56 "表格样式"下拉列表

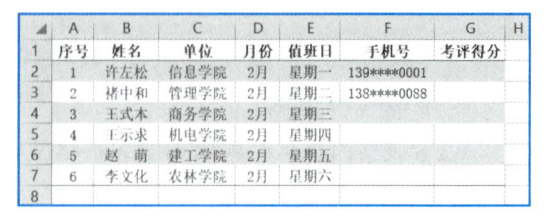

图 2-57 表格套用表格样式后的显示效果

8. 添加条件格式

条件格式是指规定单元格中的数据达到设定的条件时,按规定的格式显示。这样使表格将更加清晰、易读,有很强的实用性。比如在现金收支账中,当出现超支的情况时,希望用红色显示超支额;在成绩登记表中,不及格的成绩希望用红色标出等。

具体操作步骤如下:

步骤 1 选定要设置条件格式的单元格或单元格区域。

步骤 2 单击"开始"选项卡,单击"条件格式"命令按钮,展开如图 2-58 所示的下拉列表,根据需要选择一种选项,设置好相应数值,单击"确定"按钮。

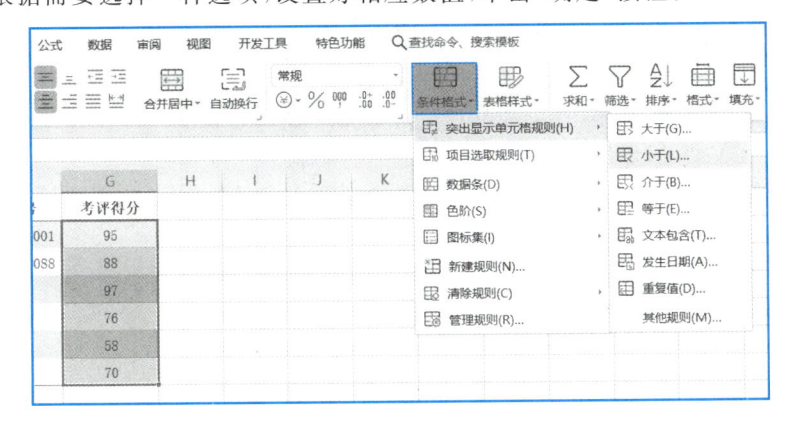

图 2-58 "条件格式"下拉列表

步骤 3 如果有多个条件,可以再次选择相应的选项,输入相关的数值,多个条件可以叠加生效。

例如,在图 2-58 中,要将"考评得分＜60"的得分单元格设置为"浅红填充色深红色文本",操作如下:

(1)选定表格,单击"条件格式"→"突出显示单元格规则"→"小于"命令,打开"小于"对话框,如图 2-59 所示。

(2)在"小于"对话框左侧文本框中输入数值"60",在右侧下拉列表中选择"浅红填充色深红色文本",单击"确定"按钮。设置后的效果如图 2-60 所示。

图 2-59 "小于"对话框　　　　图 2-60 "条件格式"设置后的效果

修改条件格式。首先要选定需要更改条件格式的单元格或单元格区域,再打开相关的对话框,然后改变已输入的条件,最后单击"确定"按钮。

清除条件格式。首先要选定需要更改条件格式的单元格或单元格区域,打开如图2-58所示的"条件格式"下拉列表,选择"清除规则",打开下级菜单,可以"清除所选单元格的规则"或"清除整个工作表的规则"。

9. 设置标题居中

通常表格的第一行为标题行,标题在水平方向位于表格中间。比如要在图2-60中表的第一行 A1:G1 单元格区域插入标题,操作步骤如下:

步骤1 在行号"1"上右击,弹出快捷菜单,选择"插入(行数:1)",如图2-61所示,在表格上方插入一个空行。

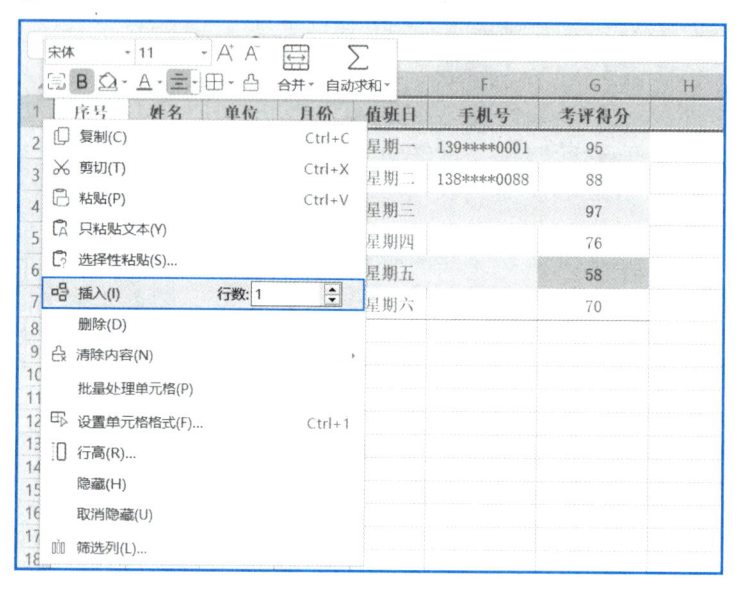

图 2-61　在表格上方插入标题行

步骤2 拖动鼠标选定 A1:G1 区域,单击"开始"选项卡的"合并居中"命令按钮,在弹出的下拉列表中选择"合并居中",如图2-62所示。

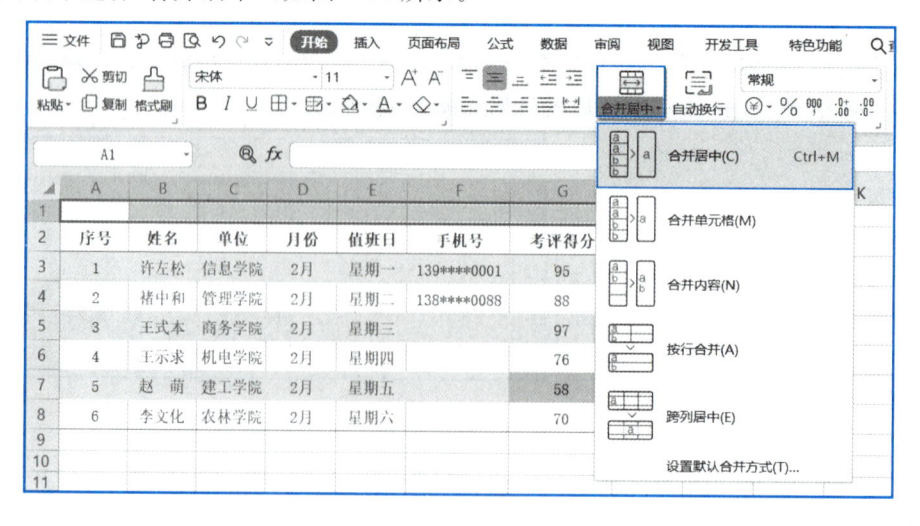

图 2-62　将表格上方的单元格合并居中

步骤 3　双击表格上方合并后的标题单元格,输入标题文字,调整好行高、字体、字号、文字颜色等。如图 2-63 所示。

图 2-63　标题效果

要取消单元格合并,先选定合并后的单元格,单击"开始"选项卡中的"合并居中",在下拉列表中选择"取消合并单元格"即可恢复到合并前的状态。

单元格数据的字体设置和对齐方式,可直接使用"开始"选项卡"字体设置"和"对齐方式"选项组的命令,如图 2-64 所示。

图 2-64　"字体设置"和"对齐方式"选项组

10. 添加批注

为便于人们理解单元格的含义,可以为单元格添加注释,这个注释被称为批注。一个单元格添加了批注后,单元格的右上角会出现一个三角形标志,鼠标指针移动到这个单元格上时会显示批注信息。

(1)添加批注

步骤 1　选定要添加批注的单元格。

步骤 2　单击"审阅"选项卡中的"新建批注"按钮,在弹出的"批注"文本框中输入批注内容,然后单击任意其他单元格。如图 2-65 所示。

(2)编辑或删除批注

步骤 1　选定有批注的单元格。

步骤 2　单击"审阅"选项卡中的"编辑批注"或"删除批注"按钮,即可进行批注编辑或删除已有的批注。

图 2-65　显示批注信息

子任务 2-3-6　查找和替换数据

在使用工作表的过程中，我们有时候需要找出指定的数据，或者要查找指定数据在表中是否存在，或者要将指定的数据替换成其他数据。对于这些需求，WPS 表格提供的"查找"命令就可以快速、准确地完成操作。

1. 定位

单击"开始"选项卡中的"查找"命令按钮，展开下拉列表如图 2-66 所示，单击"定位"命令，打开"定位"对话框，如图 2-67 所示。从单选按钮组中选择需要查找的对象类型（默认是"数据"），单击"定位"按钮。

图 2-66　"查找"下拉列表

图 2-67　"定位"对话框

2. 查找

查找是在指定的范围内寻找指定内容的快速方法，反馈找到或者找不到的结果。具体操作步骤如下：

步骤 1　选定查找范围，若没有选定查找区域，则在整个工作表中进行查找。

步骤 2　单击"开始"选项卡中的"查找"命令按钮，从下拉列表中选择"查找"命令，打开"查找"对话框，如图 2-68 所示。单击"选项"按钮可以"显示/隐藏"扩展信息。在"查找内容"文本框中输入或选择要查找的内容，比如"2 月"，单击"查找全部"按钮可以在查找范围内找到所有内容相匹配的单元格，如图 2-69 所示。单击"查找上一个"或"查找下一个"按钮，则是从当前单元格位置开始向上或向下查找到一个匹配项即停下来，如果要继续查找，则需要再次单击这两个按钮。

WPS 表格不仅可以查找内容，还可以查找指定格式，用户可以单击"格式"下拉列表，来设定要查找的格式。

图 2-68 "查找"对话框

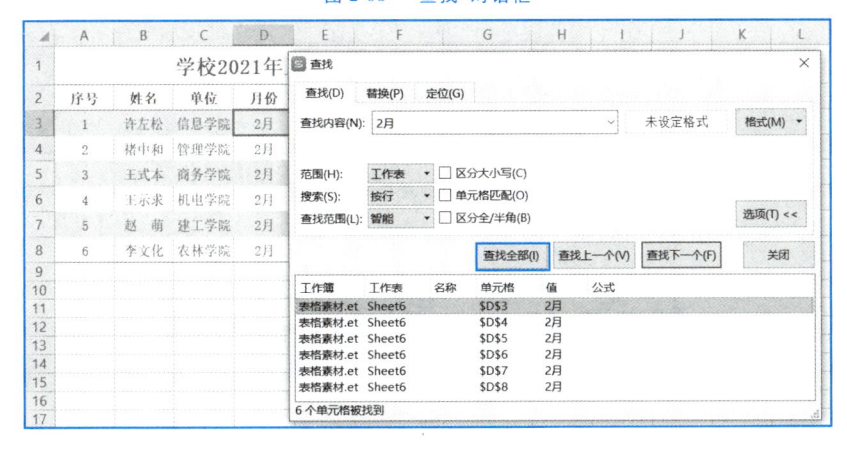

图 2-69 "查找全部"的结果

如果找不到指定内容,系统会反馈"WPS 表格找不到正在搜索的数据。请检查您的搜索选项、位置。"的提示。

3. 替换

替换操作可以将查找到的内容替换成另外的内容,具体操作步骤如下:

步骤 1 选定查找范围,若没有选定查找区域,则在整个工作表中进行查找。

步骤 2 单击"开始"选项卡中的"查找"命令按钮,从下拉列表中选择"替换"命令,打开"替换"对话框,如图 2-70 所示。单击"选项"按钮可以"显示/隐藏"扩展信息。在"查找内容"文本框中输入或选择要查找的内容,比如"2月",在"替换为"文本框中输入或选择要查找的内容,比如"3月",单击"全部替换"按钮可以一次性将查找范围内找到的匹配单元格的内容替换成指定内容,如图 2-71 所示。单击"查找上一个"或"查找下一个"按钮,则是从当前单元格位置开始向上或向下查找到一个匹配项,单击"替换"按钮,可逐一替换。

图 2-70 "替换"对话框

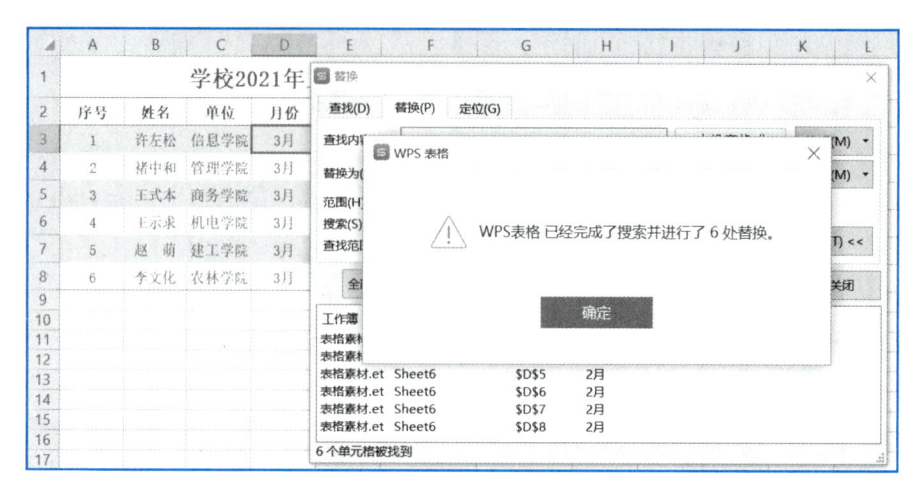

图 2-71 "全部替换"的结果

任务 2-4　管理工作表

一个工作簿可以由多个工作表组成，数据是存放在工作表的单元格中的，工作表是一张二维表，是构成数据间逻辑关系的一个整体。用户对工作表的操作包括选择、重命名、插入、删除、复制、移动、拆分工作表窗口、冻结窗格、保护工作表和工作簿、隐藏和显示工作表等。

子任务 2-4-1　选择和重命名工作表

1. 选择工作表

打开 WPS 工作簿，默认看到的当前工作表为 Sheet1，如果工作簿中有多个工作表，此时需要查看其他工作表中的内容，则必须单击相应工作表标签将其切换为当前工作表，当前工作表的名字以白底加粗显示，如图 2-72 所示。如果要查看 Sheet4 表中的内容，可以在"Sheet4"标签上单击鼠标左键，将当前工作表切换到 Sheet4。

图 2-72　工作表标签

如果要选定多个相邻的工作表，可以单击第一个工作表标签，然后按住 Shift 键并单击最后一个工作表标签，则两个工作表之间的所有工作表都被选中。

如果要选定多个不相邻的工作表，可以在按住 Ctrl 键的同时，单击要选定的每个工作表标签。

如果用鼠标右击工作表标签,在快捷菜单中选择"选定全部工作表"命令,则可以选中全部的工作表,如图 2-73 所示。

图 2-73 "工作表标签"快捷菜单

同时选定多个工作表后,其中只有一个工作表是当前工作表(图 2-73 中的当前工作表为"值班表"),在当前工作表的某个单元格中输入数据,或者进行单元格格式设置,相当于对所有选定工作表同样位置的单元格做了同样的操作。

同时选定多个工作表后,则这些工作表构成了成组工作表。要取消成组工作表,则可以在选定的工作表标签上右击,在快捷菜单中选择"取消成组工作表",如图 2-73 所示。

2. 重命名工作表

为了见名知义,可以根据工作表的内容来命名工作表。比如可以将图 2-72 中的"Sheet4"重命名为"值班表",以后在使用时就可以很方便地找到该表。

操作方法有三种:

方法 1:右击要重命名的工作表标签(如 Sheet4),选择"重命名",标签文字变成蓝底白字,处于可编辑状态,输入新的工作表名称,如图 2-74 所示,然后按 Enter 键或用鼠标单击工作表其他位置,完成工作表重命名操作。

图 2-74 编辑工作表标签

方法 2:在要重命名的工作表标签上双击鼠标左键,进入可编辑状态,后续操作同方法 1。

方法 3:单击要重命名的工作表标签,使之成为当前工作表,单击"开始"选项卡中的"工作表"命令按钮,显示下拉列表,如图 2-75 所示,选择"重命名",后续操作同方法 1。

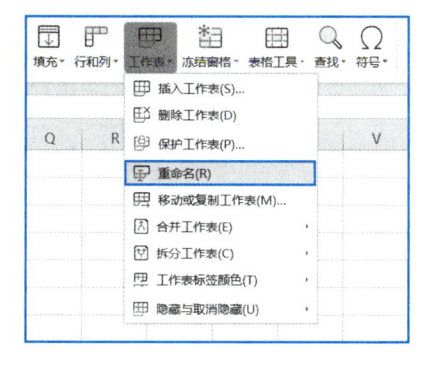

图 2-75 "工作表"下拉列表

子任务 2-4-2　插入和删除工作表

1. 插入工作表

若要在工作簿中插入工作表，有以下三种方式：

方法 1：如果要在所有工作表的右边插入一个空白表，可单击工作表标签组右侧的"＋"号，如图 2-72 所示。

方法 2：在要插入位置的工作表标签上右击，弹出快捷菜单，如图 2-73 所示，选择"插入"命令，弹出如图 2-76 所示的"插入工作表"对话框，设置好"插入数目"和插入位置，单击"确定"按钮，完成工作表的插入。

方法 3：选中要插入位置的工作表，单击"开始"选项卡中的"工作表"命令按钮，如图 2-75 所示，在下拉列表中单击"插入工作表"命令，弹出如图 2-76 所示的"插入工作表"对话框，设置好"插入数目"和插入位置，单击"确定"按钮，完成工作表的插入。

2. 删除工作表

不需要的工作表，可以将其删除，常用方法有以下两种：

方法 1：在要删除的工作表标签上右击，弹出快捷菜单，如图 2-73 所示，选择"删除工作表"命令。如果表中存在数据，系统会有相应提示，删除前需要确认；如果表为空表，系统会直接删除。

方法 2：选中要删除的工作表，单击"开始"选项卡中的"工作表"命令按钮，如图 2-75 所示，在下拉列表中单击"删除工作表"命令。如果表中存在数据，系统会有相应提示，删除前需要确认；如果表为空表，系统会直接删除。

图 2-76　"插入工作表"对话框

子任务 2-4-3　移动或复制工作表

1. 在同一个工作簿中移动或复制工作表

移动工作表：在要移动的工作表标签上，按住鼠标左键将其拖动到目标位置，松开鼠标即可。

复制工作表：按住 Ctrl 键不放，用鼠标左键拖动工作表标签，就可以复制一个工作表，新工作表和原工作表内容相同。

2. 在不同工作簿中移动或复制工作表

在不同工作簿间移动或复制工作表，要使用快捷菜单或"工作表"下拉列表，具体操作步骤如下：

步骤 1　打开目标工作簿，再打开准备复制工作表的源工作簿。

步骤 2　右击要复制的工作表标签，弹出快捷菜单，如图 2-73 所示，选择"移动或复制工作表"命令；也可以使用图 2-75 中"工作表"下拉列表中的"移动或复制工作表"命令，弹出"移动或复制工作表"对话框，如图 2-77 所示。

图 2-77　"移动或复制工作表"对话框

项目 2　WPS Office 2019 表格处理

步骤 3　在图 2-77 中,在"将选定工作表移至工作簿"下拉列表中选择目标工作表,然后在"下列选定工作表之前"列表框中选择要复制的具体位置。如果不勾选"建立副本"复选框,则此次操作就是移动工作表;如果勾选"建立副本"复选框,则表示复制,设置完成后,单击"确定"按钮。如果目标工作表与源工作表相同,可实现在同一个工作簿中移动或复制的效果。

子任务 2-4-4　拆分工作表窗口和冻结窗格

1. 拆分工作表窗口

如果要同时查看工作表中相距较远的两个部分内容,可以通过"拆分窗口"的功能将工作表同时显示在四个窗口中,四个窗口都可以对工作表进行编辑和修改。

单击"视图"选项卡中的"拆分窗口"按钮,系统会将当前工作表窗口拆分成四个大小可调的区域,拆分位置从当前单元格的左上方开始。如图 2-78 所示。

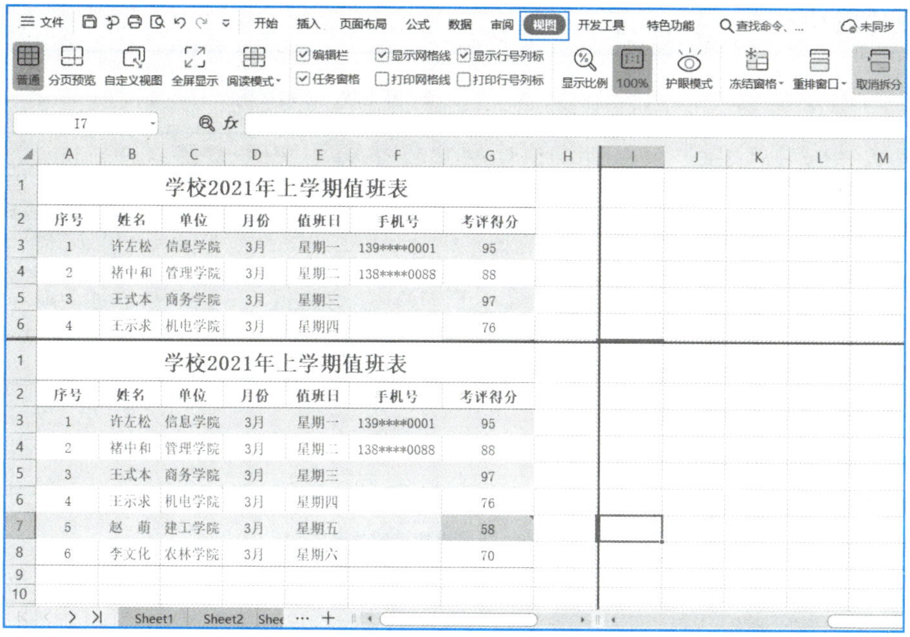

图 2-78　工作表"拆分窗口"状态

2. 取消拆分

如果当前工作表处在拆分状态,要取消拆分,在图 2-78 所示的功能区单击"取消拆分"按钮,恢复默认视图状态。

3. 冻结窗格

当工作表内容很多时,为了便于浏览,可以锁定工作表中某一部分的行或列,使其在其他部分滚动时仍然可见。比如,滚动查看一个长表格的内容时,可以保持表头和列标题不参与滚动,始终显示在窗口中,就需要对表头和列标题进行冻结。

先确定好当前单元格的位置，系统会冻结当前单元格的左上方单元格区域。单击"视图"选项卡中的"冻结窗格"命令按钮，根据需要从下拉列表中进行选择。如图 2-79 所示，选择 H3 单元格为当前单元格，选择"冻结至第 2 行 G 列"命令，冻结效果如图 2-80 所示，滚动下面的数据行时，表头和列标题仍然可见。

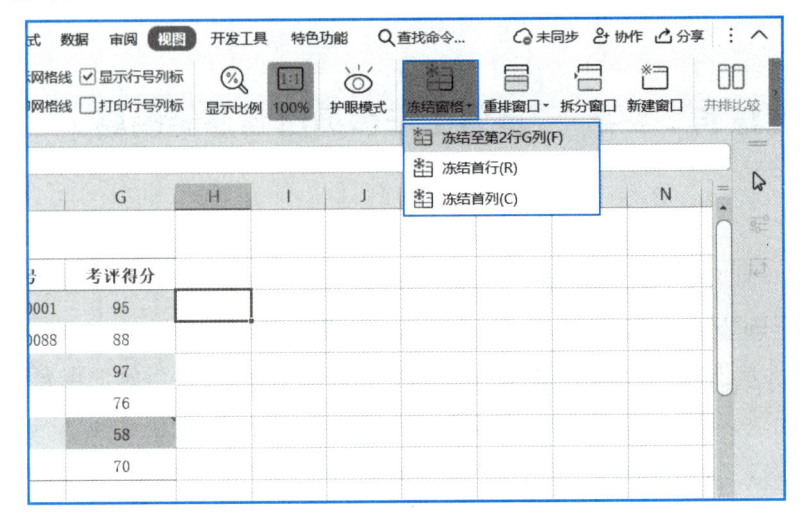

图 2-79　冻结窗格

图 2-80　冻结窗格后的效果

要取消冻结窗格，单击"冻结窗格"命令按钮，选择"取消冻结窗格"命令，即可取消冻结，如图 2-80 所示。

子任务 2-4-5　保护工作表和工作簿

1. 利用"保护工作表"和"保护工作簿"对话框

保护工作表的操作步骤如下：

步骤 1　选定一个或者多个需要保护的工作表。

步骤 2　单击"审阅"选项卡中的"保护工作表"按钮，则会弹出"保护工作表"对话框，如

图 2-81 所示。

步骤 3 在此对话框中,用户可以设置保护的选项,然后设置密码,单击"确定"按钮,在弹出的对话框中再次确认密码,单击"确定"按钮,工作表保护操作完成,这样该工作表只有在输入正确密码撤销保护后才能进行编辑。

当被保护的工作表需要撤销保护时,请单击"审阅"选项卡中的"撤销工作表保护"按钮,弹出"撤销工作表保护"对话框,输入原来设置的密码,单击"确定"按钮,即可撤销对工作表的保护。

保护工作簿的操作步骤如下:

单击"审阅"选项卡中的"保护工作簿"按钮,则会弹出"保护工作簿"对话框,如图 2-82 所示。输入并再次确认密码后工作簿得到保护。工作簿被保护后其结构则不可更改,且删除、移动、添加、重命名、复制、隐藏等操作均不可进行。

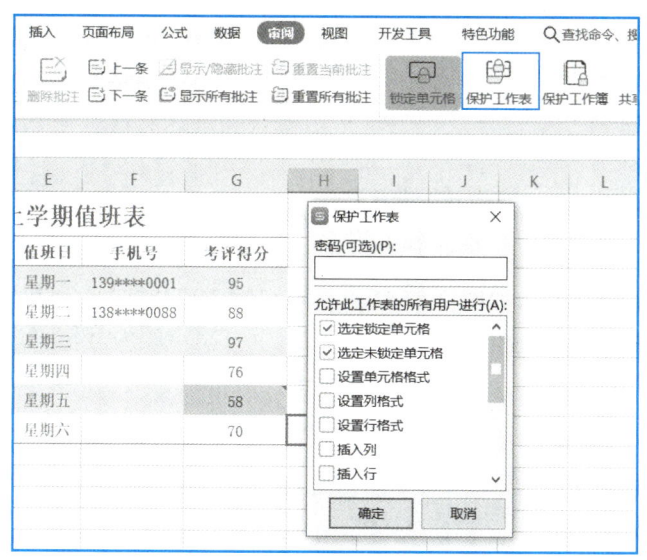

图 2-81 "保护工作表"对话框　　图 2-82 "保护工作簿"对话框

当被保护的工作簿需要撤销保护时,请单击"审阅"选项卡中的"撤销工作簿保护"按钮,弹出"撤销工作簿保护"对话框,输入原来设置的密码,单击"确定"按钮,即可撤销对工作簿的保护。

2. 利用"保存选项"对话框

为了保护自己的文件,避免被别人打开或修改,还可以给文件加密或把文件设置为只读。具体设置方法是:单击"文件"菜单中的"另存为"命令,打开"另存文件"对话框,如图 2-83 所示。单击对话框右下角的"加密"按钮,弹出"密码加密"对话框,如图 2-84 所示。依提示进行设置后单击"应用"按钮。已经受到保护的文件试图被打开或修改时,将会自动启动密码输入框,不能正确地输入密码将会被拒绝打开或修改。

图 2-83 "另存文件"对话框

3. 利用"文档加密"功能

单击"文件"菜单，选择"文档加密"命令，如图 2-85 所示。可根据需要进行"文档权限（私密文档保护）"、"密码加密"和"属性"等保护操作。

图 2-84 "密码加密"对话框

图 2-85 "文档加密"功能

子任务 2-4-6　隐藏和显示工作表

1. 利用"工作表"命令

选定一个或多个工作表，单击"开始"选项卡中的"工作表"命令按钮，在下拉列表中选择"隐藏与取消隐藏"下的相应选项，可以隐藏或显示工作表，如图 2-75 所示。

2. 利用"工作表标签"的快捷菜单

选定一个或多个工作表，在工作表标签上右击，弹出快捷菜单，如图 2-73 所示。从快捷菜单中选择"隐藏"或"取消隐藏"，即可隐藏或显示工作表。

任务 2-5　使用公式和函数

WPS 表格不仅能存储数据，还具有强大的计算和分析功能，这些功能是通过公式和函数实现的。用户除了可以用公式完成诸如加、减、乘、除等简单的计算外，还可以结合系统所提供的多种类型的函数，在不需要编制复杂计算程序的情况下，完成像财务报表、数理统计分析以及科学计算等复杂的计算工作。

子任务 2-5-1　使用公式

1. 公式的格式与录入

公式是 WPS 表格的计算式，是以等号"="开头，用一个或多个运算符将常量、单元格地址、函数等连接起来的有意义的表达式。如图 2-86 所示，各办公用品的"总价＝数量＊单价"（公式中的乘号用"＊"表示），因此"G3＝D3＊F3"。

图 2-86　公式示例

录入公式时要先选定要输入公式的单元格，在编辑栏中输入"＝"（会在编辑栏和单元格中同时显示），接着依次输入公式中各个字符（涉及单元格引用的，可以直接单击相应的单元格，其地址会自动填入编辑栏的光标位置),比如本例中的"=D3*F3",输入完毕后单击编辑栏的"√"按钮或按 Enter 键,公式计算结果会显示在单元格中。

修改公式时,可以双击单元格或在编辑栏进行,修改完毕后,单击"√"按钮或按 Enter 键结束。

2. 运算符

在 WPS 表格中,用运算符把常量、单元格地址、函数及括号等连接起来就构成了表达式。常用的运算符除了加、减、乘、除等算术运算符外,还有字符连接符、关系运算符和引用运算符等。运算符在计算时具有优先级,优先级高的先算,比如常说的先乘除后加减,有括号先算括号。表 2-2 按运算符优先级从高到低列出了常用的运算符及其功能。

表 2-2　　　　　　　　　　常用运算符及其功能

运算符	功能	示例
:	冒号,区域运算符,产生对包括在两个引用之间的所有单元格的引用	如:A1 值为 1,A2 值为 2 =SUM(A1:A2)的值为 3 注:SUM()为求和函数,将在函数部分做详细介绍
（空格）	空格,交叉运算符产生对两个引用共有的单元格的引用	如:A1 值为 1,A2 值为 2,B2 值为 3,则 =SUM(A1:A2 A2:B2)的值为 2
,	逗号,联合运算符,将多个引用合并成一个引用	如:A1 值为 1,A2 值为 2,B2 值为 3,则 =SUM(A1:A2,A2:B2)的值为 8
—	负号	—8,—D1
%	百分比	20% 即 0.2
^	乘方	2^3 即 2^3,值为 8
* 和 /	乘和除	C1*5,D1/3
+ 和 —	加和减	C2+50,D1—B1
=,<>	等于,不等于	4=5 的值为 FALSE,4<>5 的值为 TRUE
>,>=	大于,大于或等于	5>4 的值为 TRUE,5>=4 的值为 TRUE
<,<=	小于,小于或等于	5<4 的值为 FALSE,5<=4 的值为 FALSE
&	将两个文本值连接成一个新的文本值	"WPS"&"2019"的值为"WPS2019"

3. 公式的种类

(1)算术公式:其值为数值的公式。

例如,=5*4/2-2—A1,其中 A1 的值是 12,结果是—7。

(2)文本公式:其值为文本数据的公式。

例如,=E2&"2019",其中 E2 的值是"WPS",结果为"WPS2019"。

(3)比较公式(关系式):其值为逻辑值 TRUE(真)或 FALSE(假)的公式。

例如,=5>4,结果为 TRUE;=5<4,结果为 FALSE。

4. 相对引用

相对引用是指当把一个含有单元格或单元格区域地址的公式复制到新的位置时,公式中的单元格地址或单元格区域会随着相对位置的改变而改变,公式的值将会依据改变后的单元格或单元格区域的值重新计算。例如,在图 2-86 中,G3 的值是通过公式"=D3*F3"计算得出的,D3 和 F3 相对 G3 的位置,简单来说,就是 G3 左侧的第三个单元格乘以左侧第一个单元格。如果将公式"=D3*F3"复制到 G4 单元格(可以使用"复制"→"粘贴"命令或用鼠标拖动"填充句柄"),G4 到 G3 的位置变化规律会同样作用到 D3 和 F3 上,使公式中的 D3 和 F3 变化为 D4 和 F4,也就是说,公式"=D3*F3"复制到 G4 单元格后,公式会变为"=D4*F4",这种自动变化也正好和 G4 单元格值的计算公式相同。如图 2-87 所示。

图 2-87　公式复制后相对引用地址的变化

5. 绝对引用

如图 2-88 所示,B5 的计算公式为"=B4/E2",即本分数段人数除以班级总人数,结果是正确的,但如果将这个公式复制到 C5,按照上述"相对引用"的变化规则,C5 的计算公式为"=C4/F2",如图 2-89 所示,显然分母是错误的,无法得到正确的结果。同样,将 B5 的公式复制到 D5、E5,结果都是错误的。其出错的原因是分母作为班级人数应是不变的,也就是说,在复制公式时分母的值都应是对 E2 单元格的绝对引用。

图 2-88　相对引用地址

如果希望公式复制后引用的单元格或单元格区域的地址不发生变化,那么就必须采用绝对引用。所谓绝对引用,是指在公式中的单元格地址或单元格区域的地址不会随着公式引用位置的改变而发生改变。在列标和行号的前面加上一个"$"符号就可以将它改为绝对引用的地址。

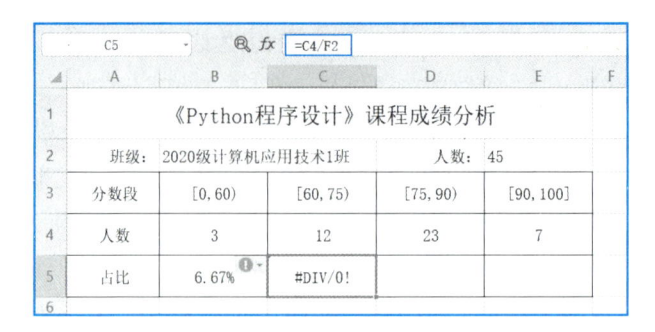

图 2-89 相对引用地址复制

例如,在图 2-88 中,将 B5 的公式改为"＝B4/＄E＄2",复制公式后,所有"占比"的计算结果都正确了,如图 2-90 所示。

图 2-90 使用绝对引用地址

6. 混合引用

如果把单元格或单元格区域的地址表示为部分是相对引用,部分是绝对引用,如行号为相对引用、列标为绝对引用,或者行号为绝对引用、列标为相对引用,这种引用称为混合引用。例如,单元格地址"＝＄B3"和"＝A＄5",前者表示保持列不发生变化,而行会随着公式行位置的变化而变化,后者表示保持行不发生变化,而列标会随着公式列位置的变化而变化。

7. 跨工作表引用单元格或单元格区域

跨工作表引用是指在当前工作表中引用其他工作表内的单元格或单元格区域。引用格式是:

工作表名!单元格引用

例如:在 Sheet2 表中引用 Sheet1 表中的 B2 单元格,就可以在 Sheet2 表的公式中用"Sheet1!B2"表示。

如果引用的是单元格区域,比如在 Sheet2 表中引用 Sheet1 表中的 B2:E5 单元格区域,可以在 Sheet2 表的公式中用"Sheet1!B2:E5"表示。

8. 三维引用

三维引用是指引用连续的工作表中同一位置的单元格或单元格区域。就像多张工作表整齐叠在一起的三维立体,用刻刀从上往下刻穿后在每张纸上都留下刻痕的效果。引用格式是:

工作表名称1:工作表名称2!单元格引用

例如:在 Sheet5 表中要引用 Sheet1～Sheet3 表中的 B2 单元格,就可以在 Sheet5 表的公式中用"Sheet1:Sheet3!B2"表示。比如在求和函数"＝SUM(Sheet1:Sheet3!B2)"中的引用。

子任务 2-5-2　使用函数

WPS 表格内置的函数是预先定义的执行计算、分析等处理数据任务的特殊公式。它包括财务、日期与时间、数学和三角函数、统计、查找与引用、数据库、文本、逻辑等多个方面。熟练地使用函数可以有效提高数据处理速度。

1. 函数结构

函数由函数名和相应的参数组成，其格式如下：

函数名([参数1],[参数2],...)

例如：表 2-2 中的"SUM(A1:A2)"函数，SUM 为函数名，A1:A2 为参数，是一个单元格区域的引用。SUM()函数是一个求和函数，其功能是将各参数求和。

函数名及其功能由系统规定，用户不能改变，参数放在函数名后的圆括号内；参数可以是一个或多个，多个参数之间用逗号分隔。参数的类型可以是数值、名称、数组或是包含数值的引用(单元格或单元格区域的地址表示)。

也有个别函数没有参数，称为无参函数。对于无参函数，函数名后面的圆括号不能省略。例如，NOW()函数就没有参数，它返回的是系统内部时钟的当前日期与时间。

2. 输入函数

当用户对某个函数名及使用很熟悉时，可以像输入公式那样直接输入函数。

一般情况下，可以使用函数向导来引导输入，其操作步骤如下：

步骤 1　选定需输入函数的单元格，例如 D22。

步骤 2　在编辑栏中输入"＝"，随着函数名字母的逐个输入，系统会逐步给出更精确的提示，如图 2-91 所示(图中使用了"冻结窗格"命令"冻结至第 2 行 G 列"，即冻结了表头和列标题的效果)，直到显示出要使用的函数后，直接从提示框中双击该函数，该函数会显示在编辑栏中，供编辑公式使用。在选择函数的时候还可以看到该函数的功能及使用技巧的视频介绍。

图 2-91　使用函数提示

或者在编辑栏中输入"＝"后，单击左侧的"*fx*"图标，弹出"插入函数"对话框，如图 2-92

所示。通过查找或分类选择到要用的函数后,双击该函数,在弹出的"函数参数"对话框中进行参数设置,如图 2-93 所示,可以直接输入计算范围;也可以单击数值框右侧的"区域选择"按钮,从工作表中选择计算范围,选择完成后按 Enter 键,最后单击"确定"按钮。计算结果如图 2-94 所示。

图 2-92 "插入函数"对话框

图 2-93 "函数参数"对话框

图 2-94 插入函数完成

3. 自动求和

系统提供了自动求和的功能,是"开始"选项卡中的"求和"按钮。利用它可以对工作表中所选定的单元格进行自动求和,它实际上相当于 SUM 求和函数,但比插入函数更方便。如果单击下拉按钮,还可以求平均值、计数、最大值、最小值和插入其他函数。如图 2-95 所示。

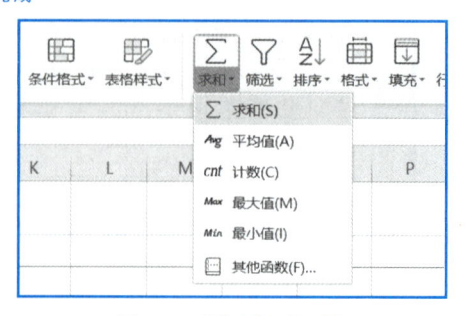

图 2-95 "求和"下拉列表

项目2　WPS Office 2019表格处理

在图 2-94 所示的表中,先通过复制公式的方式将所有记录的"总价"计算出来。选定 G22 单元格,单击图 2-95 中的"求和"选项,系统会自动填入公式并判断出求和区域,如图 2-96 所示。这里的求和区域"G3:G21"是正确的(如果不正确,也可以手工修改),单击"√"按钮或按 Enter 键,G22 单元格中会显示求和结果。

图 2-96　自动求和

除了以上方法外,还有两种情况需要说明:

①单行或单列相邻单元格的求和:先选定要求和的单元格行或单元格列,然后单击"求和"按钮,求和结果将自动放在选定行的右方或选定列的下方单元格中。

例如,对单元格区域 A1:A4 进行求和,首先选定单元格区域 A1:A4,单击"求和"按钮,求和结果会显示在 A5 中。

②多行多列相邻单元格的求和:先选定需要求和的多行多列单元格区域,单击"求和"按钮,求和结果会显示在每列底部的对应单元格中。

4. 常用函数

WPS 表格中内置的函数很多,表 2-3 中列出了最常用的八个函数。

表 2-3　　　　　　　　　　常用函数

函数格式	功能介绍
SUM(参数1,[参数2]…)	返回所有参数的和
AVERAGE(参数1,[参数2]…)	返回所有参数的平均值
MAX(参数1,[参数2]…)	返回所有参数中的最大值
MIN(参数1,[参数2]…)	返回所有参数中的最小值
COUNT(参数1,[参数2]…)	返回所有参数中数值型数据的个数
ROUND(参数1,参数2)	将参数1四舍五入,保留参数2位小数
INT(参数)	返回一个不大于参数的最大整数值(取整)
ABS(参数)	返回参数的绝对值

5. 函数嵌套

函数嵌套是指把一个函数作为另外一个函数的参数来使用,以满足更为复杂的计算需求。WPS 表格中函数最多可以有 65 级嵌套。

例如:ROUND(AVERAGE(MAX(A1:D5),MIN(A1:D5)),2),这是一个三重的函数嵌套,意思是将 A1:D5 单元格区域的最大值和最小值求平均值,对这个平均值四舍五入,保留两位小数。

任务 2-6　数据管理

WPS 表格中,数据管理主要包括排序、筛选、分类汇总、数据合并等操作。这些操作都需要基于一个或多个标准的二维工作表,它具有数据库中表的特征:

(1)第一行是字段名,其余行是表中的数据,除第一行外,每行表示一条记录。

(2)每一列是一个字段,第一行的各列标题就是字段名,每列除第一行标题外的数据都具有相同的性质。

(3)在标准表中,不存在全空行或全空列,不存在跨行或跨列的合并。

本任务是基于将图 2-94 中的"办公用品采购表"的表头所在行以及表尾的"合计"和"单位"所在的两行删除,具有库表特征的标准表为例。在以后工作中,用户在操作非标准表时,可以先选定非标准表中间的规则数据,然后进行数据处理工作。

子任务 2-6-1　数据排序

排序是根据标准表中的一列或多列数据的大小重新排列记录的顺序。这里的一列或多列称为排序的关键字段。排序分为升序(递增)和降序(递减)。

1. 一般排序规则

(1)数值

数值的升序排列是按其值从小到大排序。

(2)文本

一般字符的排列是按照数字、空格、标点符号、字母的顺序排序。汉字可以按照其拼音的字母顺序排列,也可以按照笔画多少排列,可以在排序时指定。

(3)逻辑值

逻辑值升序排列时,假(FALSE)排在前,真(TRUE)排在后。

2. 排序的方法

(1)简单排序

如果只将表中的一列作为排序关键字段进行排序,可以使用系统提供的"升序"/"降序"命令进行快速排序。简单排序举例操作步骤如下：

步骤 1　选定工作表中作为排序依据的列（此列即关键字段）中任意一个单元格。例如，在图 2-97 的表中选择 C1 单元格，即按照"名称"排列。

图 2-97　排序前的表

步骤 2　单击"开始"选项卡中"排序"命令按钮，如图 2-98 所示，从下拉列表中选择"升序"或"降序"选项，即完成以"名称"为关键字的"升序"或"降序"排列。排序的调整是以行为单位的，也就是说重新排列次序时是整行移动的。在此例中按"名称"升序排序的结果如图 2-99 所示。

图 2-98　"排序"命令按钮

图 2-99　按"名称"升序排序的结果

(2) 自定义排序

简单排序只能以一个关键字进行排序，有时不能满足数据处理要求。例如：图 2-99 中的表已按"名称"升序排列，但如果再要求"名称"相同的按"总价"降序排列，就需要用到自定义排序了。自定义排序可以指定一个或多个排序关键字，每个排序关键字都可以设定升序或降序，因此自定义排序非常灵活，可以满足复杂的排序需求。

自定义排序举例操作步骤如下：

步骤 1 在图 2-98 所示的"排序"下拉列表中选择"自定义排序"选项，弹出如图 2-100 所示的"排序"对话框。

图 2-100 "排序"对话框

步骤 2 对话框中默认已有"主要关键字"，如果有多个排序关键字，则单击"添加条件"按钮，添加"次要关键字"，在"列"关键字下拉列表中选定排序的列名，在"排序依据"下拉列表中选定排序的对象，在"次序"下拉列表中选定"升序"或"降序"。如果表中包含列标题，则须选中"数据包含标题"复选框。例如：在本表中，设定"主要关键字"为"名称"，按数值做"升序"排列，设定"次要关键字"为"总价"，按数值做"降序"排列，勾选"数据包含标题"。

步骤 3 设置完成后，单击"确定"按钮。排序效果如图 2-101 所示。在多关键字排序过程中，首先按主要关键字排序，主要关键字相同的情况下，再依次按次要关键字排序。

	A	B	C	D	E	F	G
1	序号	日期	名称	数量	单位	单价(元)	总价
2	7	2021/7/14	A4纸	30	包	16	¥480.00
3	11	2021/7/19	A4纸	25	包	16	¥400.00
4	14	2021/7/22	A4纸	20	包	16	¥320.00
5	9	2021/7/15	A4纸	9	包	20	¥180.00
6	6	2021/7/9	笔记本	12	本	1	¥12.00
7	8	2021/7/15	笔芯	13	盒	4	¥52.00
8	13	2021/7/22	笔芯	1	盒	4	¥4.00
9	16	2021/7/26	裁纸刀	7	把	25	¥175.00
10	15	2021/7/23	尺子	7	把	10	¥70.00
11	2	2021/7/3	夹子	4	把	6	¥24.00
12	18	2021/7/29	夹子	9	把	2	¥18.00
13	3	2021/7/4	起钉器	16	个	9	¥144.00
14	4	2021/7/6	起钉器	6	个	10	¥60.00
15	5	2021/7/6	铅笔	23	只	2	¥46.00
16	17	2021/7/28	铅笔	7	只	2	¥14.00
17	10	2021/7/17	橡皮	18	块	4	¥72.00
18	19	2021/7/31	中性笔	22	只	4	¥88.00
19	1	2021/7/3	中性笔	18	只	4	¥72.00
20	12	2021/7/20	中性笔	12	只	4	¥48.00

图 2-101 排序结果

子任务 2-6-2　数据筛选

筛选是查看指定数据的快捷方法，与排序不同的是，筛选不重排数据。它是按照用户的查看要求，暂时将不用查看的行隐藏起来，只显示满足条件的行。WPS 表格提供了"筛选"和"高级筛选"的功能。

1. 筛选

由用户针对一列或多列的值给出显示条件，系统会根据条件从表中筛选出符合要求的行并显示出来，其他记录被暂时隐藏起来。

例如，从图 2-101 所示的表中，筛选出所有的"笔芯"和"铅笔"。具体操作步骤如下：

步骤 1　单击工作表中的任意一个单元格。

步骤 2　单击"开始"选项卡中的"筛选"命令按钮，显示下拉列表如图 2-102 所示，选择"筛选"选项。这时工作表的标题行每个列标题的右侧会出现下拉按钮" "。

步骤 3　单击"名称"列右侧的下拉按钮，弹出"筛选"对话框，如图 2-103 所示。从中选择需要显示的名称为"笔芯"和"铅笔"。这里可以根据需要选择一个或多个查看对象。

图 2-102　"筛选"下拉列表　　　　图 2-103　"筛选"对话框

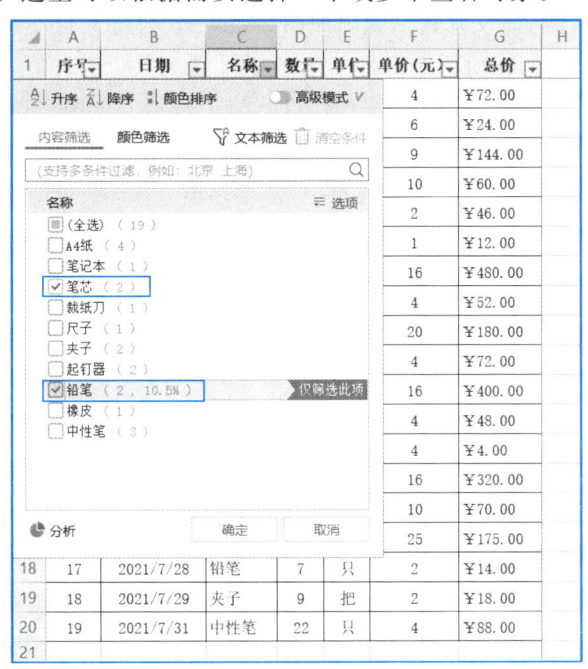

步骤 4　单击"确定"按钮，筛选结果如图 2-104 所示。经筛选的列标题右侧的下拉按钮变为" "，还可以在其他列上添加筛选条件，进行多条件筛选。

要取消或添加筛选项，可以再次打开"筛选"对话框，进行调整；如果要取消整个工作表的筛选，在图 2-102 的下拉列表中再次单击"筛选"选项即可。

图 2-104　筛选结果

2. 自定义筛选

单击标题行每个列标题右侧的下拉按钮"▼",弹出如图 2-103 所示的"筛选"对话框。根据列数据格式的不同,这个对话框也有些不同,列为文本数据类型的在对话框中会有"文本筛选";列为日期类型的在对话框中会有"日期筛选";列为数值、货币等类型的会出现"数字筛选"。单击这些筛选命令都会弹出下拉列表,下拉列表的最下面都有一个"自定义筛选"。

例如,我们要从表中筛选出购置"总价"在 100 元以上的办公用品清单,主要操作步骤如下:

步骤 1　让工作表进入筛选状态,标题行每个列标题右侧出现下拉按钮"▼"。

步骤 2　单击"总价"右侧的下拉按钮,在弹出的对话框中单击"数字筛选"命令,在下拉列表里选择"自定义筛选",弹出如图 2-105 的"自定义自动筛选方式"对话框。

步骤 3　在对话框中将"总价"栏设置为"大于 100",单击"确定"按钮。使用对话框中的"与""或"可以设置更为复杂的条件:"与"表示上下两个条件必须同时满足才能显示,"或"表示上下两个条件只需满足之一就能显示。

筛选结果如图 2-106 所示。

图 2-105　"自定义自动筛选方式"对话框　　　　图 2-106　自定义自动筛选结果

3. 高级筛选

筛选和自定义筛选可以解决一般的筛选需要,但对于更为复杂的筛选问题,就难以解决。WPS 表格提供的"高级筛选"功能可以读取事先录入的筛选条件,依据筛选条件对指定工作表执行筛选操作,筛选的结果不仅可以在原表中显示,还可以把符合条件的数据输出到其他指定位置。

打开图 2-101 的标准表,例如,要筛选出"总价＞50"的"中性笔"以及所有的"铅笔",其操作步骤如下:

步骤 1　在当前工作表中找个位置录入筛选条件。如图 2-107 所示,它表示从"名称"列筛选出"中性笔"和"铅笔"两种物品,其中"中性笔"只显示"总价＞50"的记录。

步骤 2　单击"开始"选项卡中的"筛选"命令按钮,显示下拉列表,选择"高级筛选"选项,弹出"高级筛选"对话框,如图 2-108 所示。

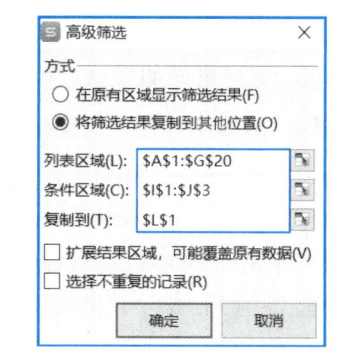

项目 2　WPS Office 2019 表格处理

I	J
名称	总价
中性笔	>50
铅笔	

图 2-107　录入筛选条件

图 2-108　"高级筛选"对话框

步骤 3　在"列表区域"文本框中输入工作表区域地址"＄A＄1：＄G＄20"；在"条件区域"文本框中输入条件区域地址"＄I＄1：＄J＄3"；选择"将筛选结果复制到其他位置"，在"复制到"文本框中输入准备显示筛选结果的区域左上角单元格地址"＄L＄1"，单击"确定"按钮，结果如图 2-109 所示。这里的地址可以手工输入，也可以单击各文本框右侧的"　"按钮从表中选取地址。

L	M	N	O	P	Q	R
序号	日期	名称	数量	单位	单价(元)	总价
1	2021/7/3	中性笔	18	只	4	￥72.00
5	2021/7/6	铅笔	23	只	2	￥46.00
17	2021/7/28	铅笔	7	只	2	￥14.00
19	2021/7/31	中性笔	22	只	4	￥88.00

图 2-109　高级筛选结果

子任务 2-6-3　数据合并

在工作中，经常有统一下发表格模板，让员工填写个人相关信息后回收统计的情况。如果要对这些回收上来的大量表格进行逐一汇总，显然工作量巨大。针对这些模板统一的表格进行汇总，WPS 表格提供了一个"数据合并"的功能，能够快速对多个数据区域中的数据进行合并计算、统计等。这里说的多个数据区域包括在同一工作表中、在同一工作簿中的不同工作表中或在不同工作簿中。数据合并是通过建立合并表格的方式进行的，合并后的表格可以放在数据区域所在的工作表中，也可以放在其他工作表中。

例如，图 2-110 和图 2-111 分别是两位教师填报的考核表，它们的结构是相同的，现在需要对这两张表进行汇总统计，形成考核汇总表。操作如下：

	A	B	C	D
1	工作量类型	单位	2019	2020
2	课时数	节	240	260
3	发表论文	篇	3	5
4	社会培训	人	100	90

图 2-110　教师工作量考核表（李亮亮）

	A	B	C	D
1	工作量类型	单位	2019	2020
2	课时数	节	160	230
3	发表论文	篇	9	7
4	社会培训	人	75	120

图 2-111　教师工作量考核表（张审）

步骤 1　在本工作簿中建立"教师工作量考核汇总表",结构与教师工作量考核表相同。也可以直接复制教师表,删除里面的数据后改名即可。选定 C2:D4 单元格区域。

步骤 2　单击"数据"选项卡中的"合并计算"按钮,弹出如图 2-112 所示的"合并计算"对话框。

步骤 3　单击"引用位置"框右侧的"![]"按钮,选择"教师工作量考核(李亮亮)"工作表中的 C2:D4 单元格区域,单击"![]"按钮后再单击"添加"按钮,该"引用位置"的内容会添加到下面的"所有引用位置"区域中;重复以上步骤,将"教师工作量考核(张审)"工作表中的 C2:D4 单元格区域也添加进来。

步骤 4　单击"确定"按钮,合并计算结果如图 2-113 所示。

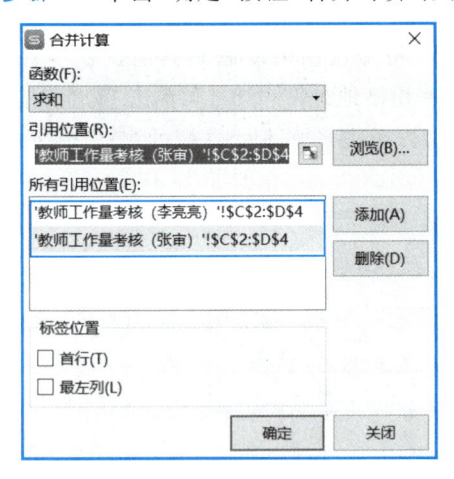

图 2-112　"合并计算"对话框

图 2-113　合并计算结果

子任务 2-6-4　分类汇总

在实际工作中,有时需要对工作表中的记录(行)按某个字段(列)进行分类,然后对每一类别进行数据汇总,这种操作可以利用 WPS 表格的"分类汇总"功能快速完成。

例如,在图 2-107 所示的"办公用品采购表"中,按物品名称进行分类,然后统计每个物品的采购数量和总价。具体操作步骤如下:

步骤 1　将需要进行分类汇总的工作表按分类字段进行排序。如在"办公用品采购表"中,先将"名称"作为主要关键字进行排序。

步骤 2　单击"数据"选项卡中的"分类汇总"按钮,打开"分类汇总"对话框,如图 2-114 所示。

步骤 3　选择分类字段为"名称",汇总方式是"求和",选定汇总项为"数量"和"总价",单击"确定"按钮。结果如图 2-115 所示。

项目 2　WPS Office 2019 表格处理

图 2-114　"分类汇总"对话框

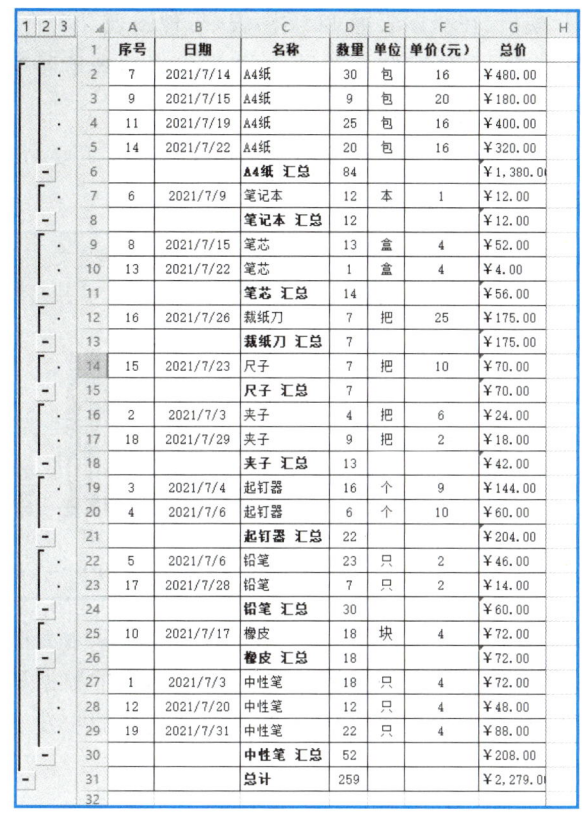

图 2-115　分类汇总结果

在结果中，出现" 1 2 3 "分级按钮组，分别显示 3 个级别的汇总结果。单击"1"按钮，只显示全部数据的汇总结果，即总计结果；单击"2"按钮，只显示每组数据的汇总结果，即小计；单击"3"按钮，显示全部数据。

单击左侧组合树中的"－"号隐藏该分类的数据，只显示该分类的汇总信息，单击"＋"号表示将隐藏的数据显示出来。

要删除分类汇总，打开如图 2-114 所示的"分类汇总"对话框，单击"全部删除"按钮即可。

任务 2-7　制作图表

图表能直观地体现工作表中的数据差异和发展趋势，能有效增强数据的说服力，具有赏心悦目的视觉效果，能激发阅读者的兴趣，给读者留下深刻的印象。本任务将介绍图表的基本组成，以及如何在 WPS 表格中创建和编辑图表。

子任务 2-7-1　了解图表的基本概念

WPS 表格提供了柱形图、折线图、饼图、条形图、面积图、XY（散点图）、股价图、雷达图、组合图、模板、在线图表等 11 类图表,每种图表又含有多种不同的展现形式。例如:柱形图可以直观地展示各数值间的差异;折线图可以清晰地展现数值的发展变化趋势;饼图在展示部分与整体的占比关系方面最有优势。

以柱形图为例,如图 2-116 所示,图表区主要由标题、绘图区、图例和坐标轴(包括分类轴和数值轴)等组成。

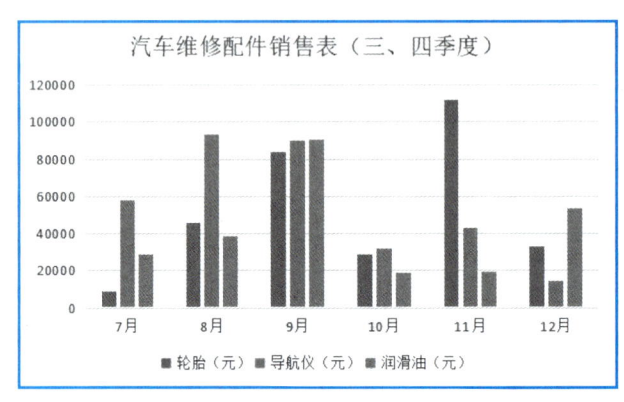

图 2-116　图表的组成

图表的数值表现是依据数据源的,这里的数据源就是指为图表提供数据支撑的工作表,当工作表的数据发生变化时,图表的显示也会同步发生改变。

子任务 2-7-2　创建图表

图 2-116 所示的图表是基于图 2-117 所示的"汽车维修配件销售表"而创建,下面以创建图 2-116 的图表为例来说明创建图表的操作步骤。

	A	B	C	D	E
1	销售月份	轮胎(元)	导航仪(元)	润滑油(元)	合计(元)
2	7月	9138	57780	28890	95808
3	8月	45640	93090	38520	177250
4	9月	83765	89880	90523	264168
5	10月	28890	31837	18792	79519
6	11月	112350	43319	19106	174775
7	12月	33267	14446	53420	101133
8					

图 2-117　汽车维修配件销售表(数据源)

步骤 1　选定销售表中用于展示的数据区域 A1:D7。

步骤 2　单击"插入"选项卡中的"全部图表"按钮,弹出如图 2-118 所示的"插入图表"对话框。

步骤 3　根据展示的需要在对话框左侧选择图表类型,在右侧选择该类型下的不同样式。本例选择的是"柱形图"下"簇状柱形图"的第 1 幅图。选择完后单击"插入"按钮。

步骤 4　双击"图表标题",进行编辑修改,完成后的图表如图 2-116 所示。

项目 2　WPS Office 2019 表格处理

图 2-118　"插入图表"对话框

子任务 2-7-3　编辑图表

图表创建完成后，有时需要进行个性化修改，也可能需要改变图表类型、图表选项等，这些都需要掌握编辑图表技术。

1. 更改图表类型

更改图表类型的具体操作步骤如下：

步骤 1　选中图表，窗口顶部的选项卡会增加"图表工具"选项卡，如图 2-119 所示。

步骤 2　单击"更改类型"命令，弹出"更改图表类型"对话框，比如选择"折线图"，单击"插入"按钮，修改后的图表如图 2-120 所示。

图 2-119　"图表工具"选项卡

图 2-120　折线图

这里可更改为更多其他类型，也可以单击"切换行列"命令进行行列转换，请读者自行测试。

2. 变更图表数据项

现在的图表中只展示了三列数据，还有合计列的数据没有展示，如果要在图表中添加"合计（元）"数据项，操作步骤如下：

步骤 1　选中图表，在"图表工具"选项卡中单击"选择数据"按钮，弹出"编辑数据源"对话框，如图 2-121 所示。

步骤 2　直接修改"图表数据区域"为包含"合计（元）"数据项的区域"='销售表'!＄A＄1:＄E＄7"，也可以单击右侧的"🔼"按钮，从销售表中选择 A1:E7，系统会自动填入。

在对话框的"图例项（系列）"中，可以添加/删除，也可以控制显示/隐藏"系列"，在"轴标签（分类）"中也可以控制显示/隐藏"类别"，请读者自动测试。

步骤 3　设置完成后，单击"确定"按钮，如图 2-122 所示。

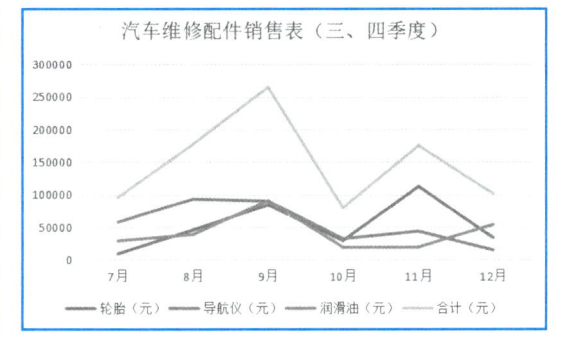

图 2-121　"编辑数据源"对话框　　图 2-122　添加数据源

3. 添加图表元素

选定图表后，在其右侧出现快捷按钮，如图 2-123 所示，单击"图表元素"按钮，可以显示/隐藏更多的图表元素，请读者自行测试。

4. 修饰图表

创建图表后，默认的视觉效果不一定符合用户的要求，这就需要对图表进行颜色、图案、线形、填充、边框、图片等修饰，使图表更加美观，更有表现力。

如果要重新设置图表，在图表上右击，从弹出的快捷菜单中选择"设置＊＊＊格式"（＊＊＊与右击的对象相同），在窗口右侧显示其对应的"属性"窗格。

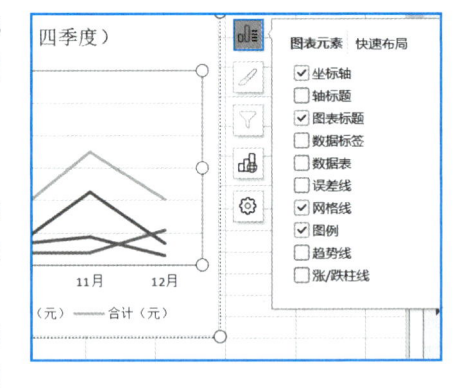

图 2-123　添加图表元素

如在"图表区"上右击，则显示如图 2-124 所示的"图表区"属性，可以进行图表属性的"填充与线条"、"效果"和"大小与属性"，以及"文本选项"的设置。单击"图表选项"右侧的下拉按钮，展开更多属性的列表，列表中的选项一一对应图表中的元素，选择相应的选项就可对对应元素进行修饰设置，如图 2-125 所示。请读者自行测试。

图 2-124 "图表选项"属性　　　　图 2-125 属性切换

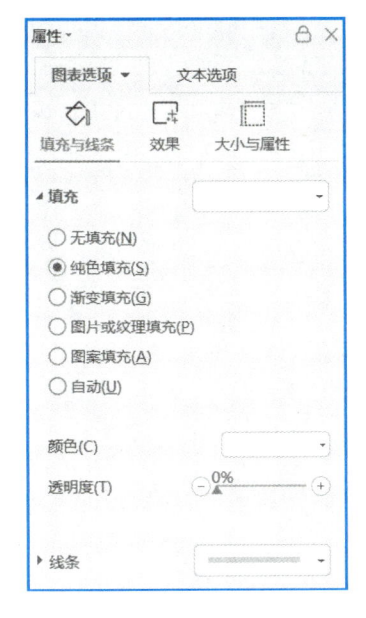

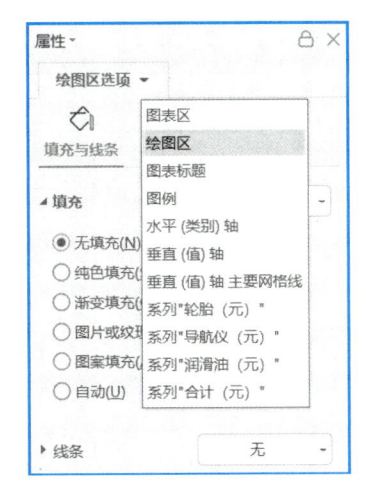

任务 2-8　制作数据透视表和数据透视图

数据透视表是一种可以从源数据表中快速分类、统计、提取有效信息的交互式方法，能够帮助用户多层次、多角度深入分析数值、组织数据。

数据透视表特别适合以下应用场景：

(1) 需要从大量基础数据中提取关键信息。

(2) 需要多类别分类汇总、聚合、统计分析数值数据。

(3) 需要提供简明、有吸引力并且带有批注的联机报表或打印报表。

子任务 2-8-1　创建数据透视表

本子任务的操作是以如图 2-126 所示的办公用品采购表为源数据，按"名称"列进行分类，汇总出每种办公用品的采购数量、采购额，计算出平均每次采购金额，给出"数量"总计、"总价"总计，以及所有物品的"平均每次采购金额"。创建的数据透视表如图 2-126 右侧所示。

创建数据透视表的源数据表必须是标准表，操作步骤如下：

步骤 1　单击源数据表中的任一单元格，单击"数据"选项卡中的"数据透视表"按钮，弹出"创建数据透视表"对话框，如图 2-127 所示。

步骤 2　在"请选择要分析的数据"下，选择"请选择单元格区域"单选按钮，如果文本框中的内容与源数据表区域相同，就不必修改，如果不同，可使用其右侧选区按钮" "在源数据表

	A	B	C	D	E	F	G	H	I	J	K	L	M
1	名称	日期	单位	数量	单价(元)	总价			值				
2	中性笔	2021/7/3	只	18	4	¥72.00		名称	▼	求和项:数量	求和项:总价	平均每次采购金额	
3	夹子	2021/7/3	把	4	6	¥24.00			A4纸	84	1380	345	
4	起钉器	2021/7/4	个	16	9	¥144.00			笔记本	12	12	12	
5	起钉器	2021/7/6	个	6	10	¥60.00			笔芯	14	56	28	
6	铅笔	2021/7/6	只	23	2	¥46.00			裁纸刀	7	175	175	
7	笔记本	2021/7/9	本	12	1	¥12.00			尺子	7	70	70	
8	A4纸	2021/7/14	包	30	16	¥480.00			夹子	13	42	21	
9	笔芯	2021/7/15	盒	13	4	¥52.00			起钉器	22	204	102	
10	A4纸	2021/7/15	包	9	20	¥180.00			铅笔	30	60	30	
11	橡皮	2021/7/17	块	18	4	¥72.00			橡皮	18	72	72	
12	A4纸	2021/7/19	包	25	16	¥400.00			中性笔	52	208	69.33333333	
13	中性笔	2021/7/20	只	12	4	¥48.00			总计	259	2279	119.9473684	
14	笔芯	2021/7/22	盒	1	4	¥4.00							
15	A4纸	2021/7/22	包	20	16	¥320.00							
16	尺子	2021/7/23	把	7	10	¥70.00							
17	裁纸刀	2021/7/26	把	7	25	¥175.00							
18	铅笔	2021/7/28	只	7	2	¥14.00							
19	夹子	2021/7/29	把	9	2	¥18.00							
20	中性笔	2021/7/31	只	22	4	¥88.00							
21													

图 2-126 源数据及透视表示例

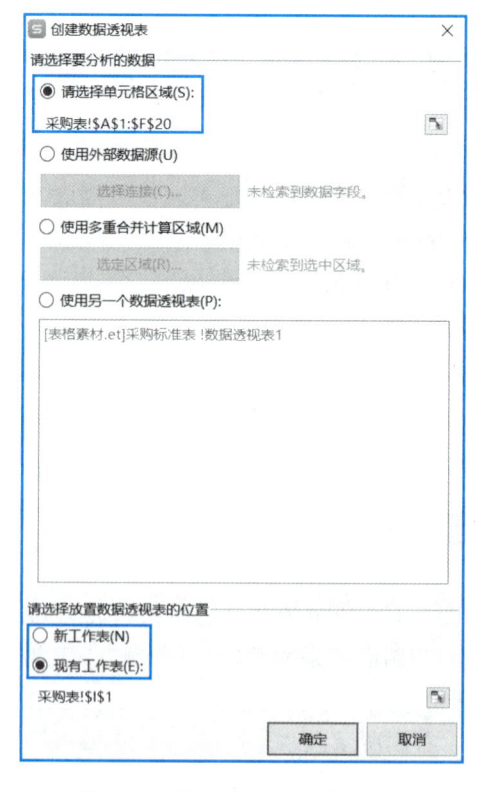

图 2-127 "创建数据透视表"对话框

中选择需要创建透视表的区域(应包含列标题)。在"请选择放置数据透视表的位置"下,可以选择"新工作表",将数据透视表放在新工作表中;或选择"现有工作表",然后填入或选择要显示数据透视表的左上角单元格地址,本例选择此项,如图 4-127 所示。

步骤 3 单击"确定"按钮,显示出数据透视表位置及"字段列表",如图 2-128 所示。

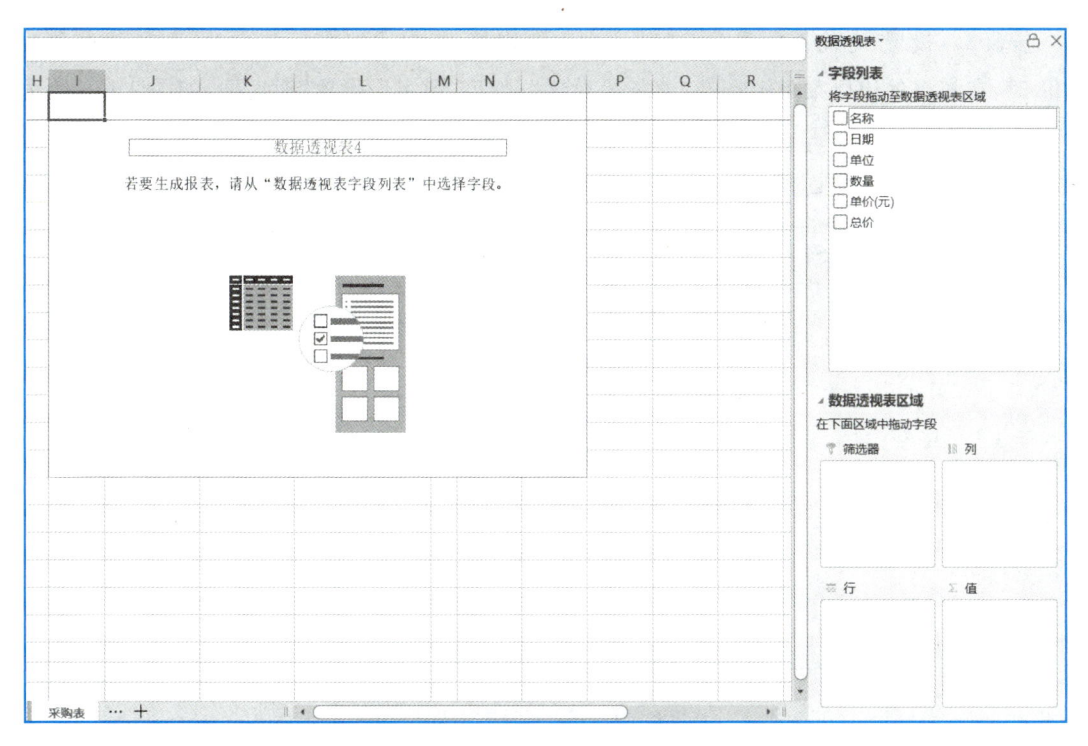

项目 2　WPS Office 2019 表格处理

图 2-128　"数据透视表"→"字段列表"

步骤 4　在"字段列表"框内勾选"名称"复选框，或将"名称"项拖入"行"框内；勾选"数量"和"总价"复选框，或者将这两项拖入"值"框内；再将"总价"拖入"值"框内，操作结果如图 2-129 所示。

名称	求和项:数量	求和项:总价	求和项:总价2
A4纸	84	1380	1380
笔记本	12	12	12
笔芯	14	56	56
裁纸刀	7	175	175
尺子	7	70	70
夹子	13	42	42
起钉器	22	204	204
铅笔	30	60	60
橡皮	18	72	72
中性笔	52	208	208
总计	259	2279	2279

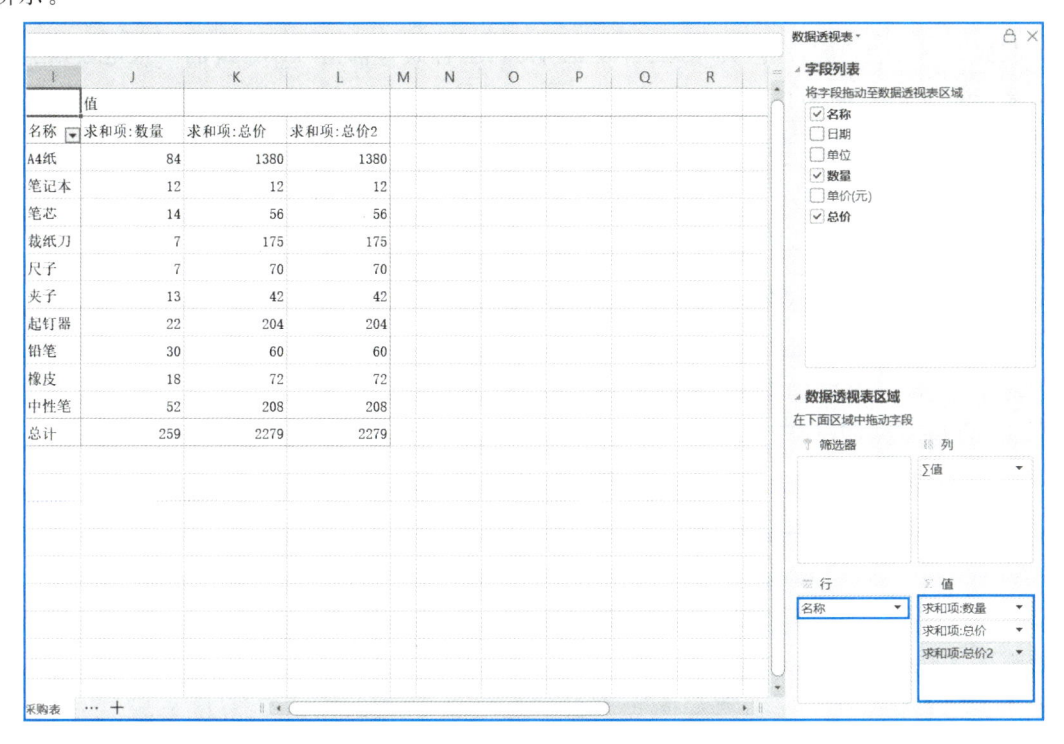

图 2-129　向"数据透视表"填入字段

步骤 5　设置"平均每次采购金额"。在右侧窗格中，单击"值"标签中的第三行"求和项：总价 2"，在弹出的快捷菜单中选择"值字段设置"，弹出"值字段设置"对话框，如图 2-130 所示。在"选择用于汇总所选字段数据的计算类型"框中选择"平均值"，修改"自定义名称"为"平均每次采购金额"，单击"确定"按钮。创建的数据透视表如图 2-126 所示。如果要进行美化，可以使用以前所学的知识进行操作。

图 2-130　"值字段设置"对话框

子任务 2-8-2　编辑数据透视表

数据透视表创建完成后，其布局、字段、统计规则、样式等都是可以修改的。选定数据透视表中的任一单元格，从窗口右侧的"字段列表"中，可以对"行""列""值"等进行修改。同时在窗口顶部添加了"分析"和"设计"两个选项卡，如图 2-131、图 2-132 所示。执行其中的命令可以实现对数据透视表的编辑，也可以在透视表上右击，弹出的快捷菜单如图 2-133 所示，从中选择相应命令对数据透视表进行修改。请读者自行测试。

图 2-131　"分析"选项卡

图 2-132　"设计"选项卡

要删除数据透视表，先选定数据透视表中的任一单元格，在"分析"选项卡中单击"删除数据透视表"按钮，或者在"分析"选项卡的"选择"命令下拉列表中选择"整个数据透视表"，然后按 Delete 键删除即可。

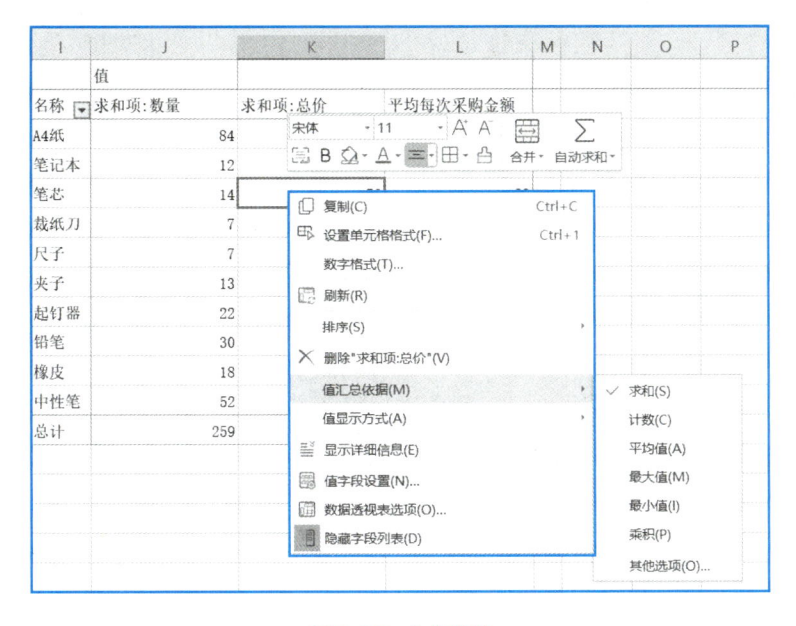

项目 2　WPS Office 2019 表格处理

图 2-133　快捷菜单

子任务 2-8-3　创建数据透视图

数据透视图为关联数据透视表中的数据提供其图形表示形式。创建数据透视图时，会显示数据透视图"字段列表"，可以修改图中的字段和数据。数据透视图与数据透视表是交互式的，修改其中的布局和数据都是互为影响的。

创建数据透视图的操作步骤如下：

步骤 1　在源数据表中任选一个单元格。

步骤 2　单击"插入"选项卡中的"数据透视图"按钮，弹出"创建数据透视图"对话框，设置好要分析的源数据区域、放置数据透视图的位置，如图 2-134 所示。

步骤 3　单击"确定"按钮，显示数据透视图"字段列表"，如图 2-135 所示。

步骤 4　在数据透视图"字段"列表中，勾选或拖动"名称"到"轴（类别）"，后续操作步骤同创建数据透视表相同，结果如图 2-136 所示。

数据透视图创建后也可以更改图表类型（散点图、股价图等特定类型除外），修改标题、图例、数据标签、图表位置等信息，其操作步骤与标准图表类似，这里不再赘述。

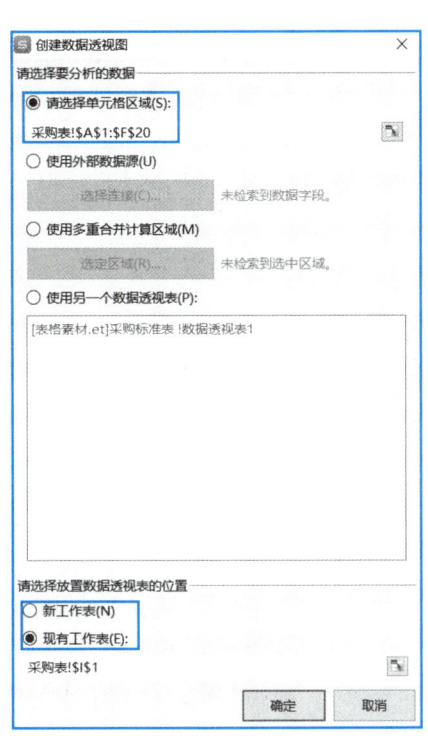

图 2-134　"创建数据透视图"对话框

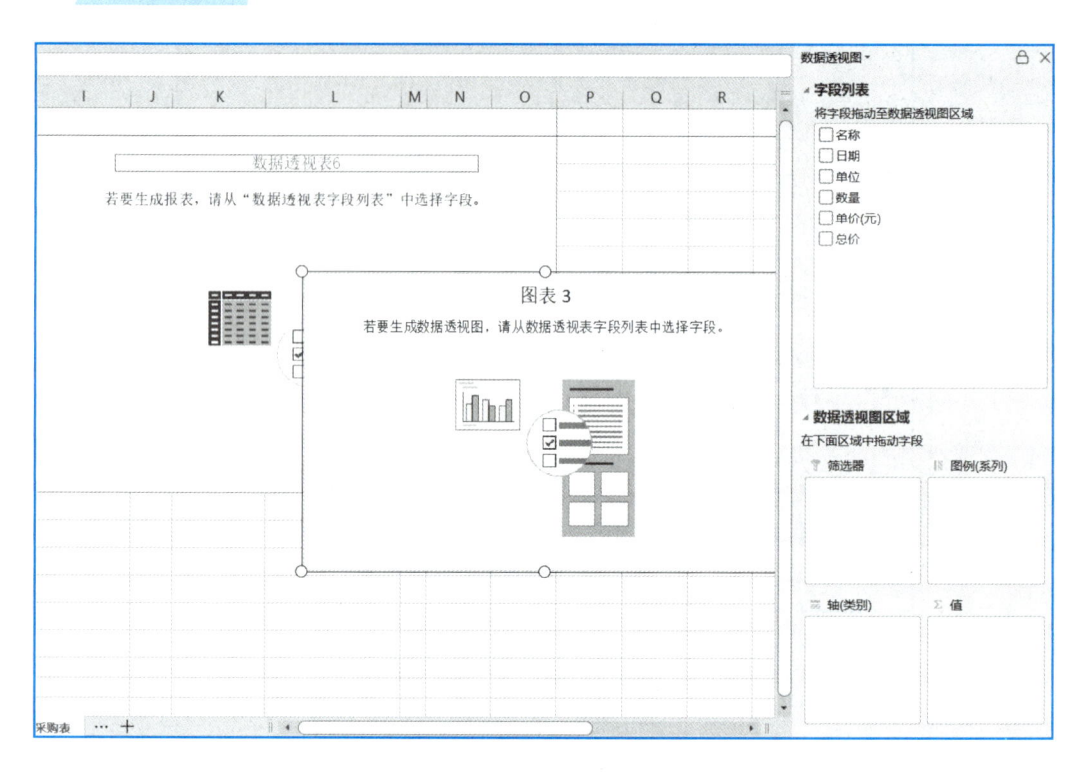

图 2-135　数据透视图"字段列表"

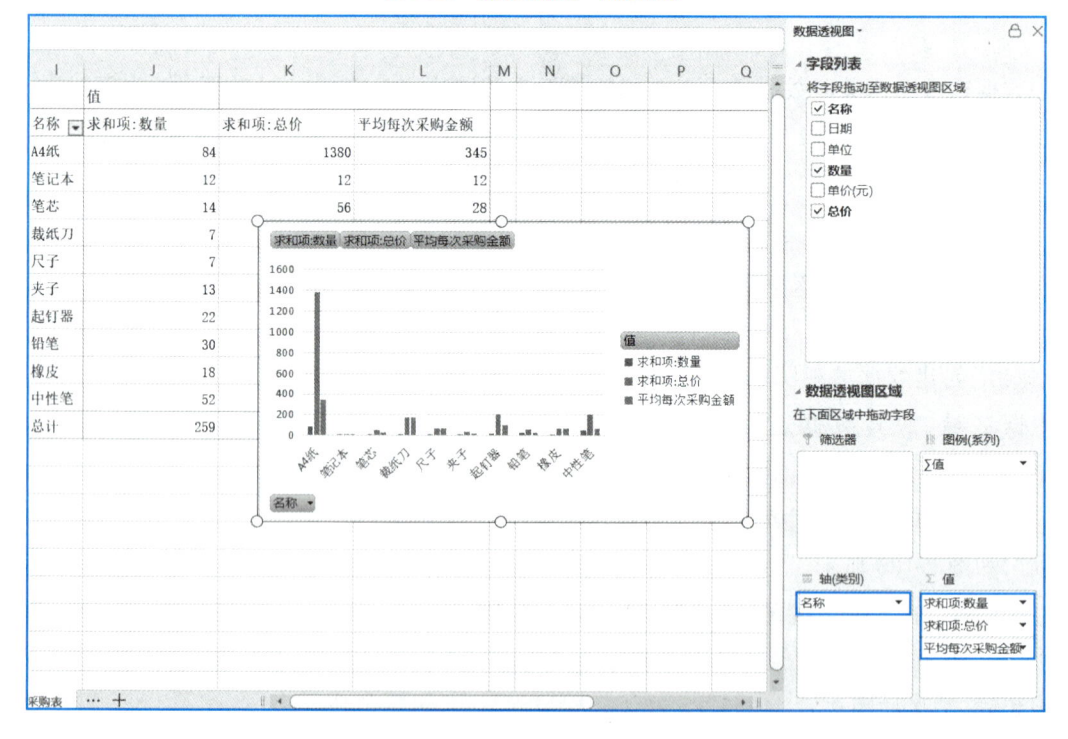

图 2-136　数据透视图

如果是通过数据透视表来创建数据透视图,操作步骤如下:

步骤1　选定数据透视表。

步骤2　单击"分析"选项卡中的"数据透视图"按钮,或者单击"插入"选项卡中的"数据透视图"按钮。

步骤 3　在弹出的"插入图表"对话框中选择图表类型。

步骤 4　单击"插入"按钮。

具体操作和修改与普通图表操作类似,这里不再赘述。

任务 2-9　页面布局和打印输出

制作好的工作表,可以打印输出到纸张上,便于交换和存档。这就要用到 WPS 表格的页面设置和打印输出功能。

子任务 2-9-1　页面布局

WPS 表格输出的页面设置功能主要集中在"页面布局"选项卡中,单击"页面布局"选项卡,其功能区主要命令如图 2-137 所示。

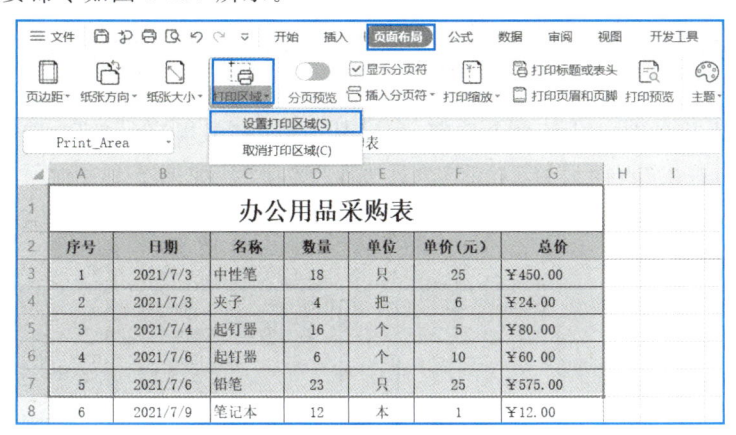

图 2-137　设置打印区域

1. 设置打印区域

在工作中,有时不需要将整个工作表都打印出来,这就要先设置好打印区域,打印时只对设置为打印区域的内容进行打印。

在图 2-137 中,如果只想打印"办公用品采购表"的标题、表头以及前 5 行内容,操作如下:

步骤 1　拖动鼠标选择 A1:G7 单元格区域。

步骤 2　单击"页面布局"选项卡中的"打印区域"命令按钮,打开下拉列表,选择其中的"设置打印区域"选项即可。这时如果在任意位置单击,可以看到"序号"5 和 6 之间有一条虚线,表示区域的边界。

这时如果单击"打印预览"按钮,会显示该打印区域在默认纸张上打印出来的预览效果,如图 2-138 所示。单击"关闭"按钮可退出"打印预览"。

图 2-138　设定打印区域的预览效果

如果要取消打印区域,则在图 2-137 中,单击"打印区域"下拉列表中的"取消打印区域"选项即可。

2. 设置纸张大小

单击图 2-137 中的"纸张大小"命令按钮,可以选择合适的打印纸张。如果所有规格的纸张都不合适,则单击"其他纸张大小"选项,打开"页面设置"对话框"页面"选项卡,如图 2-139 所示,可以自定义纸张。设置完毕单击"确定"按钮。

3. 设置纸张方向

单击图 2-137 中的"纸张方向"命令,可以选择"纵向"或"横向"。也可以在图 2-139 所示的"页面设置"对话框"页面"选项卡中设置。设置完毕单击"确定"按钮。

4. 设置页边距

单击图 2-137 中的"页边距"命令按钮,可以从内置的"常规/窄/宽"中选择。也可以单击"自定义页边距",弹出"页面设置"对话框"页边距"选项卡,如图 2-140 所示。可以详细修改上、下、左、右,以及页眉和页脚的边距值,还可以设置水平和垂直方向是否需要居中打印。设置完毕单击"确定"按钮。

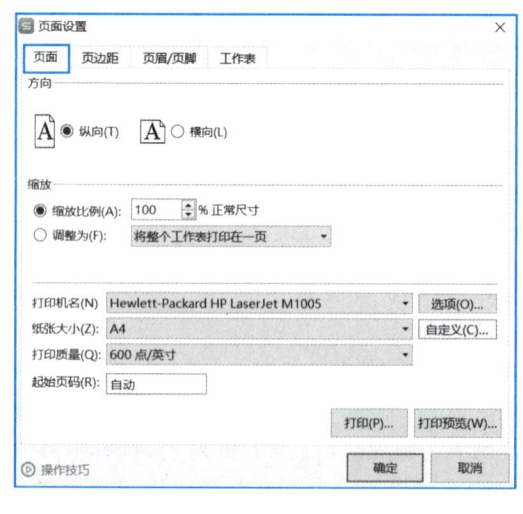

图 2-139　"页面设置"对话框"页面"选项卡 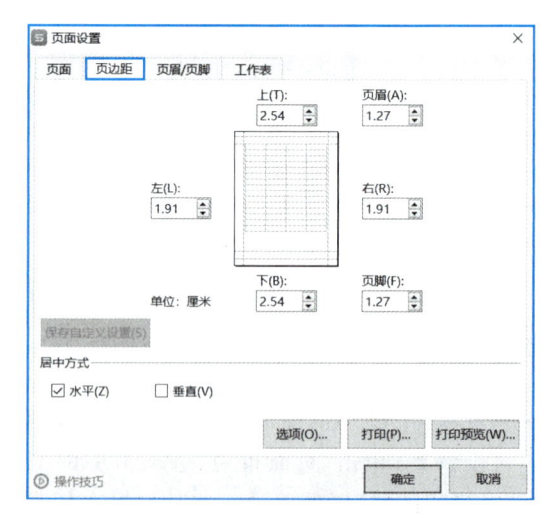　　　图 2-140　"页面设置"对话框"页边距"选项卡

5. 打印缩放

在实际工作中,有时为了保证一页纸上打印内容的完整性,需要将表的所有行、列,或者整个表打印到一页纸上,这就要用到"打印缩放"功能。

单击图 2-137 中的"打印缩放"命令按钮,打开下拉列表如图 2-141 所示。可以选择合适的选项或设置"缩放比例"的值,还可以单击"自定义缩放",打开如图 2-142 所示的"页面设置"对话框"页面"选项卡,在"缩放"区域调整缩放设置。设置完毕单击"确定"按钮。

图 2-141 "打印缩放"下拉列表

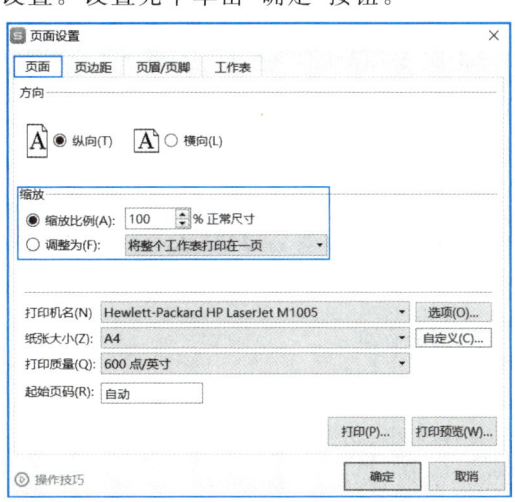

图 2-142 调整缩放

6. 打印标题或表头

单击图 2-137 中的"打印标题或表头"按钮,打开如图 2-143 所示的"页面设置"对话框"工作表"选项卡,设置好的"顶端标题行"和"左端标题列"的区域内容会打印在每一页纸上。设置完毕单击"确定"按钮。

7. 打印页眉和页脚

单击图 2-137 中的"打印页眉和页脚"按钮,打开"页面设置"对话框"页眉/页脚"选项卡,如图 2-144 所示。打开"页眉"和"页脚"的下拉列表可以选择页眉/页脚,也可以单击"自定义页眉"和"自定义页脚"按钮,自定义页眉/页脚的内容和位置。设置页眉/页脚时,还可通过"奇偶页不同"或"首页不同"为奇数页、偶数页或首页设置不同内容的页眉/页脚。设置完毕单击"确定"按钮。

图 2-143 "页面设置"对话框"工作表"选项卡

图 2-144 "页面设置"对话框"页眉/页脚"选项卡

如果要删除页眉/页脚,则在图 2-144 对话框中的"页眉"或"页脚"的下拉列表中选择"(无)"即可。

8. 插入分页符

单击图 2-137 中的"插入分页符"命令按钮,打开下拉列表,可以选择手工插入或删除分页符。

子任务 2-9-2　打印工作表和 PDF 输出

1. 打印预览

在打印工作表之前,使用"打印预览"功能可以在打印前查看工作表的打印效果,如打印的内容、文字大小、边距、位置是否合适,表格线是否合乎要求等,以避免打印出来后不能使用而导致纸墨的浪费。

单击"页面布局"选项卡中的"打印预览"按钮,或单击"文件"菜单,选择"打印"下的"打印预览"菜单,进入打印预览窗口,显示打印的预览效果,如图 2-138 所示。单击左侧"直接打印/打印"命令按钮,展开列表项,如图 2-145 所示。在打印预览窗口可以选择打印机、纸张类型和方向,如果选择"直接打印",会将当前文档直接发送至打印机打印出来;单击"直接打印"命令按钮,在下拉列表中如果选择"打印",会弹出"打印"对话框进行详细设置,如图 2-146 所示。

图 2-145　"直接打印"下拉列表

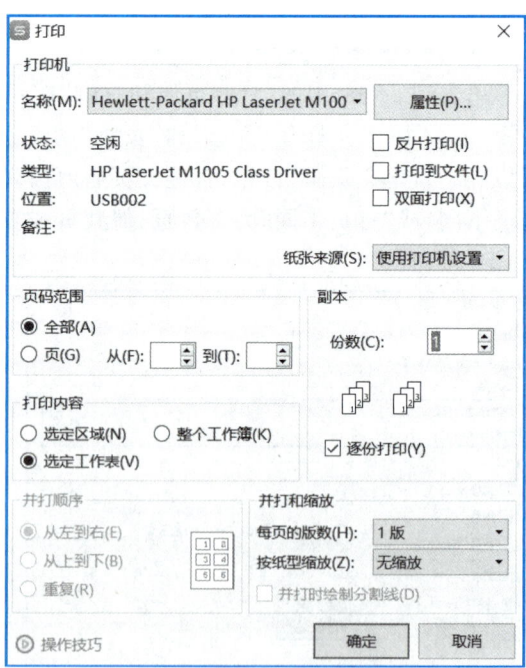

图 2-146　"打印"对话框

2. 打印设置

单击"文件"菜单,选择"打印"下的"打印"菜单,也进入如图 2-146 所示"打印"对话框,该对话框的具体功能包括:

(1)设置打印机

如果计算机配置了多台打印机,可以展开打印机"名称"栏右侧的下拉列表,从中选择一台合适的打印机。

(2)设置打印范围

选择"全部":表示打印所有页,默认情况下打印范围为"全部"。

选择"页":可以指定打印的页码范围,实现部分打印的功能。

(3)设置打印内容

选择"选定区域":只打印工作表中选定的单元格区域和对象。

选择"选定工作表":打印选定的工作表,如果工作表有已经设置好的打印区域,则打印该区域。

选择"整个工作簿":打印当前工作簿中含有数据的所有工作表,如果工作表中有已经设置好的打印区域,则只打印该工作表中设定的区域。

(4)设置打印份数

副本份数:在"份数"中输入打印的份数值。

逐份打印:将可打印内容从第 1 页到最后 1 页完整打印一遍,再打印下一份;否则先将第 1 页按份数打印出来,再将第 2 页按份数打印出来,直至最后一页。

(5)并打和缩放

每页的版数:默认情况下每页打印一个版面。有时我们在正式打印前只是需要一份校对稿或草稿,利用这项功能可以在一页上打印多个版面,以节约纸张。

按纸型缩放:这项功能可以使打印出来的内容与纸更加相匹配,使得原来的页面布局设置不需要更改就可以适应不同的纸张输出。例如,用户设置的 A4 页面可以等比例放大到 A3 纸上输出,也可以将 A3 页面等比例缩小到 A4 纸上输出。

3. PDF 输出

PDF(Portable Document Format)是一种可便携的、能保存原格式、跨平台、可移植且不易被修改的文件格式,具有良好的阅读兼容性和安全性,在文件交换中被广泛使用。WPS 表格提供了将工作表或图表输出为 PDF 文件的功能。

在"文件"菜单中选择"输出为 PDF"命令,或单击"快速访问工具栏"中的" "按钮,弹出"输出为 PDF"对话框,如图 2-147 所示。在"输出范围"中可选择"整个工作簿"或"当前工作表",还可以设定 PDF 文件的"保存目录",单击"开始输出"按钮,输出完成后,在"状态"列显示"输出成功"。

图 2-147 "输出为 PDF"对话框

用户也可以在图 2-147 所示的"打印"对话框中,单击打印机"名称",从展开的下拉列表中选择"导出为 WPS PDF"、"Microsoft Print to PDF"或"Adobe PDF",使用虚拟打印机输出 PDF 文档。

项目小结

本项目学习的 WPS 表格是 WPS Office 2019 中的重要组成部分,是信息化办公的重要工具,广泛应用于管理、统计、财务、金融等领域,在数据分析和处理中发挥着重要的作用。

项目中选取了"值班表""办公用品采购表""汽车维修配件销售表"等贴近生活、学习和工作的案例。通过案例重点讲解了电子表格的应用场景,相关工具的功能和操作界面;分析了 WPS 表格的数据输入、工作表和工作簿的基本操作;要求熟练掌握单元格格式编辑与引用,工作簿和工作表数据安全与保护;要求熟练掌握运用公式和常用函数来解决求值计算问题,运用数据排序、筛选、分类汇总、查找及数据合并来管理数据;能利用图表分析展示数据;能运用数据透视表从源表中快速提取有效信息,能利用数据透视表创建数据透视图;掌握 WPS 表格的页面布局、打印及 PDF 输出等操作技能,为在工作中解决实际问题打下良好基础。

习题 2

一、单项选择题

1. 使用 WPS 表格创建的工作表,不可以直接(　　)。
   A. 保存为 WPS 表格文件(*.et)　　　　B. 保存为 Excel 文件(*.xlsx)
   C. 输出为 PDF 文件　　　　　　　　　D. 保存为 Access 数据库文件(*.mdb)

2. 在 WPS 表格中，位于第 3 行第 4 列的单元格的名称为（　　）。
A. C4　　　　　　B. 4C　　　　　　C. D3　　　　　　D. 3D

3. 要实现 WPS 表格单元格中内容的换行，可以（　　）。
A. 使用快捷键"Alt＋Enter"　　　　B. 使用 Enter 键
C. 使用 Tab 键　　　　　　　　　　D. 使用方向键↓

4. WPS 表格单元格值的数据类型不包括（　　）。
A. 数字　　　　　　B. 公式　　　　　　C. 逻辑值　　　　　　D. 文本

5. 关于 WPS 表格单元格的数据格式，说法不正确的是（　　）。
A. 输入日期时，只有用英文斜杠"/"分隔年月日时，才可以自动识别日期
B. 文本型格式会将数字作为字符串处理
C. 特殊格式可以将数字转换成人民币大写
D. 分数格式可以将数值转化为分数

6. 关于在 WPS 表格中设置单元格数据有效性，以下说法不正确的是（　　）。
A. 对于整数，可以限制数据取值范围　　B. 对于日期，可以限制开始日期和结束日期
C. 可以限制输入文本的长度　　　　　　D. 不能将某个序列作为单元格数据源

7. 以下关于 WPS 表格填充功能的说法，不正确的是（　　）。
A. 不能按自定义序列填充　　　　　　　B. 对于整数，可以按等差数列填充
C. 对于日期，可以按日、月、年填充　　D. 使用填充句柄可以实现有规律的填充

8. 关于 WPS 表格中的智能填充，说法不正确的是（　　）。
A. 通过对比字符串之间的关系，智能识别出其中规律，然后快速填充
B. 智能填充的默认快捷键为"Ctrl＋E"
C. 使用智能填充，可以把原字符串中某些字符批量替换掉
D. 智能填充不需要借助辅助列

9. 在 WPS 工作表中进行输入时，可以（　　）。
A. 按 Enter 键，跳到下一列输入
B. 按 Tab 键，跳到下一行输入
C. 双击列标交叉处，快速调整数据显示格式
D. 选中单元格，将鼠标放置在单元格右下角，出现＋字形的填充句柄时，下拉即可填充数据

10. 以下关于 WPS 表格中快捷键的使用，说法不正确的是（　　）。
A. 在选定区域后，按"Ctrl＋D"快捷键，能实现数据的快速复制
B. 按"Ctrl＋Z"快捷键，可以撤销上一步操作
C. 按"Ctrl＋A"快捷键，可以弹出"定位"对话框
D. 按"Ctrl＋;"快捷键，可以插入日期

11. 关于 WPS 表格行高和列宽的调整，以下说法不正确的是（　　）。
A. 将鼠标定位到行号/列标分界线拖动，可以调整所有行高/列宽
B. 全选表格区域后，任意改变一个行高和列宽，整个表格的行高和列宽都会同样调整
C. 单击"开始"→"行和列"→"行高"，在对话框中输入合理的行高值，可以将行高调整为指定高度
D. 当输入的数值大于单元格宽度时，双击列标右侧分界线，可以让单元格内容显示最合

适的列宽

12. 关于 WPS 表格中的查找功能,以下说法不正确的是(　　)。

A. 可以在工作簿中查找　　B. 可以查找公式

C. 查找时不能区分大小写　　D. 可以按字体颜色进行查找

13. 如图 2-148 所示,在单元格 F2 中输入公式:=IF(E2>90,"优秀",IF(E2>60,"合格","不合格")),显示的值为(　　)。

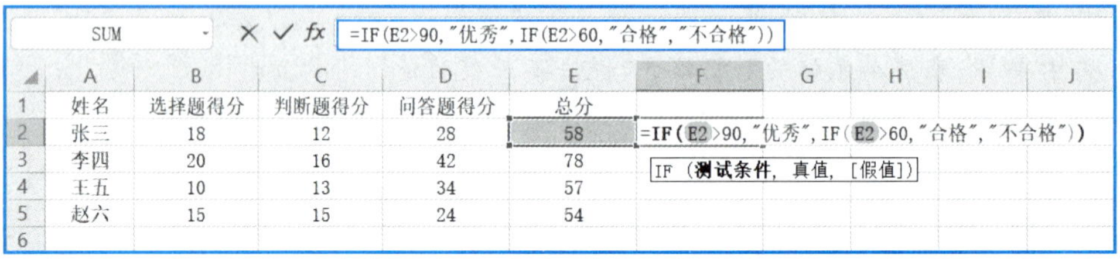

	A	B	C	D	E	F
1	姓名	选择题得分	判断题得分	问答题得分	总分	
2	张三	18	12	28	58	
3	李四	20	16	42	78	
4	王五	10	13	34	57	
5	赵六	15	15	24	54	
6						

图 2-148　单选题 13 图

A. 优秀　　B. 合格　　C. 不合格　　D. 错误值

14. 如图 2-149 所示,在单元格 E2 中输入公式:=COUNTIF(C2:C5,">20"),显示的值为(　　)。

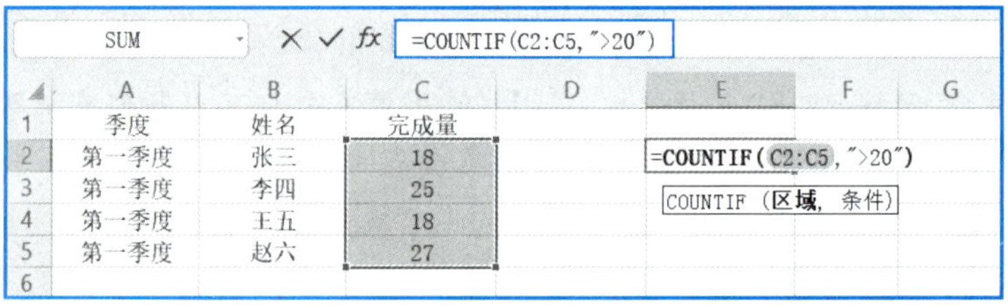

	A	B	C	D	E
1	季度	姓名	完成量		
2	第一季度	张三	18		
3	第一季度	李四	25		
4	第一季度	王五	18		
5	第一季度	赵六	27		
6					

图 2-149　单选题 14 图

A. 3　　B. 2　　C. 4　　D. 88

15. 以下关于 WPS 表格函数的说法,不正确的是(　　)。

A. COUNTA 函数用于统计非空单元格个数

B. COUNTIF 函数用于计算符合某一条件的值的个数

C. COUNT 函数不会对逻辑值、文本或错误值进行计数

D. COUNTA 函数计算时不包含错误值和空文本("")单元格

16. 以下关于 WPS 表格中用于数学计算的函数,描述不正确的是(　　)。

A. SUM 是求和函数,可以对选中的单元格区域数值进行求和

B. PRODUCT 函数用于选定单元格区域数值的除法运算

C. IMSUB 函数用于减法运算

D. ABS 函数用来返回给定数字的绝对值

17. 以下关于 WPS 表格的筛选功能,不正确的是(　　)。

A. 只能按文本筛选　　B. 可以按数字筛选

C. 可以按日期筛选　　D. 可以按内容筛选

18. 以下关于 WPS 表格的高级筛选功能,说法不正确的是(　　)。

A. 分为列表区域和条件区域

B. 在设置多个筛选条件时,如果两个条件是"或"关系,它们需要位于同一行

C. 可以将筛选结果复制到其他位置

D.条件区域用来设置筛选条件

19.以下关于 WPS 表格的图表,说法不正确的是( )。

A.柱状图用于表示数据的对比及比较　　B.折线图用于表示数据的变化及趋势

C.饼形图用于表示数据的变化趋势　　　D.条形图用于表示数据的排名

20.关于 WPS 表格的打印和分页,以下说法不正确的是( )。

A.可以通过"页面布局"→"分隔符"→"分页符",插入分页符进行分页

B.可以通过"页面布局"→"打印缩放",将整个工作表打印在一页

C.可以打印表格中被筛选的内容

D.不可以设置打印表格中分类汇总的内容

二、操作题

1.创建如图 2-150 所示的"成绩表"后,完成下列操作:

①在"成绩表"中第一行上面插入新行,然后在 A1 单元格内输入内容:"育才中学高三(1)班学生成绩表",合并 A1:J1 单元格区域并居中,设置字体:黑体,字形:加粗,字号:16。

②在"总分"对应单元格区域,用公式计算每名学生的总分。

③用 COUNTA、MAX 和 MIN 函数分别在右侧同行单元格中统计出学生人数、总分最高分和总分最低分。

④在 J2 单元格输入:平均分,在 J 列对应单元格使用 AVERAGEA 函数计算每个学生的平均分并保留 2 位小数。

⑤根据"姓名"和"总分"两列在当前工作表内制作簇状柱形图,图表的标题为"成绩图表"。

⑥表格中所有文字水平、垂直均居中,设置好表格线,保存该文档为 t1.xlsx。

	A	B	C	D	E	F	G	H	I	J
1	学号	姓名	语文	数学	英语	历史	政治	地理	总分	
2	101	王萍	96	75	82	60	80	81		
3	102	杨向中	102	90	106	88	91	90		
4	103	钱学农	60	11	27	33	60	52		
5	104	王爱华	98	90	82	98	88	88		
6	105	刘晓华	103	45	66	80	85	83		
7	106	李婷	101	46	62	85	86	61		
8	107	王宇	63	18	17	37	57	25		
9	108	张曼	94	97	110	91	87	86		
10	109	李小辉	83	7	64	68	87	54		
11	学生人数		总分最高分			总分最低分				
12										

图 2-150　操作题 1 图

2.创建如图 2-151 所示的工作表,完成下列操作:

①在"房产销售表"的 A1 单元格内输入内容:应山府三月销售明细。

②将"房产销售表"中 A1:G1 单元格区域合并并居中,设置字体:黑体,字形:加粗,字号:16。

③在"房产销售表"中 G 列对应单元格内使用简单公式计算每套房的契税(计算公式为:契税=房价总额*适用税率,其中适用税率值保存在 G2 单元格内,要求使用绝对引用方式获取),设置 G4:G15 单元格区域的数字格式为:货币,保留 2 位小数,负数选第三项。

④在"房产销售表"中 F16 单元格使用 SUM 函数计算房价总额的合计。

⑤为"房产销售表"中(A3:G15)区域单元格应用单实线边框,文本对齐方式设置为:水平居中对齐。

⑥在"房产销售表"中应用高级筛选,筛选出户型为三室二厅且面积大于 110 平方米的数

据[要求:筛选区域选择(A3:G15)的所有数据,筛选条件写在(I3:J4)区域,筛选结果复制到A20单元格]。

⑦保存该文档为t2.xlsx。

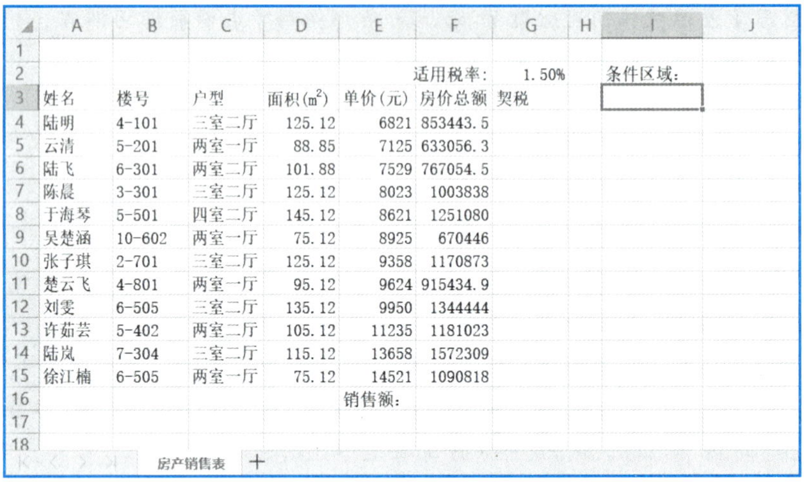

	A	B	C	D	E	F	G	H	I	J
1										
2						适用税率:	1.50%		条件区域:	
3	姓名	楼号	户型	面积(m²)	单价(元)	房价总额	契税			
4	陆明	4-101	三室二厅	125.12	6821	853443.5				
5	云清	5-201	两室一厅	88.85	7125	633056.3				
6	陆飞	6-301	两室二厅	101.88	7529	767054.5				
7	陈晨	3-301	三室二厅	125.12	8023	1003838				
8	于海琴	5-501	四室二厅	145.12	8621	1251080				
9	吴楚涵	10-602	两室一厅	75.12	8925	670446				
10	张子琪	2-701	三室二厅	125.12	9358	1170873				
11	楚云飞	4-801		95.12	9624	915434.9				
12	刘雯	6-505	三室二厅	135.12	9950	1344444				
13	许茹芸	5-402	两室二厅	105.12	11235	1181023				
14	陆岚	7-304	三室二厅	115.12	13658	1572309				
15	徐江楠	6-505	两室一厅	75.12	14521	1090818				
16						销售额:				
17										
18										

图2-151　操作题2图

项目 3
WPS Office 2019 演示文稿制作

项目工作任务

- 掌握演示文稿的新建、打开、保存等操作
- 掌握制作演示文稿的基本步骤和编辑方法
- 完成一份演示文稿的制作

项目知识目标

- 了解 WPS Office 2019 演示文稿窗口的基本组成和各种视图的特点
- 掌握制作演示文稿的基本步骤和编辑方法
- 掌握在演示文稿中添加动画,设置切换方式的方法
- 掌握在演示文稿中添加图形、音乐、图像、视频、动画等多媒体元素的方法
- 掌握演示文稿的播放技巧

项目技能目标

- 熟练掌握演示文稿的创建和编辑,包括文本、剪贴画、图形和声音的处理
- 运用一键美化、魔法、配色方案、母版等设计幻灯片
- 运用切换、动画等增强幻灯片放映效果
- 掌握设置幻灯片放映方式,设置超链接和动作按钮,输出 PDF 和打印等相关操作

项目重点难点

- 理解 WPS Office 2019 演示文稿的视图方式
- 掌握一键美化、魔法、配色方案、母版的设置和应用
- 掌握设置动画和切换效果的方式
- 掌握设置幻灯片输出 PDF、放映方式,超链接和动作按钮的设置

任务 3-1　认识 WPS Office 2019 演示文稿

WPS Office 2019 演示文稿(以下简称"WPS 演示文稿")是 WPS 办公套装软件中的一个重要组件,是制作和演示幻灯片的软件,可以方便地制作出集文字、图形、图像、声音、动画以及视频剪辑等多媒体元素于一体的文稿,用于介绍公司产品、展示自己工作成果等。用户不仅可以在投影仪或者计算机上进行演示,还可以将演示文稿打印出来,制作成胶片,以便应用于更广泛的领域。

WPS 演示文稿将"轻办公、云办公"的理念体现得更加到位,丰富的在线模板和各种素材,让演示文稿的制作变得更加容易,文件在线存储让用户可以随时随地在计算机、手机、平板电脑多平台切换操作。

WPS 演示文稿主要可以应用于以下几类工作场景:

(1)展示类:自动播放,自动循环,可用于在展会宣传公司产品。

(2)交互类:用户操作,随意跳转,可用于展示各类工作汇报。

(3)顺序类:顺序演示,条理清晰,可用于各类学术、科普讲座。

学习 WPS 演示文稿前,必须澄清两个基本概念,即演示文稿和幻灯片。

(1)演示文稿

使用 WPS 演示文稿生成的文件称为演示文稿,扩展名为.dps,也可保存为.ppt、.ppts 格式,与微软的 PowerPoint 兼容。一个演示文稿由若干张幻灯片及相关联的备注和演示大纲等内容组成。

(2)幻灯片

幻灯片是演示文稿的组成部分,演示文稿中的每一页就是一张幻灯片。幻灯片由标题、文本、图形、图像、剪贴画、声音以及图表等多个对象组成。

子任务 3-1-1　启动和退出 WPS 演示文稿

1. 启动 WPS 演示文稿

WPS 演示文稿的启动方法主要有如下三种:

方法 1:单击"开始"按钮,或者按键盘的"开始"按键,打开"开始"菜单,单击 WPS Office,启动 WPS Office 应用程序,通过单击左侧"新建"菜单,或按"Ctrl+N"快捷键新建演示文稿,这样就启动了 WPS 演示文稿,启动窗口如图 3-1 所示。在启动界面既可以新建一个空白的演示文稿,也可以选择丰富的在线模板来新建一个演示文稿。

方法 2:若桌面上有 WPS Office 的快捷图标,则双击该图标即可启动 WPS Office。

方法 3:打开任意一个 WPS 演示文档即可打开。

使用方法 1 和方法 2,在 WPS 演示文稿界面,单击"新建空白文档",WPS 自动生成一个

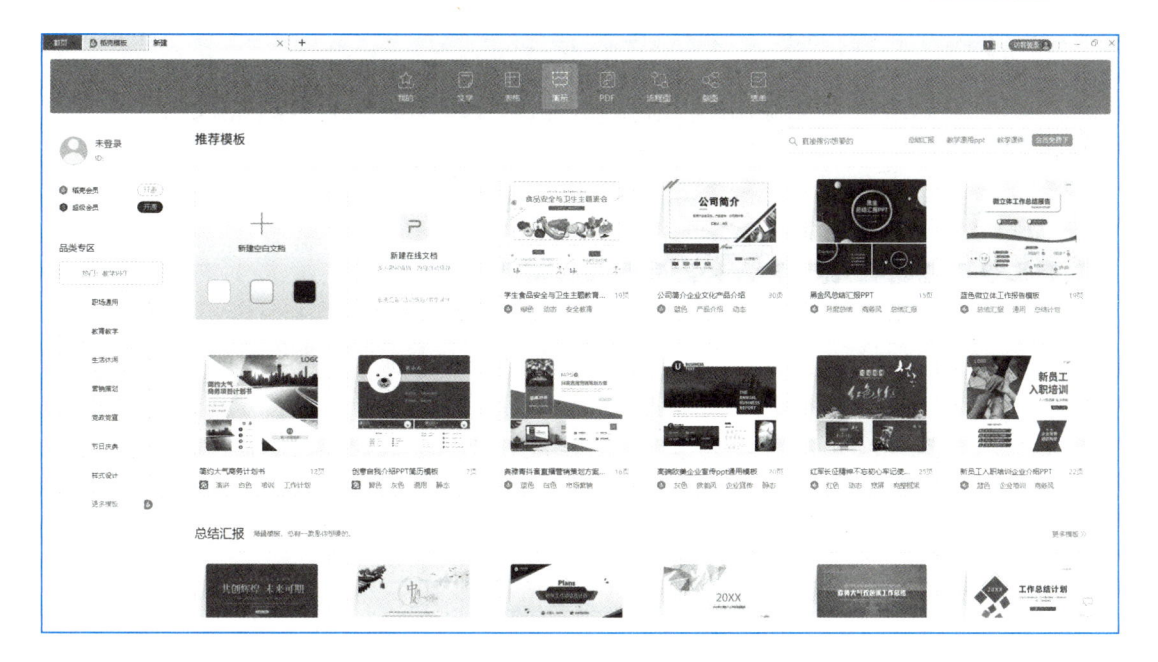

图 3-1　WPS 演示文稿启动窗口

名为"演示文稿1"的空白演示文稿,如图 3-2 所示。使用方法 3 将打开已存在的演示文稿,单击"文件"菜单也可以新建一个空白演示文稿。

图 3-2　空白演示文稿

2. 退出 WPS 演示文稿

退出 WPS 演示文稿的常用方法主要有三种:

方法 1:单击 WPS 演示文稿窗口标题栏最右边的"关闭"✕按钮。

方法 2:选择"文件"菜单中的"退出"命令。

方法 3:按"Ctrl＋W"快捷键。

注意：退出 WPS 演示文稿时，对当前正在运行而没有被保存的演示文稿，系统会弹出"是否保存对演示文稿的更改"提示框，用户可根据需要选择是否保存文件。

子任务 3-1-2 认识 WPS 演示文稿的工作窗口

WPS 演示文稿拥有典型的 Windows 窗口风格，其功能是通过窗口实现的，启动 WPS 演示文稿即打开演示文稿应用程序工作窗口，如图 3-3 所示。工作窗口由标题栏、文件菜单、快速访问工具栏、选项卡、功能区、幻灯片缩略图窗格、幻灯片编辑窗格、状态栏、视图按钮、缩放按钮、备注窗格等部分组成。

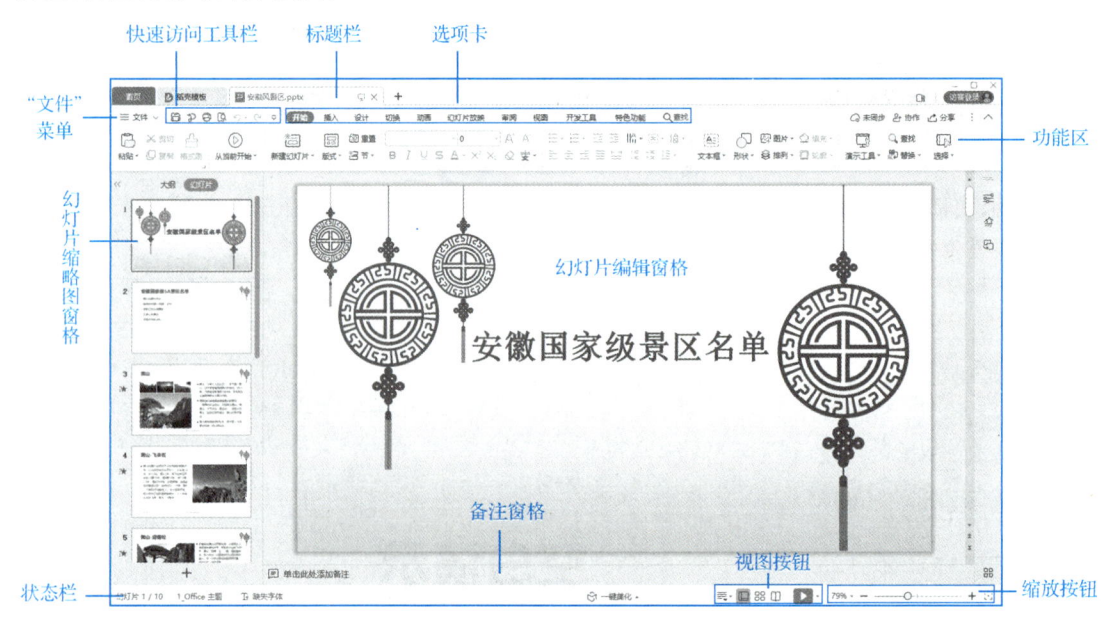

图 3-3 WPS 演示文稿工作窗口

1. 标题栏

标题栏位于窗口的最上方，显示当前演示文稿的文件名，右侧有"访客登录"、"最小化"、"最大化"和"关闭"等命令按钮。

2. 快速访问工具栏

快速访问工具栏位于窗口的左上角，通常以图标形式存在，主要有"保存"、"输出为 PDF"、"打印"、"打印预览"、"撤销"、"恢复"和"自定义快速访问工具栏"等按钮组成，便于快速访问。用户可以根据使用习惯，通过单击"自定义快速访问工具栏"按钮，打开下拉菜单，添加或删除快速访问工具栏中的命令按钮。

微课：WPS演示文稿的工作窗口

3. 选项卡

WPS 演示文稿的选项卡位于标题栏的下方，通常有"开始"、"插入"、"设计"、"切换"、"动画"、"幻灯片放映"、"审阅"、"视图"、"开发工具"和"特色功能"等不同类别的选项卡，每个选项卡下含有多个选项组,根据操作对象的不同,还可能增加相应的选项卡。

4. 功能区

功能区位于选项卡的下方,当选中某个选项卡时,其对应的多个选项组出现在其下方,每个选项组内有若干个命令。例如,"开始"选项卡,其功能区包含"剪贴板"、"新建幻灯片"、"字体"、"段落"和"设置形状格式"等选项组。

5. 工作区域

WPS演示文稿的工作区域分为三个窗格,依次为幻灯片缩略图窗格、幻灯片编辑窗格和备注窗格。若操作的文稿在工作区中显示时超过相应的窗格,滚动条会自动显示出来。滚动条有两个,即位于窗格右边的垂直滚动条和位于窗格底边的水平滚动条。拖动滚动栏上的滚动块或单击滚动栏两端的箭头可以显示隐藏起来的部分。

6. 状态栏

状态栏位于窗口底部左侧,在不同的视图模式下显示的内容略有不同,主要显示当前幻灯片编号、主题名称等信息。

7. 视图按钮

视图按钮位于状态栏的右侧,它提供了演示文稿的不同显示方式,共有"普通视图"、"幻灯片浏览"、"阅读视图"和"幻灯片放映"四个按钮,单击某个按钮就可以切换到相应的视图。

8. 缩放按钮

缩放按钮位于视图按钮的右侧,单击"缩放级别"按钮可以打开"缩放级别"列表,如图3-4所示,可以在列表中选择或输入幻灯片的显示比例,拖动其右侧的滑块也可以调节显示比例。

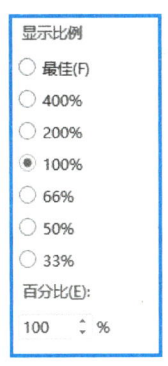

图3-4 "缩放级别"列表

子任务3-1-3 设置WPS演示文稿的视图方式

WPS演示文稿有四种主要视图:普通视图、幻灯片浏览视图、备注页视图和阅读视图,每种视图各有特点,适用于不同的场合。

打开一个演示文稿,WPS演示文稿窗口右下角有视图按钮。单击相应的按钮,可以在不同的视图之间进行切换。也可以通过选择"视图"选项卡中的命令按钮,如图3-5所示,将演示文稿切换到不同的视图。

图3-5 "视图"选项卡视图切换命令

1. 普通视图

普通视图是最常用的视图,也是WPS演示文稿的默认视图模式,可用于撰写或设计演示文稿。该视图有三个工作区域:左侧为幻灯片缩略图窗格,可通过缩略图窗格上方的选项卡在常用"幻灯片"视图和"大纲"视图之间切换;右侧为幻灯片编辑窗格,以大视图显示和编辑当前幻灯片;底部为备注窗格。如图 3-6 所示。

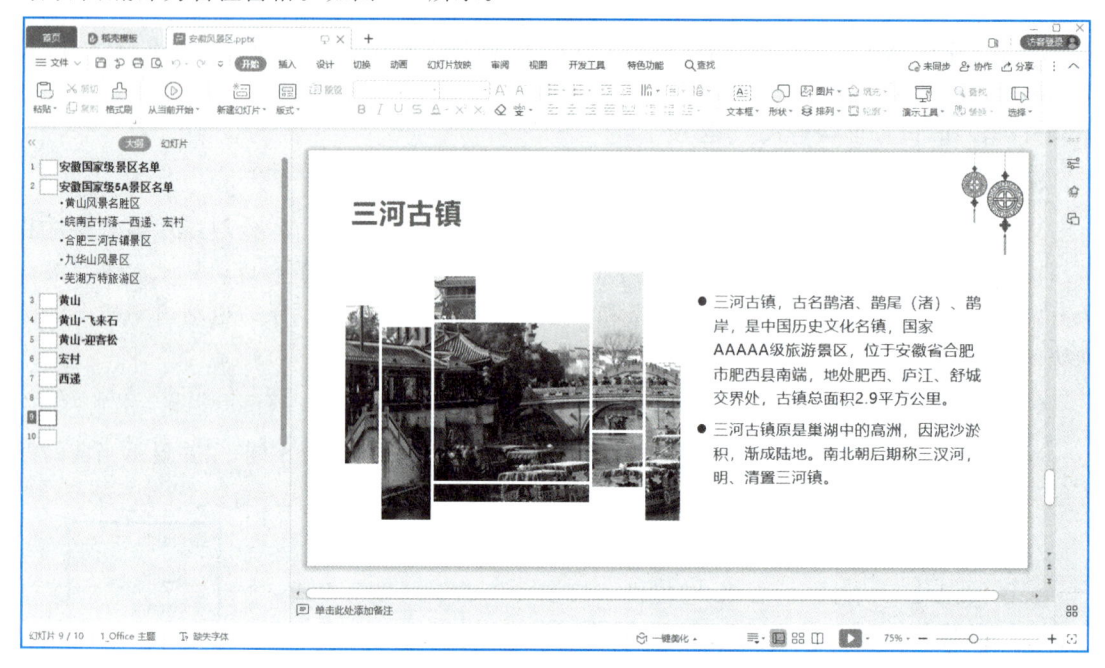

图 3-6 "普通视图"下的"大纲"视图

(1)"大纲"视图

"大纲"视图主要用来组织和编辑演示文稿中的文本,在普通视图中较少使用。

(2)"幻灯片"视图

"幻灯片"视图以缩略图的形式在演示文稿中观看幻灯片。使用缩略图能更方便地通过演示文稿导航并观看设计更改的效果。也可以重新排列、添加或删除幻灯片。如图 3-3 所示。

微课:
WPS演示文稿的视图方式

(3)幻灯片编辑窗格

幻灯片编辑窗格可以观看幻灯片的静态效果,在幻灯片上添加和编辑各种对象,如文本、图片、表格、图表、绘图对象、文本框、电影、声音、超链接和动画等。

(4)备注窗格

备注窗格添加与每个幻灯片的内容相关的备注或说明。

在普通视图中通过拖动窗格边框可以调整不同窗格的大小。

2. 幻灯片浏览视图

在幻灯片浏览视图中,可以在屏幕上看到演示文稿中的所有幻灯片。这些幻灯片是以缩略图的形式显示的,如图 3-7 所示。在该视图方式下,可以对幻灯片进行编辑操作,如复制、删除、移动和插入幻灯片等,并能预览幻灯片切换、动画和排练时间等效果,但是不能单独对幻灯片上的对象进行编辑操作。

图 3-7　幻灯片浏览视图

3. 备注页视图

备注页视图与其他视图不同的是在显示幻灯片的同时在其下方显示备注页,用户可以输入或编辑备注页的内容,在该视图模式下,备注页上方显示的是当前幻灯片的内容缩览图,用户无法对幻灯片的内容进行编辑,下方的备注页为占位符,用户可向占位符中输入内容,为幻灯片添加备注信息。

4. 阅读视图

阅读视图可将演示文稿作为适应窗口大小的幻灯片放映观看,视图只保留幻灯片窗格、标题栏和状态栏,其他编辑功能被屏蔽,用于幻灯片制作完成后的简单放映预览,查看内容和幻灯片设置的动画和放映效果。

另外,还有一种视图方式即幻灯片放映视图,在幻灯片放映视图中,每张幻灯片会占据整个计算机屏幕。事实上,该视图模拟了对演示文稿进行真正幻灯放映的过程。在这种全屏幕视图中,用户可以看到图形、时间、影片、动画等元素,以及这些元素在实际放映中的真实切换效果。

任务 3-2　创建并保存演示文稿

在 WPS Office 2019 中创建一个演示文稿比较简单,它根据用户的不同需要,提供了多种新文稿的创建方式。常用的有"在线模板"和"新建空白演示"两种方式。

子任务 3-2-1　创建演示文稿

要创建演示文稿,先启动 WPS Office 2019,单击左侧"新建"菜单或标题栏上的"＋"号按钮,选择"演示"选项卡,打开如图 3-1 所示窗口。

1. 创建空演示文稿

在图 3-1 中单击"新建空白文档"按钮,即新建了一个包含一张标题幻灯片的空白演示文稿,如图 3-2 所示。

2. 利用在线模板创建演示文稿

在图 3-1 中可通过选择在线模板的方式创建演示文稿。在模板库中选择合适的模板,如图 3-8 所示,单击"免费使用"按钮,即以选中的在线模板新建了一个包含若干张幻灯片的演示文稿,如图 3-9 所示。

图 3-8　使用在线模板

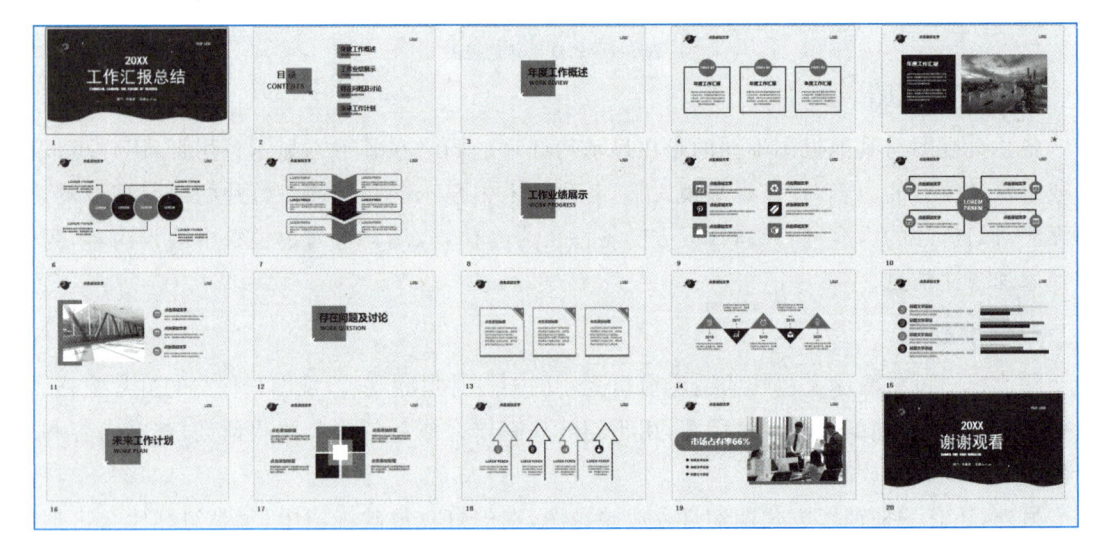

图 3-9　"样本模板"窗口

子任务 3-2-2　保存演示文稿

依次选择"文件"→"保存"或"另存为"菜单命令,保存文件或文件的副本。

1. 保存新演示文稿

对一个没有保存过的演示文稿的保存方法和步骤如下:

步骤 1　通过下列三种方法之一打开"另存文件"对话框,如图 3-10 所示。

方法 1:选择"文件"菜单→"保存"命令。

图 3-10 "另存文件"对话框

方法 2：单击快速访问工具栏中的"保存"按钮。

方法 3：按"Ctrl+S"快捷键。

步骤 2　选择保存位置，如"我的文档"，输入文件名。

步骤 3　选择保存类型，可以为"WPS 演示文件（*.dps）"，也可以为"Microsoft PowerPoint 文件（*.pptx）"类型，以便用微软的 Microsoft PowerPoint 打开演示文档。

步骤 4　单击"保存"按钮，完成保存工作。

2. 保存已有的演示文稿

打开一个演示文稿进行编辑后，可以直接单击快速访问工具栏中的"保存"按钮进行保存，原来的文件名和文件保存的位置不变。

如果希望保存一个副本，可以选择"文件"菜单→"另存为"命令，在弹出的"另存文件"对话框中选择保存位置和输入文件名后单击"保存"按钮，完成另存为操作。

任务 3-3　添加幻灯片的组成对象

子任务 3-3-1　添加新幻灯片

添加新幻灯片的方法如下：

方法 1：单击"开始"选项卡下的"新建幻灯片"按钮，即可增加一张空白幻灯片。

方法 2：在"普通视图"下，将鼠标定位在左侧的幻灯片缩略图窗格中，然后按 Enter 键，可以快速插入一张空白幻灯片。

方法 3：按"Ctrl＋M"快捷键，即可快速添加一张空白幻灯片。

子任务 3-3-2　添加文本对象

文本是演示文稿中的重要内容，几乎所有的幻灯片中都有文本内容。WPS 演示文稿中的文本有标题文本、项目列表和纯文本三种类型。其中，项目列表常用于列出纲要和要点等，每项内容前可以有一个可选的符号作为标记。

1. 输入文本

通常在普通视图下输入文本。操作步骤如下：

步骤 1　选中要输入文本的占位符，方法为单击该对象。

步骤 2　输入所需的文本。

步骤 3　完成文本输入后，单击占位符对象外任意位置。

输入标题时，只要在标题区域单击，然后直接从键盘输入相应的文本内容即可。

2. 选中文本

对文本进行各种操作的前提是先选中文本。选中文本可以通过鼠标拖动实现，也可以通过鼠标与 Shift 键的结合使用来实现。方法与 WPS 文档处理的操作完全相同，不再赘述。

3. 文本的相关操作

文本的插入、删除、复制、移动及查找/替换方法与 Windows 下的记事本和 WPS 文档处理等软件一样。插入时都要先将插入点移至插入位置后再输入；删除、复制、移动时要先选定文本，再利用"开始"选项卡中的"剪切板"选项组中的命令，或利用右键快捷菜单中的"剪切"、"复制"和"粘贴"命令来完成。

4. 文本的格式化

用户可以根据需要，对文本对象进行格式化。操作步骤如下：

步骤 1　在文本对象中，选定需要格式化的文本，使其显示文字底纹。

步骤 2　单击"开始"→"字体"对话框启动器，弹出如图 3-11 所示的"字体"对话框。

步骤 3　在"字体"对话框中即可设置选中字体的字体、字形、字号等格式，然后单击"确定"按钮。

此外，选中需要格式化的文字后，也可以在"文本工具"→"字体"选项组中，利用相关按钮进行文本格式化，如图 3-12 所示。

5. 插入文本框

一张幻灯片一般有两个文本对象：标题对象和项目列表文本对象，它们都属于文本框。如果希望在幻灯片的任意位置插入文字，则需要自己建立文本框来实现，操作步骤如下：

步骤 1　依次选择"插入"→"文本框"→"横向文本框"/"竖向文本框"命令。

步骤 2　移动光标至需要插入文本框的位置，按下鼠标左键，此时光标变成"＋"状，然后拉开一个框。

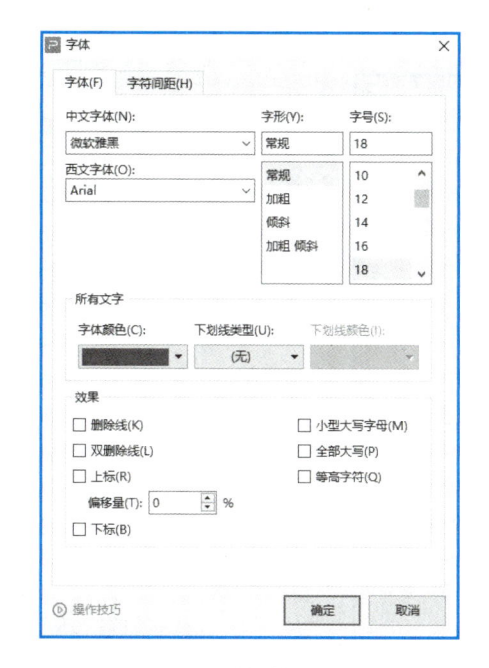

项目 3　WPS Office 2019 演示文稿制作

图 3-11　"字体"对话框

图 3-12　"文本工具"选项卡

步骤 3　释放鼠标左键,将在幻灯片中建立一个文本框,在文本框中可以添加文本。

子任务 3-3-3　插入图形、图片

就像漂亮的网页少不了亮丽的图片一样,一张精美的幻灯片也少不了生动多彩的图形、图像。在幻灯片中插入合适的图片,可使幻灯片的外形显得更加美观、生动,给人以赏心悦目的感觉。

1. 插入自选形状

以插入立方体为例,操作步骤如下:

步骤 1　依次单击"插入"→"形状"命令按钮,打开"形状"下拉列表,如图 3-13 所示。

步骤 2　单击"形状"下拉列表中的"基本形状"→"立方体"按钮,如图 3-13 所示。

步骤 3　此时鼠标显示为"+"状,在幻灯片中按住鼠标左键拖动,可以创建一个长方体的图形。若在拖动鼠标的同时,按住 Shift 键,将创建一个立方体图形。

步骤 4　在插入的图形对象右侧有一个快速工具栏,如图 3-14 所示,可快速设置形状样式、形状填充、形状轮廓等;或单击该立方体图形对象,将会出现该对象的"绘图工具"选项卡,如图 3-15 所示,在"设置形状格式"选项组中,可能利用"填充"、"格式刷"、"轮廓"和"形状效

果"来设置自选图形的格式。

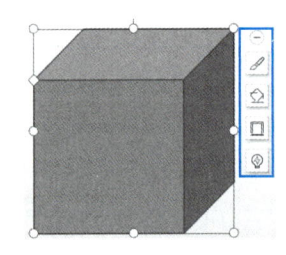

图 3-13 "形状"下拉列表　　　　图 3-14 "形状"快捷工具栏

"插入形状"选项组　　"设置形状格式"选项组　　"排列"选项组　　"大小"选项组

图 3-15 "绘图工具"选项卡

2. 插入图片

插入本地图片的操作步骤如下：

步骤 1　依次选择"插入"→"图片"命令按钮，打开如图 3-16 所示下拉列表，选择"本地图片"，然后弹出"插入图片"对话框，如图 3-17 所示。

步骤 2　选择图片，单击"打开"按钮。

步骤 3　在图片插入幻灯片的同时，单击选中该图片，会弹出"图片工具"选项卡，如图 3-18 所示，可根据需要设置图片的效果、边框、大小等。如需要设置图片阴影，则可以单击"图片效果"命令按钮，在弹出的下拉列表中选择合适的效果，如图 3-19 所示。

除了插入本机图片外，还有丰富的在线图片可供选择。单击"图片工具"→"插入图片"→"更多"，打开如图 3-20 所示"图片库"窗格，可以在图片的搜索栏中按照关键字进行搜索，并在搜索结果中选择合适的图片，选中后插入幻灯片。

图 3-16 "图片"下拉列表

图 3-17 "插入图片"对话框

图 3-18 "图片工具"选项卡

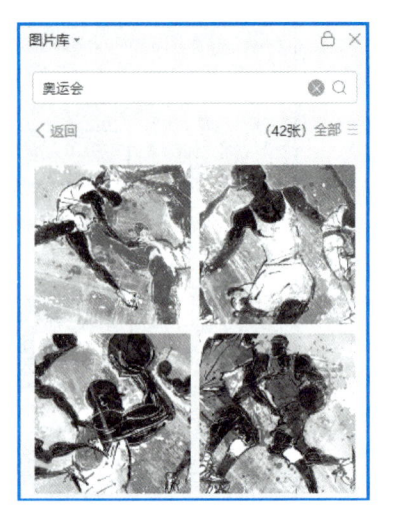

图 3-19 "图片效果"下拉　　图 3-20 搜索在线图片

> **注意**：必须先选中图片，"图片工具"选项卡才会出现。

3. 插入艺术字

插入艺术字的操作步骤如下：

步骤 1　依次单击"插入"→"艺术字"命令按钮，弹出如图 3-21 所示的"预设样式"列表框。

图 3-21　"预设样式"列表框

步骤 2　选择一种内置或者在线艺术字样式，此时在幻灯片上即出现"请在此处输入文字"的文本框。

项目 3　WPS Office 2019 演示文稿制作

步骤 3　在"请在此处输入文字"文本框中输入文字内容即可。

步骤 4　在输入文字的右侧也会出现一个快速工具栏,可以设置文字的形状、填充、轮廓等。如图 3-22 所示。

图 3-22　插入艺术字

> **注意**:艺术字的编辑与 WPS 文字处理中艺术字的编辑类似,不再赘述。

子任务 3-3-4　插入表格和图表

1. 插入表格

插入表格的操作步骤如下:

步骤 1　打开要插入表格的幻灯片。

步骤 2　单击"插入"→"表格"命令按钮,可以用鼠标拖动的方式,快速选择若干行列,然后单击鼠标左键,即可快速插入表格,如图 3-23 所示。

步骤 3　在图 3-23 中,也可以选择"插入表格"命令,弹出如图 3-24 所示的"插入表格"对话框,输入行列数,单击"确定"按钮,可以插入设定行列数的表格。

图 3-23　快速插入表格　　　　图 3-24　"插入表格"对话框

> **注意**：一般情况下，表格的编辑功能并不是很强大，仅可以对字体和表格的外观做简单的调整。

2. 插入图表

插入图表的操作步骤如下：

步骤 1 打开要插入图表的幻灯片。

步骤 2 单击"插入"→"图表"按钮，系统自动弹出如图 3-25 所示的"插入图表"对话框。

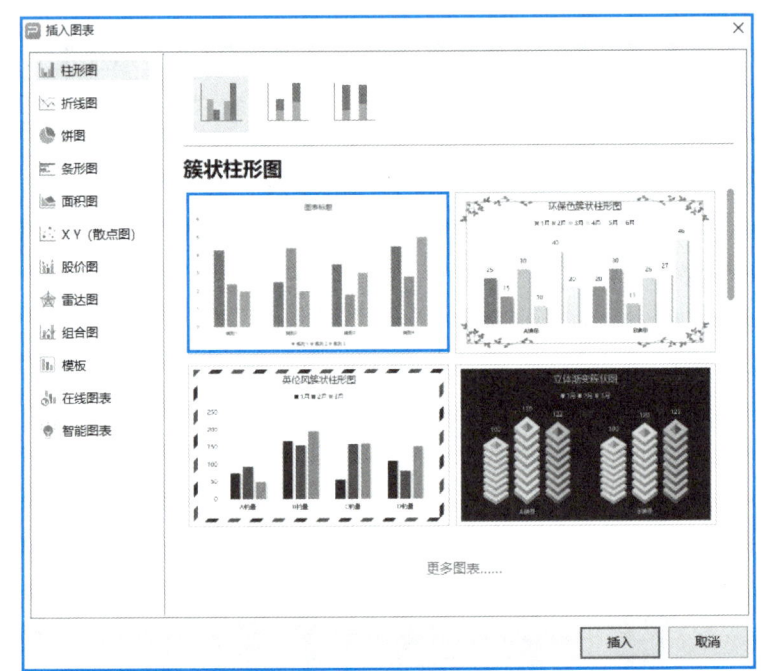

微课：
插入图表

图 3-25 "插入图表"对话框

步骤 3 选择"图表类型"，如选择"簇状柱形图"第 1 个图集，单击"插入"按钮，系统自动出现如图 3-26 所示图表。

步骤 4 在图 3-26 窗口中，选中图表，单击"图表工具"选项卡→"编辑数据"按钮，打开图表的数据源编辑窗口，为 WPS 表格编辑环境，在 WPS 表格中即可修改数据，WPS 演示文稿中的图表也会随之发生改变。

子任务 3-3-5　插入声音对象

为演示文稿配上声音，可以增强演示文稿的播放效果。具体操作步骤如下：

步骤 1 依次选择"插入"→"音频"命令中的"嵌入音频"，如图 3-27 所示；弹出"插入音频"对话框，如图 3-28 所示。

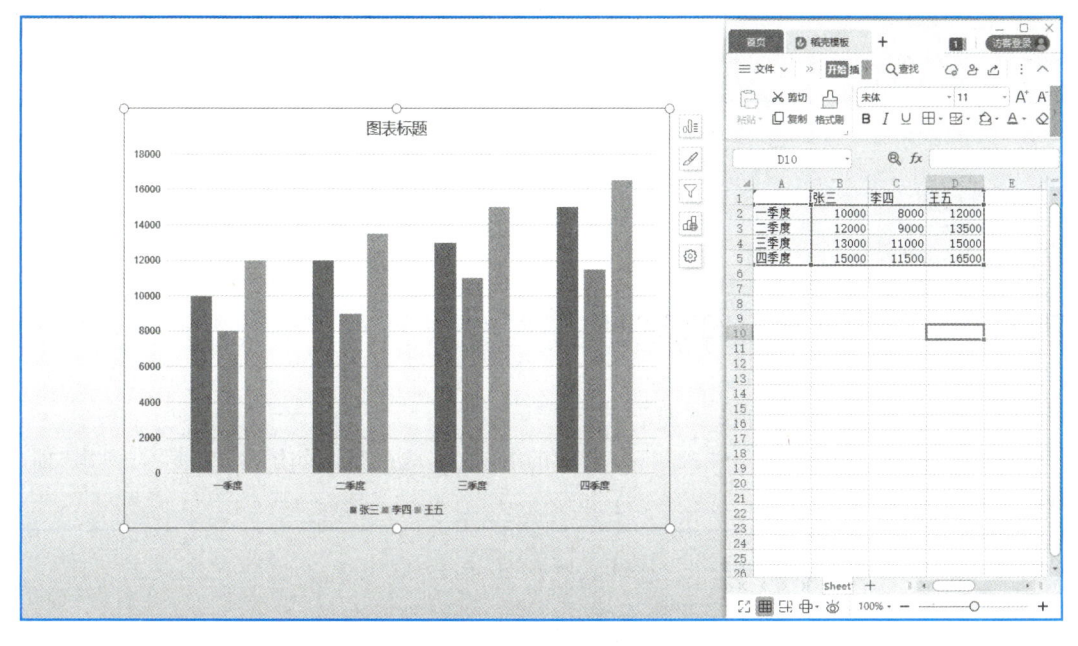

项目 3　WPS Office 2019 演示文稿制作

图 3-26　编辑幻灯片中图表数据

图 3-27　"嵌入音频"命令

图 3-28　"插入音频"对话框

步骤 2　定位到需要插入的音频文件所在的文件夹,选中相应的音频文件,然后单击"打开"按钮。

步骤 3　插入音频文件后,会在幻灯片中显示一个小喇叭图标,如图 3-29 所示。在幻灯片放映时,通常会显示在画面中,为了不影响播放效果,通常将该图标移到幻灯片边缘处。

图 3-29　幻灯片中的音频

步骤 4　插入音频文件后,还可以对音频文件进行编辑。选中音频文件,打开"音频工具"选项卡,可以在其中设置音频的音量、裁剪音频、设置自动播放、单击播放、循环播放等,如图 3-30 所示。

信息技术基础（WPS 版）

图 3-30 "音频工具"选项卡

> **注意**：演示文稿支持 .mp3、.wav、.mid 等 15 种格式的音频文件。

子任务 3-3-6　插入视频对象

插入视频对象的具体操作步骤如下：

步骤 1　依次选择"插入"→"视频"命令中的"嵌入本地视频"，如图 3-31 所示；弹出"插入视频"对话框，如图 3-32 所示。

图 3-31　"嵌入本地视频"命令　　　　图 3-32　"插入视频"对话框

步骤 2　定位到本地视频文件所在的文件夹，选中相应的视频文件，单击"打开"按钮，即可将视频文件插入当前幻灯片中。

步骤 3　默认插入的视频大小占满整个幻灯片，可单击视频，拖动视频四周的调节点调整视频大小，如图 3-33 所示。

图 3-33　幻灯片中的视频

> 注意：WPS演示文稿支持.mp4、.avi、.flv等32种格式的视频文件。

任务 3-4　设计幻灯片

子任务 3-4-1　使用一键美化

WPS演示文稿一键美化功能又称墨匣功能，是WPS演示文稿设计的黑科技，可以根据幻灯片的内容进行智能识别与设计，将常用的文字、图片、表格等幻灯片对象进行智能排版与匹配，有效地提高幻灯片设计的效率。"一键美化"按钮位于幻灯片编辑窗口正下方的状态栏上，主要可以针对以下几类幻灯片进行设计。

1. 图形表达

幻灯片里文字一条一条进行罗列，看起来比较单调枯燥，没有特色，提不起观看演示文稿的兴趣，使用"一键美化"功能美化幻灯片，可以将枯燥的文字以图形的形式展现出来，迅速提升幻灯片的观赏性和可读性，使用方法如下：

步骤 1　选中需要一键美化的幻灯片。

步骤 2　单击幻灯片底部的"一键美化"按钮，WPS进行自动排版，从中选择一个合适的排版样式，如图3-34所示，单击后原幻灯片被新的排版样式所代替，美化后的效果如图3-35所示。

图 3-34　一键美化图形表达

图 3-35　美化后的图形表达

2. 图片拼图

幻灯片里存在多张图片时,图片排版的位置不当容易影响幻灯片的美观效果,采用"一键美化"功能,可以将图片进行自动排版,转化为拼图,并可以对拼图样式、图片顺序进行调整,使用方法如下:

步骤1　选中包含图片并需要一键美化的幻灯片。

步骤2　单击幻灯片底部的"一键美化"按钮,WPS自动对图片进行拼图处理,从中选择一个合适的拼图样式,如图 3-36 所示,单击后原幻灯片被新的排版样式所代替,美化后的效果如图 3-37 所示。

图 3-36　一键美化图片拼图

3. 表格美化

在幻灯片中直接插入的表格样式不够美观,采用一键美化功能,可以根据表格的内容自动调整表格行高、列宽,套用样式进行表格美化,调整后的表格兼具美观性和可读性。

步骤1　选中包含表格的幻灯片。

步骤2　单击幻灯片底部的"一键美化"按钮,WPS自动对表格进行美化处理,从中选择

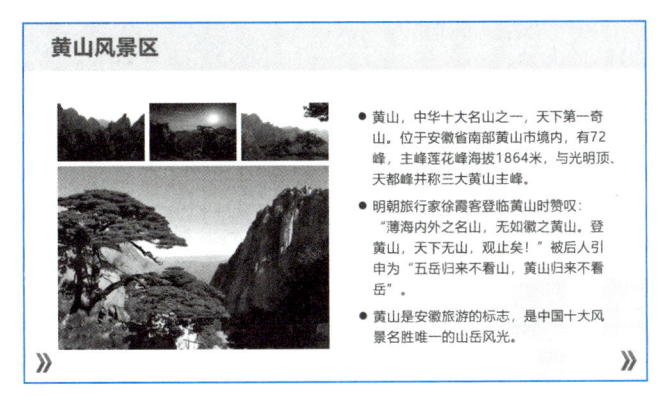

图 3-37　美化后的图片拼图

一个合适的表格样式,如图 3-38 所示。单击后原幻灯片被新的排版样式所代替,美化后的效果如图 3-39 所示。

图 3-38　一键美化表格

图 3-39　美化后的表格

4. 创意裁剪

幻灯片中用图片来说明、装饰文字是常用的方法,但文字旁边的图片一般都是方方正正、稍显单调,一键美化提供了创意裁剪特效,可以自动对图片进行裁剪,产生各种有创意的效果。

步骤1 选中包含图片的幻灯片。

步骤2 单击幻灯片底部的"一键美化"按钮,在下方弹出"一键美化"面板,选择"创意裁剪",WPS自动对图片进行美化处理,从中选择一个合适的裁剪样式,如图3-40所示,单击后视频被新的视频版式所代替,美化后的效果如图3-41所示。

图3-40 一键美化创意裁剪

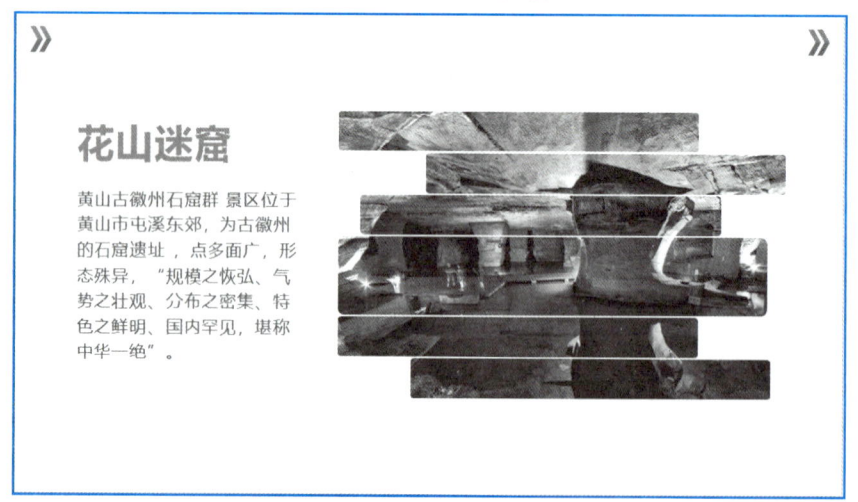

图3-41 创意裁剪后效果

5. 视频排版

一键美化能自动识别页面上的视频，并可以自动为其添加播放容器图片，如笔记本电脑、平板电脑、手机、卷轴等效果，让视频播放显得更加生动。

步骤1 选中包含视频的幻灯片。

步骤2 单击幻灯片底部的"一键美化"按钮，从中选择一个合适的视频版式，如图3-42所示，单击后视频被新的视频版式所代替，美化后的效果如图3-43所示。

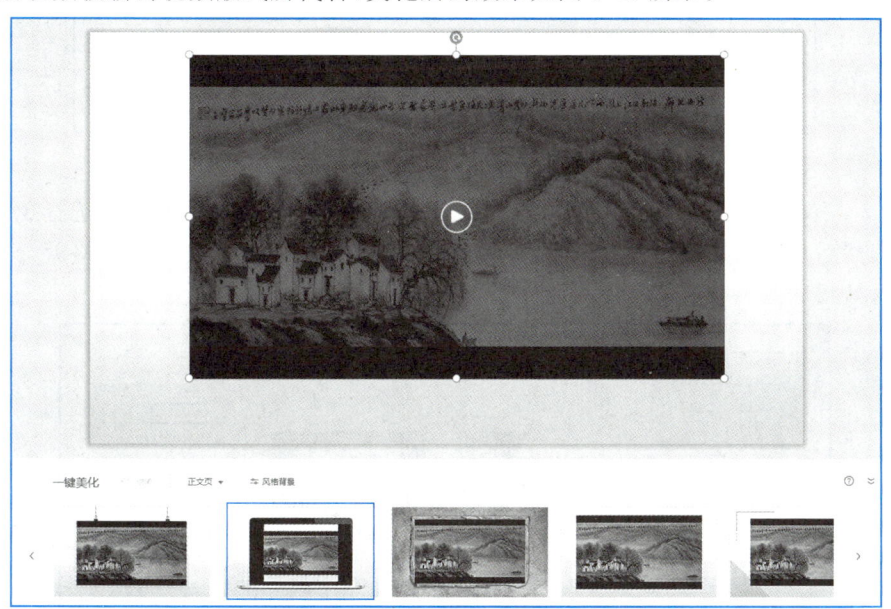

图 3-42 一键美化视频排版

图 3-43 视频排版美化后效果

子任务 3-4-2　使用设计方案设计幻灯片

WPS提供了在线设计方案，设计方案是包含字体样式、背景图颜色、装饰花纹等一系列风格的综合应用。使用在线设计方案可以提高制作演示文稿的效率。设计方案应用于以下两种场合：

1. 新建演示文稿的设计方案

针对新建的演示文稿可以先选择设计方案，然后再在新建的幻灯片中输入内容，这些内容都会按照设计方案来排版、配色。操作步骤如下：

步骤1 新建演示文稿，单击"设计"→"更多设计"按钮，如图3-44所示。

图3-44 "更多设计"按钮

步骤2 弹出"在线设计方案"对话框，如图3-45所示。在此对话框右侧选择免费专区和颜色风格，然后从中选择一个设计方案，应用选中的风格，新建演示文稿的风格就会被新的风格所代替，效果如图3-46所示。

图3-45 选择在线设计方案

图3-46 应用效果

2. 已有的演示文稿使用设计方案

针对已经存在的演示文稿，如果对其设计方案不满意，可以重新选择设计方案，整体更换设计方案的操作步骤与新建演示文稿时选择设计方案一样，也是通过"设计"选项卡选择在线设计方案来实现的。如果只想改变某一张幻灯片的设计样式，可以采用如下操作步骤：

步骤 1　选中需要修改设计版式的幻灯片。

步骤 2　右键单击，在弹出的快捷菜单中选择"幻灯片版式"，在弹出的列表中选择一个合适的设计版式，如"内容"，如图 3-47 所示。

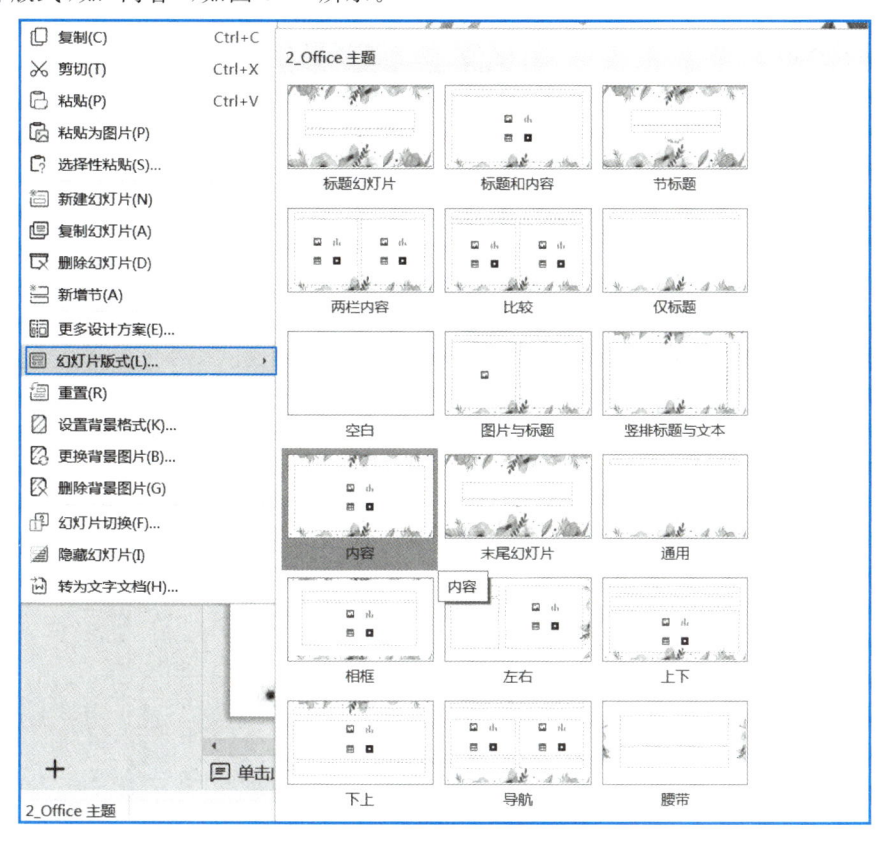

图 3-47　幻灯片快捷菜单

步骤 3　选择版式后，当前幻灯片就应用了此版式，在原来的幻灯片上添加了背景图，更改前后的效果如图 3-48、图 3-49 所示。

子任务 3-4-3　使用配色方案设计幻灯片

配色方案可以从整体上修改演示文稿的主题配色，包括背景色、字体颜色、表格颜色等都会跟随配色方案的选择而发生变化。配色方案的使用步骤如下：

步骤 1　打开需要修改配色方案的演示文稿。

步骤 2　单击"设计"→"配色方案"命令按钮，打开"配色方案"下拉列表，如图 3-50 所示。选择不同的配色方案，演示文稿的背景色、字体颜色、表格颜色都会发生相应的变化。选择"波形"和"活力"配色方案的效果分别如图 3-51、图 3-52 所示。

图 3-48 选择版式前幻灯片

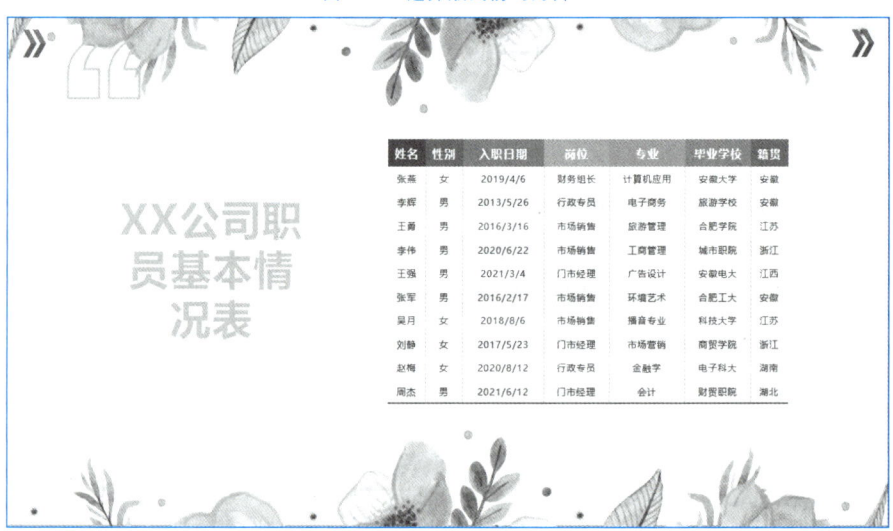

图 3-49 选择版式后效果

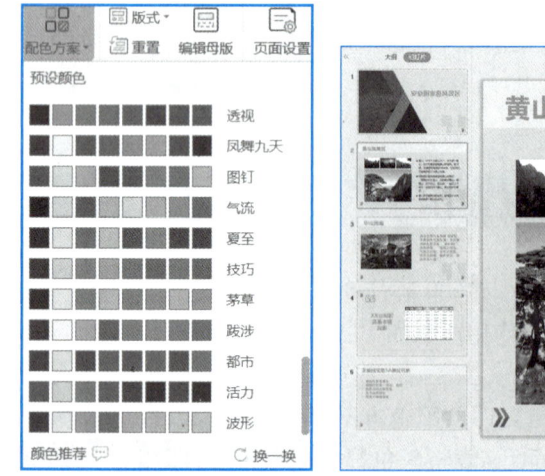

图 3-50 "配色方案"下拉列表

图 3-51 "波形"配色方案

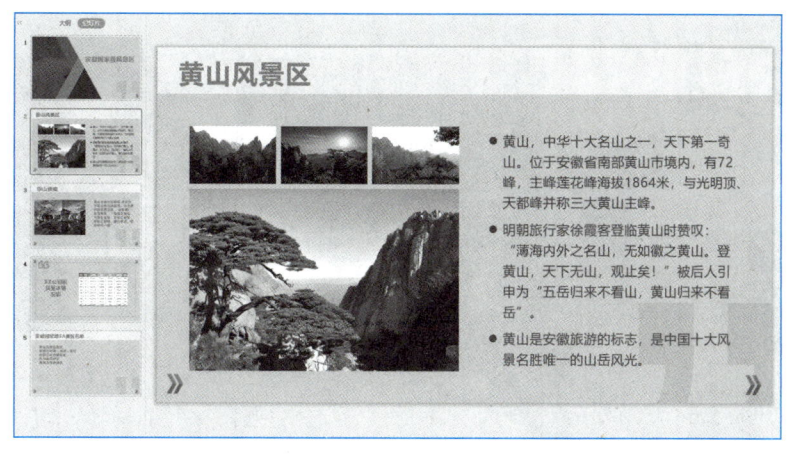

图 3-52 "活力"配色方案

子任务 3-4-4　使用魔法功能设计幻灯片

WPS 演示文稿的魔法功能是系统根据幻灯片的内容自动对设计方案进行随机更换,不用自己去选择设计方案,如果不满意可以一直单击"魔法"按钮,直到满意为止。魔法功能的使用步骤如下:

步骤 1　打开演示文稿。

步骤 2　单击"设计"→"魔法"按钮,如图 3-53 所示。系统此时会自动进行幻灯片设计,形成一整套的设计方案,使用魔法功能前、后的效果分别如图 3-54、图 3-55 所示。

图 3-53 "魔法"按钮

图 3-54 使用"魔法"功能前

图 3-55　使用"魔法"功能后

子任务 3-4-5　制作幻灯片母版

母版是一类特殊的幻灯片,可以控制整个演示文稿的外观,包括颜色、字体、背景、效果等内容。母版为幻灯片设置统一的风格,对母版的任何设置都将影响到每一张幻灯片,而且在普通视图中无法编辑或删除幻灯片上的元素。例如,希望每张幻灯片上的同样位置都出现同样的元素对象,则利用母版可以实现。WPS 演示文稿有三种主要的母版:幻灯片母版、讲义母版和备注母版。

微课:
幻灯片母版

1. 幻灯片母版

幻灯片母版是存储模板信息的幻灯片,它包括字形、占位符大小和位置、背景设计和配色方案。其目的是使用户进行全局更改,并使此更改应用到演示文稿的所有幻灯片中。

依次单击"视图"→"幻灯片母版"按钮,打开"幻灯片母版"视图,如图 3-56 所示。

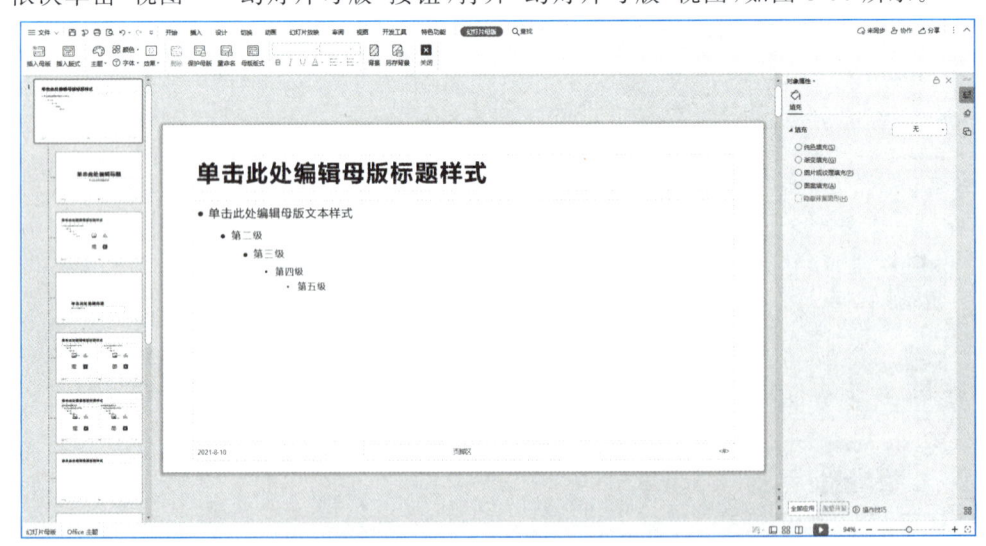

图 3-56　"幻灯片母版"视图

如果想给每一张幻灯片都增加一张背景图片,可以按照以下步骤操作:

步骤1 首先在图 3-56 中选中第一张母版,然后在右侧的"对象属性"窗格中选择"图片或纹理填充",然后选择一个本地图片作为背景图片,并且把透明度调成 75%,如图 3-57 所示。

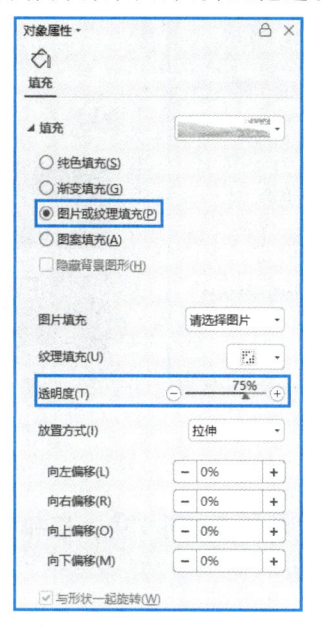

图 3-57 对象属性设置

步骤2 单击"幻灯片母版"选项卡中的"关闭"按钮,完成母版的设置,可以看到在母版中设置的背景图片在每一张幻灯片中都出现,如图 3-58 所示。

图 3-58 "幻灯片母版"设置背景图片

幻灯片母版中有五个占位符,分别是"母版标题样式"、"母版文本样式"、"日期区"、"页脚区"和"数字区"。在幻灯片母版中选择相应的占位符就可以设置字符格式和段落格式等,保持所有幻灯片的统一风格。日期、页脚和页码的设置是在母版状态下选择"插入"选项卡,单击"页眉和页脚"按钮,在弹出的"页眉和页脚"对话框中进行,如图 3-59 所示。

进行相应的设置后单击"全部应用"按钮,即给所有幻灯片添加了统一的内容,如图 3-60 所示。

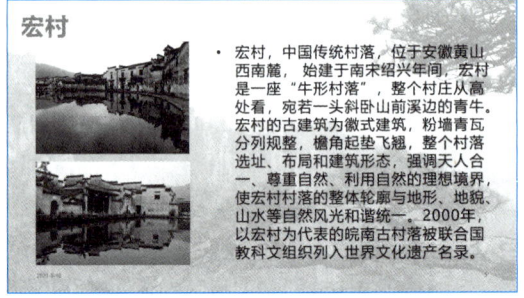

图 3-59 "页眉和页脚"对话框　　　　图 3-60 "幻灯片母版"设置页眉、页脚

2. 讲义母版

讲义母版用来格式化讲义。如果要更改讲义中页眉和页脚内文本、日期或页码的外观、位置和大小，这时就可以更改讲义母版。

3. 备注母版

备注可以充当演讲者的脚注，它提供现场演示时演讲者所能提供给听众的背景和细节情况。备注母版用来格式化备注页。

任务 3-5　设置幻灯片切换与动画效果

子任务 3-5-1　设置幻灯片切换效果

在演示文稿放映过程中由一张幻灯片进入另一张幻灯片的过程称为幻灯片之间的切换。幻灯片切换效果是在演示期间从一张幻灯片移到下一张幻灯片时在"幻灯片放映"视图中出现的动画效果。WSP演示文稿不但可以控制切换效果的速度、添加声音，而且可以对切换效果的属性进行自定义。

微课：
设置幻灯片切换方式

1. 设置幻灯片切换方式

幻灯片的切换方式有两种：手动换片和自动换片。手动切换是指在放映幻灯片时通过单击鼠标的方式来一张张地翻页、换片，自动换片是设置每一张幻灯片的播放时间，时间一到就自动切换到下一张幻灯片。设置幻灯片切换方式的操作步骤如下：

步骤 1　选中需要设置切换方式的幻灯片，选择"切换"选项卡，打开"切换"选项卡功能区。

步骤2 手动换片：勾选"单击鼠标时换片"，如图3-61所示，此时在放映幻灯片时，由播放者自行通过单击鼠标或者翻页笔来切换幻灯片。

自动换片：勾选"自动换片"，并设置时长，如图3-62所示，播放到此幻灯片时，停留5秒后就会自动切换到下一张幻灯片。

如果两者同时勾选，如图3-63所示，此时在设置的时长内单击鼠标则切换幻灯片，超过设置时长且未单击鼠标，则幻灯片自动换片。

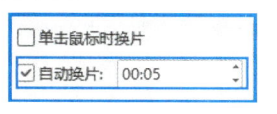

图 3-61　手动换片　　　图 3-62　自动换片　　　图 3-63　同时勾选

如果同时取消了两个复选框的选择，则在幻灯片放映时，只有在单击鼠标右键，在弹出的快捷菜单中选择"下一页"命令时才能切换幻灯片。

参数设置完毕以后，则自动将切换方式应用到选定的幻灯片上；单击"应用到全部"按钮，将切换方式应用到所有幻灯片上。

2. 设置幻灯片切换效果

设置了切换效果的幻灯片在放映的时候过渡更加自然。切换效果设置步骤如下：

步骤1　选中需要设置切换效果的幻灯片。

步骤2　选择"切换"选项卡，打开"切换"选项卡功能区，选择一种切换效果，如图3-64所示，此处选择了"轮辐"效果，同时还可以设置切换速度和声音，此处设置了速度为1秒，声音选择"风铃"。

步骤3　单击"效果选项"命令按钮，弹出下拉列表，如图3-65所示，不同的动画对应的效果选项内容也不同，此处选择轮辐的条数为8根。

步骤4　设置后播放幻灯片，切换效果如图3-66所示。

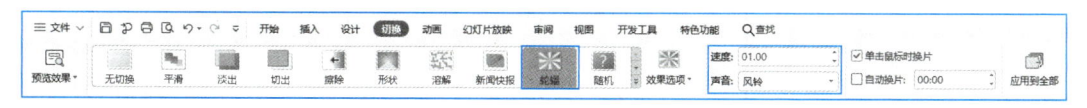

图 3-64　"切换"选项卡功能区

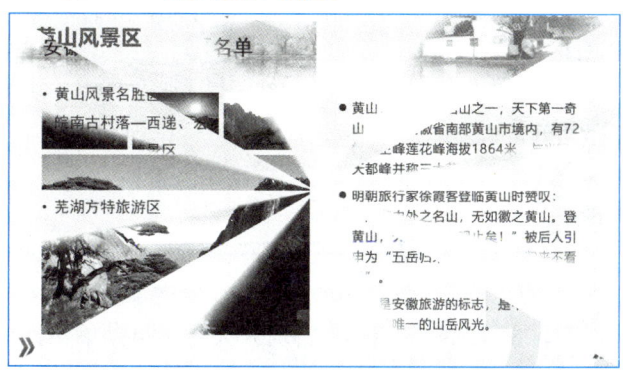

图 3-65　效果选项　　　图 3-66　设置后切换效果

同样的，切换效果也可以应用到所有幻灯片上，单击"应用到全部"按钮即可。

子任务 3-5-2　设置动画效果

WPS 演示文稿为用户提供了强大的动画设置功能。动画效果是指给幻灯片内对象，如文本对象、图片对象等添加特殊视觉效果，目的是突出重点，增加演示文稿的趣味性和吸引力。WPS 演示文稿的动画设计功能丰富且使用方便，所有动画设计功能都集成到"动画"选项卡的功能区中。

1. 动画基本操作

WPS 可以快速添加幻灯片对象的动画效果。具体操作步骤如下：

步骤 1　选中需要设置动画效果的对象。

步骤 2　选择"动画"选项卡，打开"动画"选项卡功能区，如图 3-67 所示。

图 3-67　"动画"选项卡功能区

步骤 3　在动画预览窗口中选择一种合适的动画效果，其将应用于所选对象。也可以单击动画预览窗口右下角箭头，打开动画分类窗口，如图 3-68 所示，可以看到进入、强调、退出、动作路径等几类动画，此处选择"放大/缩小"。

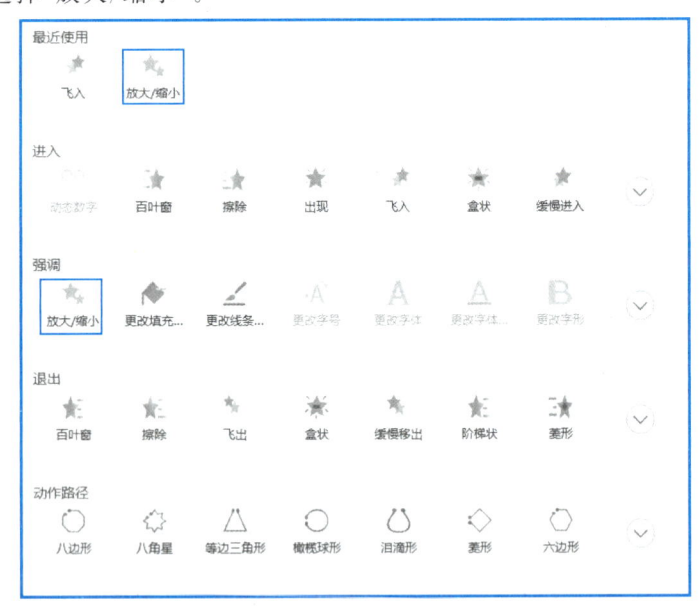

图 3-68　动画分类窗口

步骤 4　设置"放大/缩小"动画：实现放大后再自动缩小回原尺寸大小，单击图 3-67 的"自定义动画"按钮，打开如图 3-69 所示自定义动画窗格。右键单击动画，在弹出的快捷菜单中选择"效果选项"，打开"放大/缩小"对话框，勾选"自动翻转"，如图 3-70 所示。这样在播放"放大/缩小"动画的时候就可以实现放大再缩小的动画过程。

项目 3　WPS Office 2019 演示文稿制作

图 3-69　"自定义动画"窗格　　　　图 3-70　"放大/缩小"选项效果

2. 动画的分类

WPS 演示文稿提供了"进入"、"强调"、"退出"和"动作路径"等四类动画。

(1)"进入"类动画

"进入"类动画是指对象进入幻灯片的动画效果，可以实现多种对象从无到有、陆续展现的动画效果，主要包括出现、飞入、形状变化、螺旋飞入等动画。"进入"类动画又分几个小类：基本型、细微型、温和型、华丽型，一些动画只用于文字，不能用于图形、图片。单击如图 3-68 所示的"进入"动画右侧箭头，即可看到更多"进入"类动画，如图 3-71 所示。

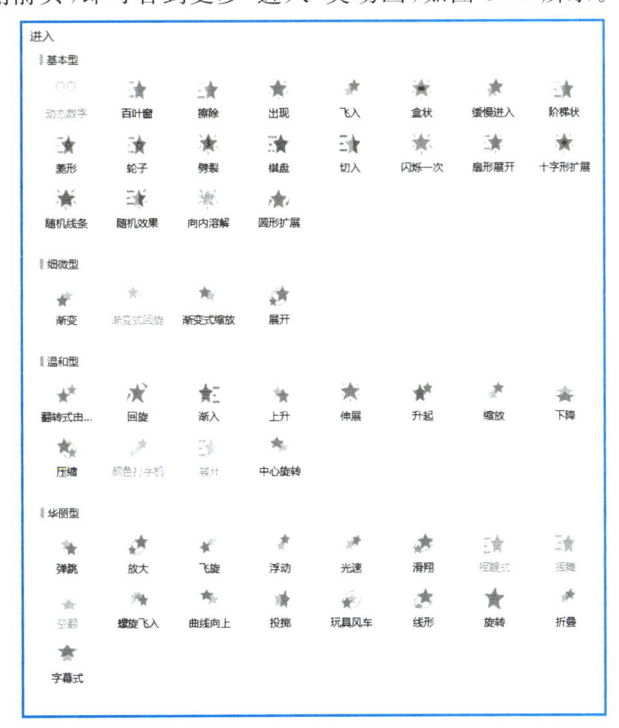

图 3-71　"进入"类动画

(2)"强调"类动画

"强调"类动画是指对象从初始状态变化到另一个状态,再回到初始状态的效果,对象已出现在幻灯片上,以动态的方式进行提醒,比如"放大/缩小"效果,常用在需要特别说明或强调突出的内容上。"强调"类动画分成几个小类:基本型、细微型、温和型、华丽型,一些动画只用于文字,不能用于图形、图片。单击如图 3-68 所示的"强调"动画右侧箭头,即可看到更多"强调"类动画,如图 3-72 所示。

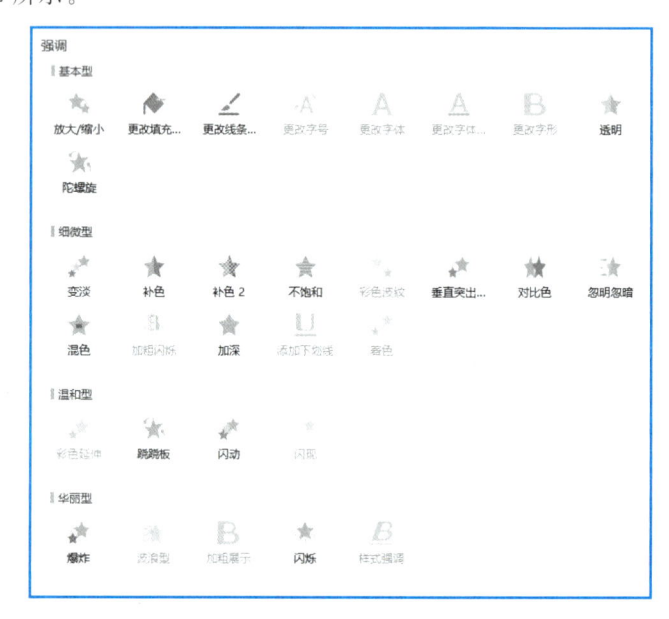

图 3-72 "强调"类动画

(3)"退出"类动画

"退出"类动画是指对象从有到无、逐渐消失的一种动画效果,主要包括消失、飞出、切出、向外溶解、层叠等。"退出"类动画分成几个小类:基本型、细微型、温和型、华丽型。"退出"类动画和"进入"类动画基本上一一对应,一些动画只用于文字,不能用于图形、图片。单击如图 3-68 所示的"退出"动画右侧箭头,即可看到更多"退出"类动画,如图 3-73 所示。

(4)"路径动作"类动画

"路径动作"类动画是让对象按照绘制的路径运动的一种高级动画效果,可以实现动画的灵活变化,有系统预定的路径("路径动作"动画),也可以自定义路径("绘制自定义路径"动画)。"路径动作"类动画分成几个小类:基本、直线和曲线、特殊、绘制自定义路径。路径动作动画中绿点为起点,红点为终点,路径可以锁定和解除锁定,编辑顶点和反转路径方向。单击如图 3-68 所示的"路径动作"动画右侧箭头,即可看到更多"路径动作"类动画,如图 3-74 所示,"绘制自定义路径"动画如图 3-75 所示。

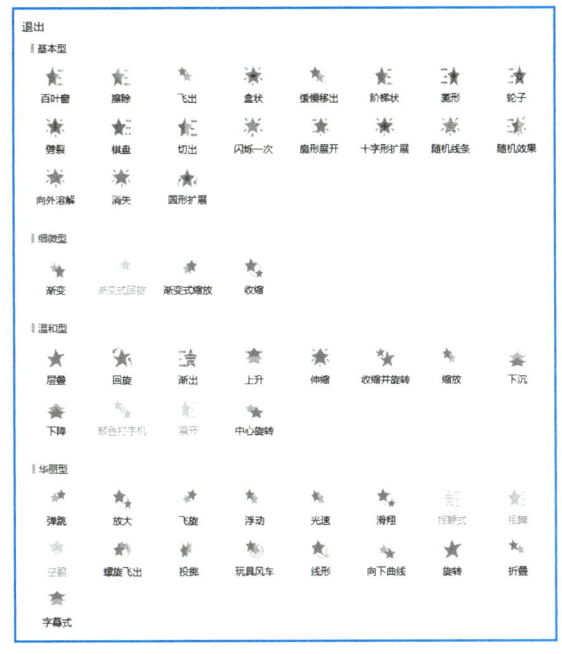

项目 3　WPS Office 2019 演示文稿制作　　161

图 3-73　"退出"类动画

图 3-74　"动作路径"类动画

图 3-75　"绘制定义路径"动画

3. 动画的排序

若幻灯片中的多个对象都添加了对象效果,可以在"自定义动画"窗格中看到这些动画的排序情况,动画将按照这样的排序顺序进行播放,也可以对动画进行重新排序,步骤如下:

步骤 1　打开需要重新进行动画排序的幻灯片。

步骤 2　单击"动画"→"自定义动画"按钮,打开如图 3-76 所示的"自定义动画"窗格,在窗格中可以查看已设动画的时序情况。

图 3-76　"自定义动画"窗格

步骤 3 在"自定义动画"窗格选定动画,单击"重新排序"右侧的向上、向下箭头按钮,或单击动画并拖动到相应的位置进行重新排序。

4. 动画的开始方式

幻灯片中对象的动画有以下几种打开方式:

单击时:鼠标单击时开始运行动画。

之前:与上一个动画同时开始播放动画。

之后:在上一个动画结束后开始播放动画。

在"自定义动画"窗格中可以对每个动画的开始方式进行设置,默认是"单击时",设置动画打开方式的步骤如下:

步骤 1 打开如图 3-76 所示的"自定义动画"窗格,选定一个图片动画。

步骤 2 在"开始"后的下拉列表中重新选择,如图 3-77 所示,此处选择了"之前",则此动画将与前一个文本框的动画同时进行播放。

步骤 3 同时还可以设置此动画的方向和速度,完成设置后,可通过单击"自定义动画"窗格底部的"播放"按钮来观看所设置的效果。

5. 智能动画

WPS 演示文稿可以根据幻灯片的内容智能地添加动画,大大提高了设计的效率。智能动画主要包括主题强调、逐项进入、逐项强调、逐项退出、触发强调等几类。使用智能动画时需要联网操作。使用步骤如下:

图 3-77 "自定义动画"开始方式

步骤 1 打开幻灯片,选中需要添加智能动画的对象,此处全选。

步骤 2 选择"动画"选项卡→"智能动画"命令,打开如图 3-78 所示的"智能动画"窗口。此处选择"猜你想要"下的"依次缩放飞入"。

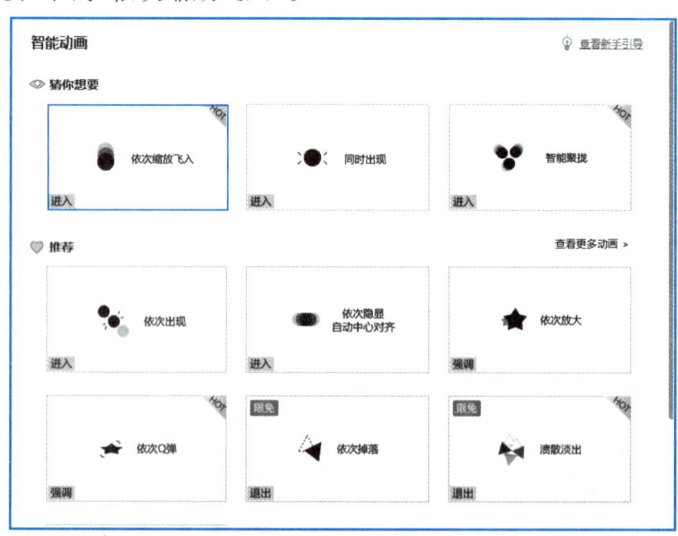

图 3-78 智能动画

步骤 3 打开"自定义动画"窗格,可以看到系统为我们添加了一系列动画,并进行了相应的设置,单击"播放"按钮可以观看智能动画效果。

项目 3　WPS Office 2019 演示文稿制作

6. 动态数字

WPS 演示可以把文本框中的数字设置成"动态数字"效果,可以设置数字动画的类型、调整数值、动画样式,使用步骤如下:

步骤 1　打开幻灯片,添加一个包含数字的文本框,选中此文本框。

步骤 2　选择"动画"选项卡,在动画预览的窗口中选择"动态数字"动画,鼠标单击,即可添加到刚才的数字文本框上。如图 3-79 所示。

图 3-79　动态数字

步骤 3　选中数字文本框,在文本框的下方有个动画快速工具栏,如图 3-80 所示,可以设置数字动画的动画类型、速度和样式,选择"动画"工具,即可打开右侧的"智能特性"窗格。此处我们可以选择动画类型,默认为数字"上升"类型,如图 3-81 所示

步骤 4　选择快速工具栏的"样式"工具,可以选择不同的样式,如图 3-82 所示,选择后观看效果如图 3-83 所示。

图 3-80　"动态数字"快速工具栏

图 3-81　"动态数字"动画类型　　图 3-82　"动态数字"动画样式　　图 3-83　"动态数字"最终效果

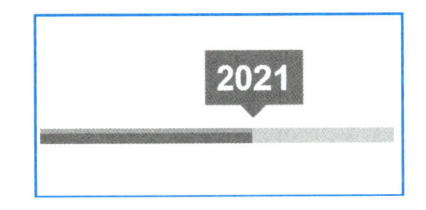

子任务 3-5-3　插入超链接

用户在演示文稿中可以通过超链接来实现从当前幻灯片跳转到某个特定的地方,如跳转到另一张幻灯片、另一个文件或某个网页。可以为任何对象创建超链接,如文本、图形和按钮等。如果图形中有文本,可以对图形和文本分别设置超链接。只有在演示文稿放映时,超链接才能被激活。

插入超链接的操作步骤如下:

步骤 1 在幻灯片视图中，选中幻灯片上要创建超链接的文本或对象。

步骤 2 依次单击"插入"→"超链接"按钮，弹出"插入超链接"对话框，如图 3-84 所示。

步骤 3 单击左边"原有文件或网页"按钮，再单击右侧"浏览"按钮，来选择不同的链接目标。也可以在地址框中输入超链接的网页地址。

步骤 4 单击左边"本文档中的位置"按钮，可以链接到本演示文稿中的任意一张幻灯片上，例如，第一张或最后一张等，如图 3-85 所示。还可以选择左边"电子邮件地址"，设置链接电子邮件地址。

图 3-84 "插入超链接"对话框(1)　　　　图 3-85 "插入超链接"对话框(2)

网页超链接在幻灯片播放的时候是通过 WPS 内置的浏览器打开的，用户体验不是很好，可以设置系统默认浏览器打开超链接。设置步骤如下：

步骤 1 切换 WPS Office 2019 标签页为首页，在首页顶部的右侧有一个"全局设置"图标 ⚙，单击图标后，再选择"设置"命令，即可打开 WPS 的设置中心，如图 3-86 所示。

图 3-86　WPS 设置中心

步骤 2 选择其中的"网页浏览设置",打开如图 3-87 的设置窗口,将"超链接管理"中的"WPS 组件(文字、表格、演示)内的网页超链接,使用 WPS 浏览器打开"选项关闭即可,这样在幻灯片播放时单击超链接就会将系统浏览器打开。

图 3-87　超链接管理

> **注意**:创建超链接后,用户可以根据需要随时编辑或更改超链接的目标。先选中超链接,单击鼠标右键,在弹出的快捷菜单中选择"超链接"菜单命令,然后选择"编辑超链接"命令,在打开的"编辑超链接"对话框中修改即可。

任务 3-6　放映与输出幻灯片

子任务 3-6-1　掌握放映基本操作

在 WPS 演示文稿中,放映幻灯片有以下几种方法:
方法 1:按 F5 键,从头开始放映;按"Shift+F5"快捷键,从当前页开始放映。
方法 2:单击"开始"选项卡→"从当前开始"按钮。
方法 3:选择"幻灯片放映"选项卡,可以选择"从头开始"、"从当前开始"、"自定义放映"和"排练计时"等放映方式,如图 3-88 所示。

图 3-88　幻灯片放映选项卡

方法 4:单击幻灯片底部状态栏右侧的橙色播放按钮▶,可从当前页开始播放。
在幻灯片放映过程中可单击鼠标右键,通过弹出的快捷菜单控制放映进程。鼠标可以在箭头和绘图笔间进行切换。鼠标作为绘图笔使用时,可以在显示屏幕上标识重点和难点、写字、绘图等。可以通过快捷菜单中的"指针选项"切换绘图笔颜色。

子任务 3-6-2　手机遥控放映

在 WPS 演示文稿中可以使用手机遥控幻灯片的放映，需要在演讲者的手机先下载 WPS Office 应用。操作步骤如下：

步骤 1　单击"幻灯片放映"→"手机遥控"按钮，弹出包含二维码的对话框，如图 3-89 所示，可以单击窗口中的"投影教程"按钮，弹出如图 3-90 所示窗口，其中有如何下载 WSP App 和扫描二维码的方法。

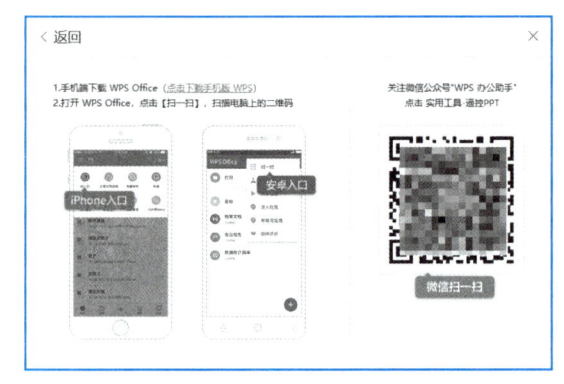

图 3-89　"手机遥控"二维码　　　　　　　　　图 3-90　投影教程窗口

步骤 2　打开手机中的 WPS Office App，扫描图 3-89 二维码，此时手机将开始连接电脑，连接成功后在手机上会出现"开始播放"按钮▶，单击此按钮将开始播放幻灯片，通过单击或左右滑动手机屏幕进行翻页。

子任务 3-6-3　自定义放映

针对不同的观众，将一个演示文稿中的不同幻灯片组合起来，形成一套新的幻灯片放映，并加以命名，然后根据不同的需要，选择其中自定义放映的名称进行放映，这就是自定义放映。操作步骤如下：

步骤 1　在 WPS 演示文稿窗口中，依次单击"幻灯片放映"→"自定义放映"按钮，弹出"自定义放映"对话框，如图 3-91 所示。

步骤 2　单击"新建"按钮，弹出"定义自定义放映"对话框，如图 3-92 所示。

步骤 3　在该对话框的左边列表框中列出了演示文稿中的所有幻灯片的标题，从中勾选要添加到自定义放映的幻灯片，单击"添加"按钮，这时选定的幻灯片就出现在右边列表框中。当右边列表框中出现多个幻灯片标题时，可通过右侧的上、下箭头调整顺序。如果右边列表框中有选错的幻灯片，选中该幻灯片后，单击"删除"按钮就可以从自定义放映幻灯片中删除，但它仍然在原演示文稿中。

项目 3　WPS Office 2019 演示文稿制作

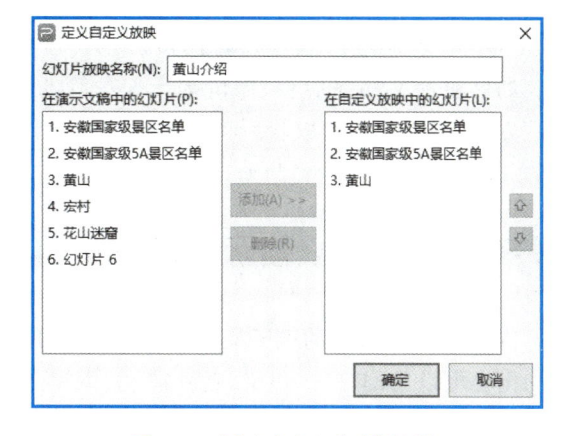

图 3-91　"自定义放映"对话框

图 3-92　"定义自定义放映"对话框

步骤 4　幻灯片选取并调整完毕后,在"幻灯片放映名称"文本框中输入名称,单击"确定"按钮,返回"自定义放映"对话框,如果要预览自定义放映,单击"放映"按钮。

步骤 5　如果要添加或删除自定义放映中的幻灯片,单击"编辑"按钮,重新进入"定义自定义放映"对话框,利用"添加"或"删除"按钮进行调整。如果要删除整个自定义的幻灯片放映,可以在"自定义放映"对话框中选择其中要删除的自定义名称,然后单击"删除"按钮,则自定义放映被删除,但原来的演示文稿仍存在。

子任务 3-6-4　设置放映方式

在 WPS 演示文稿中,可以根据需要使用不同的方式进行幻灯片的放映。

依次单击"幻灯片放映"→"设置幻灯片放映"按钮,弹出如图 3-93 所示的"设置放映方式"对话框,选择幻灯片放映方式。

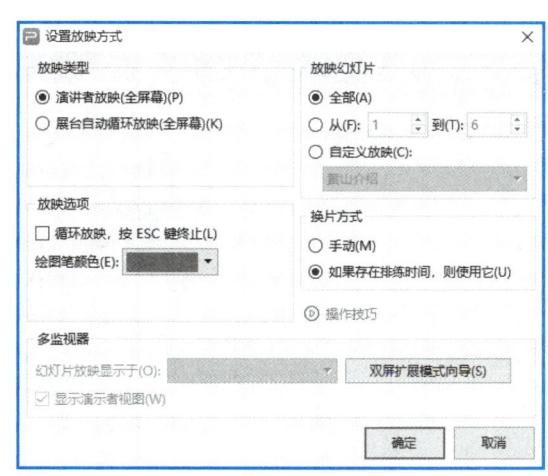

图 3-93　"设置放映方式"对话框

1. 演讲者放映(全屏幕)

演讲者放映是常规的放映方式。在放映过程中,可以使用人工控制幻灯片的放映进度和动画出现的效果;如果希望自动放映演示文稿,可以设置幻灯片放映的时间,使其自动播放。

2. 展台自动循环放映（全屏幕）

如果演示文稿在展台、摊位等无人看管的地方放映，可以选择"展台自动循环放映（全屏幕）"方式，幻灯片开始放映后将自动翻页，并且在每次放映完毕后，重新自动从头播放。

子任务 3-6-5　演示文稿输出 PDF

PDF 是一种常见的电子文档格式，WPS 可以将演示文稿输出为 PDF 格式，根据需要，输出的内容可以是幻灯片、讲义、备注图、大纲视图等几种，输出范围可以是全部幻灯片，也可以选择一部分。幻灯片输出 PDF 的操作步骤如下：

步骤 1　打开演示文稿，依次选择左上角"文件"菜单→"输出为 PDF"命令，打开如图 3-94 所示的"输出为 PDF"窗口，可以选择输入幻灯片的范围、文件的位置等。

图 3-94　"输出为 PDF"窗口

步骤 2　单击图 3-94 "输出为 PDF"窗口中的"高级设置"，打开"高级设置"对话框，可以设置输出内容，默认是输出幻灯片，如图 3-95 所示，即 PDF 文档的每一页对应一张幻灯片；也可以将输出内容设置为讲义，并设置每页幻灯片数，如图 3-96 所示。

图 3-95　设置输出幻灯片　　　　　　　　　图 3-96　设置输出讲义

子任务 3-6-6　打印演示文稿

使用 WPS Office 2019 建立的演示文稿,除了可以在计算机屏幕上做电子展示外,还可以将它们打印出来长期保存。WPS Office 2019 既可以将幻灯片打印到纸上,也可以打印到投影胶片上,通过投影仪来放映;还可以制作成 35 毫米的幻灯片,通过幻灯机来放映。

在打印演示文稿之前,首先要对幻灯片的页面进行设置,也就是说以什么形式、什么尺寸来打印幻灯片及其备注、讲义和大纲。操作步骤如下:

步骤 1　依次单击"设计"→"幻灯片大小"命令按钮,弹出"幻灯片大小"下拉列表,选择"自定义大小",打开"页面设置"对话框,打开如图 3-97 所示。

步骤 2　在"幻灯片大小"下拉列表中选择幻灯片输出的大小,包括全屏显示、宽屏、35 毫米幻灯片(制作 35 毫米的幻灯片)和自定义等。如果选择了"自定义"选项,应在"宽度"和"高度"微调框中输入相应的数值。如果不以"1"作为幻灯片的起始编号,则应在"幻灯片编号起始值"微调框中输入起始编号。

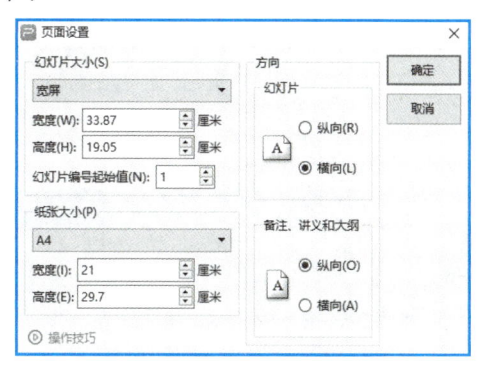

图 3-97　"页面设置"对话框

步骤 3　在"方向"选项组中可以设置幻灯片的打印方向。演示文稿中的所有幻灯片将为同一方向,不能为编号不同的幻灯片设置不同的方向。

步骤 4　备注、讲义和大纲可以和幻灯片的方向不同。设置完成后单击"确定"按钮。页面设置完成后,可以直接单击"快速访问工具栏"中的 按钮进行打印预览,确定无误后可以单击"直接打印"按钮进行打印。

子任务 3-6-7　打包

在 WPS 演示文稿中插入音频、视频等外部素材时,有时将演示文稿拷贝到另外一台计算机上播放,而素材没有一并拷贝,容易出现素材丢失的情况,致使演示文稿无法播放,此时可以使用"打包"功能将演示文稿和素材打包到一起,从而顺利展示演示文稿。打包的具体操作步骤如下:

步骤 1　打开要打包的演示文稿,依次选择"文件"→"文件打包"→"将演示文档打包成文件夹",弹出如图 3-98 所示的"演示文件打包"对话框。

步骤 2　输入文件夹名称,选择打包位置,也可以勾选"同时打包成一个压缩文件"。

步骤 3　单击"确定"按钮,开始打包。当打包结

图 3-98　"演示文件打包"对话框

束时,系统会给出提示信息,并在目标位置上建立打包文件夹和压缩包。

项目小结

WPS 演示文稿作为一个完善的演示文稿制作软件,支持文字、图形、图表、声音和视频等多媒体对象,同时,为这些对象提供了操作简单、功能丰富的动画效果制作方法。

本项目主要介绍了 WPS 演示文稿的主要功能,包括如何新建、设计演示文稿,如何设置演示文稿中的各种动画效果,如何在 WPS 演示文稿中插入超链接等。同时,为了取得更好的播放与演示效果,还介绍了如何设置幻灯片的放映方式、幻灯片的打包、输出 PDF、打印等相关操作。

习题 3

一、单项选择题

1. WPS 演示文稿的扩展名是( )。
   A. .pds B. .xls C. .pot D. .pps

2. 在 WPS 演示文稿中,要修改"配色方案",应选择的选项卡是( )。
   A. "开始" B. "视图" C. "设计" D. "切换"

3. 在 WPS 演示文稿中,"一键美化"功能按钮在什么位置?( )
   A. "动画"选项卡 B. "设计"选项卡 C. "切换"选项卡 D. 幻灯片底部

4. 在 WPS 演示文稿中,为实现图片的创意裁剪,可以使用什么功能?( )
   A. 一键美化 B. 魔法功能 C. 自定义动画 D. 切换效果

5. 在 WPS 演示文稿中,新建一张幻灯片的操作为( )。
   A. 依次选择"文件"→"新建"按钮
   B. 依次选择"插入"→"新幻灯片"命令按钮
   C. 单击快速访问工具栏中的"新建"按钮
   D. 依次选择"开始"→"新建幻灯片"命令按钮

6. 放映 WPS 演示文稿当前幻灯片页的快捷键是( )。
   A. F5 B. Shift+F5 C. Ctrl+F5 D. Alt+F5

7. 在 WPS 演示文稿中,动态数字功能在什么位置?( )
   A. "开始"选项卡 B. "切换"选项卡 C. "动画"选项卡 D. "视图"选项卡

8. 在 WPS 演示文稿中打开文件,以下正确的是( )。
   A. 只能打开 1 个文件
   B. 最多能打开 4 个文件
   C. 能打开多个文件,但不可以同时将它们打开
   D. 能打开多个文件,可以同时将它们打开

9. 在 WPS 演示文稿中,如果希望在演示过程中终止幻灯片的演示,则随时可按( )快捷键实现。
A. Delete B. Ctrl+E C. Shift+C D. Esc

10. 在 WPS 演示文稿中,能出现"排练计时"按钮的选项卡是( )。
A. 动画 B. 切换 C. 开始 D. 幻灯片放映

二、操作题

依照图 3-99 所示的幻灯片效果图完成下列操作。

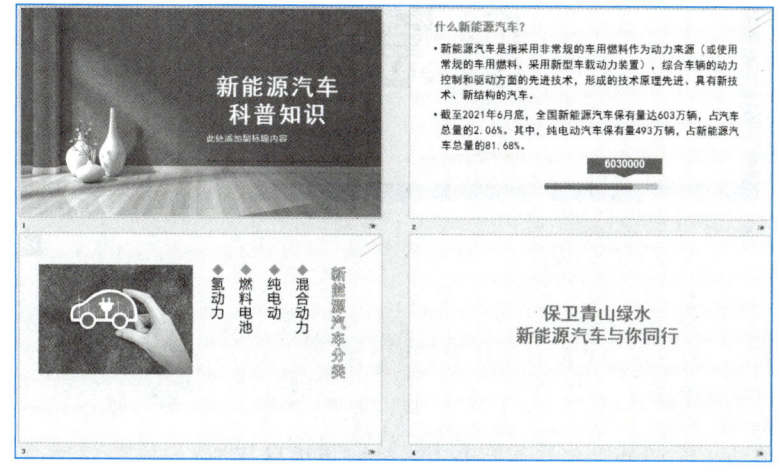

图 3-99 操作题效果图

操作要求:

(1)应用"一键美化"设计演示文稿(设计结果可以和图 3-99 不一样)。

(2)放映第 2 张幻灯片时,标题立即从右侧非常快飞入,同时将数字设置为动态数字动画,鼠标单击时播放。

(3)将第 3 张幻灯片版式改为"竖排列标题与文本",插入与新能源汽车有关的宣传图片。

(4)将第 3 张幻灯片加上标题设置为艺术字:填充白色、轮廓着色 5,阴影,黑体,加粗,40 磅。

(5)设置第 4 张幻灯片标题框为"放大/缩小"动画,先放大 150%,再缩小到原来大小,中速 2 秒。

(6)将全文幻灯片的切换效果都设置成"随机",持续时间 1 秒。

项目 4 信息检索

项目工作任务

- 在了解信息检索相关概念的基础上掌握检索词选取技术
- 使用搜索引擎检索专业学习需要的参考资料
- 使用中国知网和维普期刊网检索并获取期刊文献原文
- 为自己设计一份就业信息检索的需求

项目知识目标

- 掌握信息检索的概念、类型、方法和技术
- 掌握常用的网络搜索引擎和中文学术期刊数据库
- 理解专利的概念和特征
- 了解就业信息检索的途径

项目技能目标

- 掌握检索词的选取技术
- 掌握百度搜索引擎的高级检索技巧
- 掌握中国知网和维普期刊网的使用方法
- 掌握中国专利检索与分析系统的应用
- 掌握就业信息检索技术

项目重点难点

- 检索词的选取;百度搜索引擎的高级检索技巧
- 中国知网的使用;就业信息的检索

任务 4-1　认识信息检索

信息检索就是从信息集合中找出所需信息的过程,也就是我们通常所提及的信息查询(Information Retrieval 或 Information Search)。

信息检索能力是信息素养的集中表现,提高信息素养最有效的途径是通过学习信息检索的基本知识,进而培养自身的信息检索能力。

子任务 4-1-1　了解信息检索的过程

信息检索是用户信息需求与文献信息集合的比较和选择,是两者匹配的过程,是用户从特定的信息需求出发,对特定的信息集合采用一定的方法、技术手段,根据一定的线索与规则从中找出相关的信息。信息检索的一般过程如图 4-1 所示。

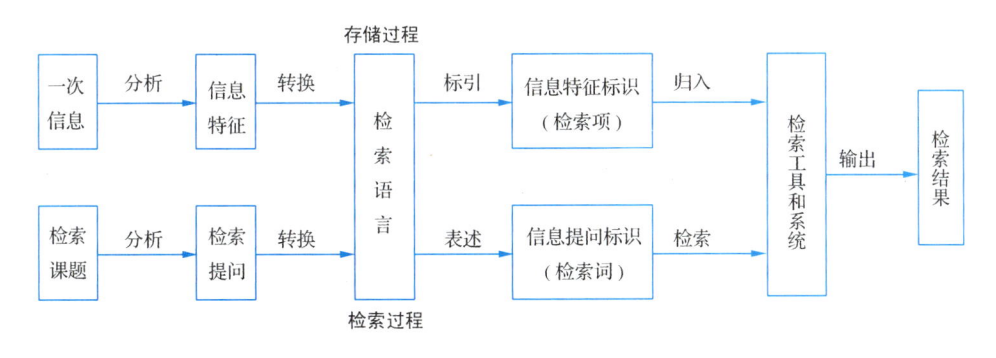

图 4-1　信息检索的一般过程

广义的信息检索应包括信息的标引与存储和信息的检索两个过程。信息标引是指对海量的无序信息按照一定的特征,用特定的标引语言进行著录、标记和组织,使之有序化,形成可供用户检索的检索点的过程;信息存储是指对经过标引的信息进行筛选,形成检索文档和信息数据库的过程。信息的标引与存储是信息组织人员后台建立检索系统的过程。

检索表达实际上是指用户将自己的需求,按照系统提供的方法和要求,将检索词用逻辑运算符连接起来,形成系统可理解和运算的查询命令的过程。它主要由检索词、逻辑运算符、检索指令(检索语法)等构成。检索词是检索式的主体;而逻辑运算符和检索指令则根据具体的查询要求,从不同的角度对检索词进行检索限定。

怎样才能保证信息存得进又取得出呢?那就是存储与检索所依据的规则必须一致。也就是说,标引者与用户必须遵守相同的标引规则。这样,无论什么样的标引者,只要对同一篇文献的标引结果一致,不论由谁来检索,都能查到这篇文献。

子任务 4-1-2　认识信息搜索与信息检索的异同

在现实生活中,个体往往面临各种需求,如找工作、购物、出门旅游、学习等,都需要搜索信息,这些信息的获取可能没有严格与规范的检索系统,没有确定与明确的匹配方法,就连检索需求可能都是游弋不定的。但只要是搜索或者查找,就应该有一些规律可循,有一些方法可用。

1. 信息搜索与信息检索的共同点

信息搜索与信息检索的共同点主要表现在以下四个方面。

① 找什么,即分析需求,确定目标。
② 在何处找,即应该使用何种信息源,这个信息应该在哪里。
③ 如何找,即找寻的方法与策略。
④ 结果是否满意,即找寻的结果是否满足信息需求,如果不满意,如何调整。

2. 信息搜索与信息检索的区别

信息搜索与信息检索有着多方面的不同之处,主要表现在过程和方法、技能、用途、结果和效率等方面,具体见表 4-1。

表 4-1　　信息检索与信息搜索的区别

对比项	检索	搜索
英文	Retrieval	Search
过程和方法	有一定的策略,系统地查找资料	随机或更随意一些
技能	需要一定的专门知识和技能	简单,任意词
用途	课题或专题	日常生活
结果	检索前通常不知道会有什么结果	通常知道结果
效率	迅速、准确	一般

经典案例 4-1

旅游信息查询。首先需要确定出发地、目的地、预算价格,再了解旅行线路、交通方式、旅行社、导游信息、当地民俗、特产,通过旅游网站、电商网站、媒体信息、旅行社电话咨询等方式获取相关行程信息与评价信息,对获取的信息进行分析筛选,与自己的预算、行程需求进行匹配。那么即将开启的旅行会更加合理,不会被促销误导或陷入旅游消费陷阱。

子任务 4-1-3　掌握信息检索的类型

信息检索具有广泛性与多样性,根据各种具体信息检索的特点,可以将信息检索从内容、手段与检索方式等维度进行细分,如图 4-2 所示。

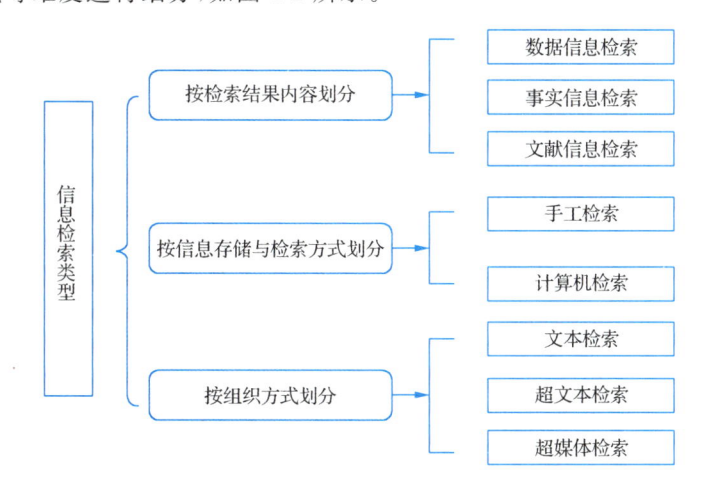

图 4-2　信息检索的类型

最常用的是按检索结果内容划分,有数据信息检索、事实信息检索和文献信息检索。

1. 数据信息检索

数据信息检索(Data Information Retrieval)是将经过选择、整理、鉴定的数值数据存入数据库中,根据需要查出可回答某一问题的数据的检索。检索内容既包括物质的各种参数、电话号码、银行账号、观测数据、统计数据等数字数据,也包括图表、图谱、市场行情、化学分子式、物质的各种特性等非数字数据。数据检索是一种确定性检索,信息用户检索到的各种数据,是经过专家测试、评价、筛选的,可直接用来进行定量分析。

例如,检索"2021 年 7 月中国居民消费价格指数是多少?"和"中国第七次人口普查显示全国人口总量是多少?"

2. 事实信息检索

事实信息检索(Fact Information Retrieval)是将存储于数据库中的有关某一事件发生的时间、地点、经过等情况查找出来的检索。其检索对象既包括事实、概念、思想、知识等非数值信息,也包括一些数据信息,但需要针对查询要求,由检索系统进行分析、推理后,再输出最终结果。

例如,检索"百度的创始人是谁？它在哪个交易所上市？"

3. 文献信息检索

文献信息检索(Document Information Retrieval)是将存储于数据库中的关于某一主题文献的线索查找出来的检索。检索结果往往是一些可供研究课题使用的参考文献的线索或全文。文献检索是信息检索的核心部分。根据检索内容,文献检索又可分为书目检索和全文检索。

例如,"信息技术能力和培养方式是什么?"这就需要检索主体根据课题要求,按照一定的检索标识(如主题词、分类号等),从数据库中查出所需要的文献。

> **注意**:在数据信息检索和事实信息检索中,用户需要获得的是某一事物或某一数据的具体答案,是一种确定性检索,一般利用参考工具书;如果检索的事物与数据是一些大众化、公开性或者常识类信息,则可通过搜索引擎直接查询。文献信息检索通常是检索所需要信息的线索,需要对检索结果进行进一步分析与加工,一般使用检索刊物、书目数据库或全文数据库。

子任务 4-1-4　掌握信息检索的方法

针对不同的检索目的和检索要求,信息检索的方法也有所不同。常用的信息检索方法有常规检索法、回溯检索法、循环检索法。

1. 常规检索法

常规检索法又称常用检索法、工具检索法,它是以主题、分类、作者等为检索点,利用检索工具获得信息资源的方法。根据检索结果,常规检索法又分为直接检索法和间接检索法,间接检索法又分为顺查法、倒查法和抽查法。

(1)直接检索法

直接检索法是指直接利用检索工具进行信息检索的方法,如利用字典、词典、手册、年鉴、图录、百科全书、全文数据库等进行检索。这种方法多用于计算机检索,查找一些内容概念较稳定、较成熟、有定论可依的问题的答案。

(2)间接检索法

间接检索法主要指利用手工检索工具间接检索信息资源的方法,它们的适用范围和特点见表 4-2。

表 4-2　　三种间接检索方法对比

类型	定义	适用范围	特点
顺查法	根据检索课题的起始年代,利用选定的检索工具按照由远及近、由过去到现在顺时序逐年查找,直至满足课题要求	普查一定时间的全部文献,查全率较高,并能掌握课题的来龙去脉,了解其研究历史、研究现状和发展趋势	方法费力、费时,工作量大,多在缺少评述文献时采取此法。因此可用于事实性检索
倒查法	与顺查法相反	多用于新课题、新观点、新理论、新技术的检索,检索的重点在近期信息上,只需基本满足需要	查到的信息新颖,节省检索时间。但查全率不高,容易产生漏检的现象
抽查法	针对某学科的发展重点和发展阶段,拟出一定时间范围,进行逐年检索的一种方法	根据检索需求,针对所属学科处于发展兴旺时期的若干年进行文献查找	检索效率较高,但漏检的可能性大,检索人员必须熟悉学科的发展特点

2. 回溯检索法

回溯检索法又称追溯法、引文法、引证法，是一种跟踪查找的方法。

这种检索方法不是利用确定的检索工具，而是利用已知文献的某种指引（如文献附的参考文献、有关注释、辅助索引、附录等）追踪查找文献。用追溯法检索文献，最好利用与研究课题相关的专著与综述。在检索工具不全或文献线索很少的情况下，可采用此法。

常见的追溯方式有：文章→参考文献→更多文章；作者→团体→更多作者→文章；链接→网站→更多链接；专利→发明人→论文；专利→申请人→专利等。

另外，还有专门用于追溯法的检索工具，即引文索引。这类检索工具可参考美国的《科学引文索引》和《中国社会科学引文索引》。由于追溯法具有有效性，目前一些非引文检索工具也采用追溯法的思想，将众多的文献关联起来。例如，在中国知网（CNKI）的各个数据库检索结果中，就有参考文献、引证文献、相似文献、读者推荐文献等。

经典案例 4-2

通过中国知网检索张成叔在《科技通报》2015 年第 4 期发表的论文《持续性实时监测数据的无偏风险挖掘仿真》，提供的引文链接如图 4-3 所示。

图 4-3 中国知网提供的引文链接

3. 循环检索法

循环检索法又称交替法、综合法、分段法。检索时，先利用检索工具从分类、主题、责任者、题名等入手，查出一批文献；然后选择出与检索课题针对性较强的文献，再按文献后所附的参考文献回溯查找，不断扩大检索线索，分期分段地交替进行，直到满意。

在实际检索中，检索主体究竟采用哪种检索方法，应根据检索条件、检索要求和检索背景等因素而定。

任务 4-2　使用信息检索技术检索信息

子任务 4-2-1　认识信息特征

1. 外表特征

外表特征一般包括文献的题目、作者、作者工作单位,专利和科技报告还有专利号或报告号等。这些可以表征一篇特定文献的特征,通常出现在文献的封面或扉页上,即使不打开书本,也不看文献的具体内容就可以确定一篇文献。

2. 内部特征

深入文献内容中,则会发现还可以用另外两种方法来表征它。

(1)可以用几个主题词或关键词揭示文献内容。

一篇文献一般都论及某一方面的特定问题。也就是说,与论题相关的词出现的频率较大。研究表明,无论哪一种类型的文献,若对其中出现的词进行频率统计,会发现所有的词可分为以下三类:

①文献中出现频率最高的词即冠词、介词和连词等,即其本身没有具体含义的词。

②文献中出现频率较低的绝大部分词。

③文献中出现频率既不高也不低的词,在文献中为 3~20 个,这些词恰恰是与文献的主题相关度较大的词,通常称为文献的主题词或关键词。

(2)可以按照各种自然科学和社会科学的分类方法对文献进行逐级归类,如科技论文—期刊科技论文—核心期刊科技论文。

信息特征既是文献对象标识的基础,也是信息检索的基础。用信息的各种内容特征和外部特征作为检索出发点,可以从不同角度来检索相关信息。常见科技论文的组成部分与内部特征见表 4-3。

表 4-3　科技论文的组成部分与内容特征

组成部分	要求与特征
题名	以最恰当、最简明的词语反映报告、论文中最重要的特定的逻辑组合
摘要/文摘	反映论文核心内容和全面信息的独立性短文,是该论文最准确、最简单、最全面、最迅速的独立性报道。摘要四要素包括目的、方法、结果、结论
关键词	首选能揭示论文的核心思想与主题内容的词语,其次是论文中其他主要研究的事物的名称或研究方法等
引言/绪论	是论文的开场白,回顾前人的工作、概述写作的原因、阐明写作新意,与文内其他章节内容相呼应
正文	介绍论文的主要工作、实验与方法、论证过程
结论	全文的总结,要准确、完整、明确、精炼
参考文献	反映作者的治学态度,反映作者的工作起点、论文主题的历史渊源与研究进程

子任务 4-2-2 掌握信息检索技术类型

检索技术,是指利用数据资源或搜索引擎等进行信息检索时采用的相关技术,主要包括布尔逻辑检索、截词检索、字段检索、加权检索、词位置检索等。

1. 布尔逻辑检索

布尔逻辑检索,是用布尔逻辑运算符将检索词、短语或代码进行逻辑组配来指定文献的命中条件和组配次序,用以检索出符合逻辑组配所规定条件的记录。它是计算机检索系统中最常用的一种检索方法,布尔逻辑运算符有三种,即逻辑与、逻辑或和逻辑非,其作用见表 4-4。

表 4-4 布尔逻辑运算符及其作用

名称	表达形式	检索式	图示	作用
逻辑与	AND、*、与、并且、并含	A AND B		缩小检索范围
逻辑或	OR、+、或者、或含	A OR B		扩大检索范围
逻辑非	NOT、-、非、不含	A NOT B		缩小检索范围

(1)逻辑运算符 AND/OR/NOT 的优先顺序是 NOT>AND>OR。
(2)中文数据库组配方式常用符号,英文数据库组配方式常用字母。
(3)搜索引擎通常以"match all terms"表示逻辑与,以"match any term"表示逻辑或,以"must not contain"表示逻辑非。

2. 截词检索

截词检索是指用给定的词干作为检索词,用以检索出含有该词干的全部检索词的记录。它可以起到扩大检索范围、提高查全率、减少检索词的输入量、节省检索时间等作用。检索时,当遇到名词的单复数形式、词的不同拼写法、词的前缀或后缀变化时均可采用此方法。

截词的方式有多种。按截断部位可分为前截断、后截断、中间截断、前后截断等;按截断字符的数量,可以分为有限截断和无限截断。各检索系统使用的截词符号各不相同,有 *、?、$、%等。为了叙述方便,在此将?定义为表示截断一个字符,将 * 定义为表示截断无限个字符。例如,organi?ation 可检索出含有 organisation 和 organization 的记录。comput* 可检索出含有 computer、computing、computers、computering、computeriation 等词的记录。

3. 字段检索

字段检索是指将检索词限定在某个或某些字段中(Within),用以检索某个或某些字段含有该检索词的记录。限制检索字段通常有两种方式。

(1) 通过下拉菜单选择检索字段

此时,字段名一般用全称表示,如题名、摘要、Title、Abstract 等。

(2) 输入检索字段符限定检索字段

此时,字段名一般用字段符表示,各检索系统的字段符各不相同。检索字段符是对检索词出现的字段范围进行限定。执行时,机器只对指定的字段进行检索,经常应用于检索结果的调整。常用的检索字段见表 4-5。

表 4-5　　　　　　　　　　常用的检索字段

字段全称	中文名称	简称	字段全称	中文名称	简称
Title	标题	TI	Journal Name	期刊名称	JN
Abstract	文摘	AB	Source	来源出版物信息	SO
Keywords	关键词	KE	Language	语种	LA
Subject/Topic	主题词	DE	Document Type	文献类型	DT
Author	作者	AU	Publication Year	出版年代	PY
Full-text	全文	FT	Document No	记录号	DN
Corporate Source	单位或机构名称	CS	Country	出版国	CO

> **注意**:各数据库基本检索字段标识符不完全相同,所以在使用前必须参考各数据库的使用说明。用户在利用搜索引擎检索信息时,可以把查询范围限定在标题或超链接等部分,这相当于字段检索。例如,检索式"inurl:photoshop"表示检出网页超链接地址中含有"photoshop"的网页。

经典案例 4-3

要查询张成叔老师发表的文章,就应将"张成叔"限制在"作者"字段,如果要查询张成叔老师指导的毕业论文,就应将"张成叔"限制在"导师"字段。又如要检索关于研究沈从文的论文,输入"沈从文"时必须选择途径为"标题"或者"关键词",不能选择作者途径。这是因为"沈从文"在这里是被研究的对象而不是论文的作者。

选择的字段不同,得到的检索结果也会不同。选择全文字段,得到的检索结果的数量最多,但相关度最低;选择题名和关键词字段,得到的检索结果的数量最少,但相关度最高;选择文摘字段,得到的检索结果则介于两者之间。通常用核心概念、前提概念限定篇名、关键词;用次要概念、集合概念限定主题、文摘。需要注意的是限定文摘字段,会漏检没有摘要的论文。

4. 加权检索

加权检索是一种定量检索方式。加权检索同布尔检索、截词检索等一样，也是文献检索的一种基本检索手段。不同的是加权检索的侧重点并不在于判定检索词或字符串在满足检索逻辑后是不是在数据库中存在，与别的检索词或字符串的关系，而在于检索词或字符串对文献命中与否的影响程度。运用加权检索可以命中核心概念文献，因此，它是一种缩小检索范围、提高查准率的有效方法。

加权检索的基本方法是在每个检索词的后面加一个数字，该数字表示检索词的"权"值，表明该检索词的重要程度。在检索过程中，一篇文献是否被检中，不仅看该文献是否与用户提出的检索词相对应，而且要根据它所含检索词的"权"值之和来决定。如果一篇文献所含检索词"权"值之和大于或等于所指定的权值，则该文献命中；如果小于所指定的权值，则该文献不被命中。在加权检索中，计算机检索同时统计被检文献的权值之和，然后将文献按权值大小排列，大于用户指定阈值的文献作为检索命中结果输出。

5. 词位置检索

词位置检索是指在检索词之间使用位置运算符，来规定运算符两边的检索词出现在记录中的位置，用以检索出含有检索词且检索词之间的位置也符合特定要求的记录。

(1) 词级位置运算符

词级位置运算符包括(W)、(N)运算符，用于限定检索词的相互位置以满足某些条件。

W 是 With 的缩写，表示其两侧的检索词必须按前后顺序出现在记录中，且两词之间不允许插入其他词，只可能有空格或一个标点符号。其可扩展为(nW)，n 为自然数，表示其两侧的检索词之间最多可插入 n 个词。

N 是 Near 的缩写，(N)表示其两侧的检索词位置可以颠倒，在两词之间不能插入其他词。(nN) 为其扩展，表示其两侧的检索词之间最多可插入 n 个词。

(2) 子字段级或自然句级运算符

子字段级或自然句级运算符，用于限定检索词出现在同一子字段或自然句中，用(S)表示，S 为 Subfield 或 Sentence 的缩写，表示其两侧的检索词必须出现在同一子字段中，即一个句子或一个短语中。例如，"environment(S)protection"，即 environment 与 protection 在同一子字段或一个句子中。

(3) 字段级运算符

字段级运算符，用于限定检索词出现在数据库记录中的某个字段。运算符用(F)表示，F 为 Field 的缩写，例如，"intelligent(F)robot"，表示 intelligent 与 robot 必须在同一个字段中出现。

> **注意**：中文数据库中位置运算符一般通过"精确"或者"模糊"来实现，"精确"表示检索词以完整形式出现，"模糊"表示检索词中间可以插入其他词。外文数据库中要完整匹配，可以用英文状态下的双引号("")将检索词括起来。

子任务 4-2-3　掌握检索式构造

检索式是指将各检索单元（其中最多的是表达主题内容的检索词）之间的逻辑关系、位置关系等，用检索系统规定的各种组配符（也称运算符）连接起来，成为计算机可识别和执行的命令形式。检索式是检索策略的具体体现，它控制着检索过程。检索式是否合理关系到能否检索到最相关的信息。

针对不同搜索引擎、数据库和不同的信息需求，有不同的检索策略，其检索式的构造也各有不同。设计合理的检索式成为控制和提高检索质量的关键。检索式的表达对一个课题不是唯一的，而是有多种选择、组配、限定的。当检索过于复杂，检索要求难以用一个检索式来表达时，应该采用分步检索或二次检索以提高查准率。

编写检索式时最重要的是注意检索途径与检索词的正确匹配。例如，当选择的检索途径是关键词时，输入的检索词就必须是关键词，如果一个词不能完整地表达检索要求，需要进一步描述，只能添加关键词，用运算符来连接它们，而不能用一个句子来代替。

经典案例 4-4

检索"知识服务的未来"的中英文信息，虽然用"知识服务的未来"、future of knowledge services 这样的词组能够在一些数据库中实现检索，但是检索结果量少，严格来说不算是检索式。

特别要区分课题与论文标题的区别，不能进行字面的解析，字面是"与"的关系检索要用逻辑"或"的关系；反过来，有的课题则应该用逻辑"与"的关系。

经典案例 4-5

研究"物联网与云计算和大数据的关系"的课题，需要检索的信息是物联网与云计算或者物联网与大数据之间的关系，因此"云计算"与"大数据"的关系是逻辑或，不是逻辑与，则检索式"物联网＊（云计算＋大数据）"比"物联网＊云计算＊大数据"检索的范围大得多。

经典案例 4-6

检索"人工智能在机器翻译中的应用研究"，在维普期刊库的检索策略应该是在"题名"或者"关键词"字段中输入"人工智能"＊"翻译"。但是不少学生采用了检索式"人工智能"＋"翻译"，这样会检索到许多含有二者之一的论文，因为"人工智能"与"翻译"没有必然联系。

在检索式编写过程中,还要注意细节,如用短语检索时,加半角的引号,否则会得到过多的检索结果。注意合理使用词组检索,用好截词符。

经典案例 4-7

当以"Corporate Identity System"作为检索词时,数据库会自动将其拆分成"Corporate AND Identity AND System"进行检索,其处理原则是只要同时含有 Corporate、Identity 和 System 三个词的文献,就会作为满足条件的检索结果返回。但这些结果中有很大一部分可能都不是关于企业识别系统的。因此,当词组能准确代表某一概念时,尽量选用词组作为检索词,可大大提高查准率。数据库中词组的表示方法一般为:英文状态的双引号把短语引在中间,如"Corporate Identity System"。

子任务 4-2-4 选取检索词

在检索过程中,最基本同时也是最有效的检索技巧,就是选择合适的检索词。确定检索词,从广义的角度来看,不仅是"词",还应包括不同检索途径的检索输入用语,如作者途径的作者名、作者单位途径的机构名、分类途径的分类号,甚至包括邮编、街区、年份等都是检索用词。正确选择检索词是成功实施检索的一个基本环节。

1. 检索词的选取原则

难度最大的是主题途径的检索词的选择。这里的主题途径指的是广义上的特性检索途径,包括篇名、关键词、摘要等。

(1)准确性

准确性就是指选取最恰当、最具专指意义的专业名词作为检索词,一般选取各学科在国际上通用的、国内外文献中出现过的术语作为检索词;选取检索词既不能概念过宽,又不能概念太窄。一般来说,常出现的问题是概念过宽或者查询词中包含错别字。

(2)全面性

全面性就是指选取的检索词能覆盖信息需求主题内容的词汇,需要找出课题涉及的隐性主题概念,注意检索词的缩写词、词形变化以及英美的不同拼法。

经典案例 4-8

"污泥 EPS 作为阻燃剂的机制归纳与潜力分析",由于"EPS(胞外聚合物)"中磷(P)元素与类藻酸盐(ALE)物质具有阻燃特性,而"机制归纳""潜力分析"一般不作为关键词,"污泥"这个名称学术运用范围较窄,因此可选取的中文检索词为胞外聚合物(EPS)、防火材料、阻燃特性、磷(P)、类藻酸盐(ALE)等。

(3)规范性

规范性就是指选取的检索词要与检索系统的要求一致。例如,化学结构式、反应式和数学式原则上不用作检索词;冠词、介词、连词、感叹词、代词、某些动词(联系动词、情感动词、助动词)不可作为关键词;某些不能表示所属学科专用概念的名词(如理论、报告、试验、学习、方法、问题、对策、途径、特点、目的、概念、发展、检验等)不应作为检索词;另外,非公知公用的专业术语及其缩写不得用作检索词。特称词也一般不作为检索词。

> **经典案例 4-9**
>
> "北上广深城市人口预测及其资源配置",其中"北上广深"是特称词,需替换成通用词"超大城市",其采用的研究方法是"可能-满意度模型"。所以选取关键词为"超大城市""适度人口""人口增长""可能-满意度模型""资源配置"。

(4)简洁性

目前的搜索引擎和数据库并不能很好地处理自然语言。因此,在提交搜索请求时,最好把自己的想法,提炼成简单的而且与希望找到的信息内容主题关联的查询词。

2. 检索词选取的方法

检索者需要根据检索需求,形成若干个既能代表信息需求又具有检索意义的概念。例如,所需的概念有几个,概念的专指度是否合适,哪些是主要的,哪些是次要的,力求使确定的概念能反映检索的需要。在此基础上,尽量列举反映这些概念的词语,供确定检索用词时参考。如果遇有规范词表的数据库,在确定检索用词时,一般优先使用规范词。

(1)主题分析法

首先将检索主题分为数个概念,并确定反映主题实质内容的主要概念,去掉无检索意义的次要概念,然后归纳可代表每个概念的检索词,最后将不同概念的检索词以布尔逻辑加以联结。

(2)切分法

切分法就是指将用户的信息需求语句分割为一个一个的词。例如,"财政扩张、信用违约和民营企业融资困境"可切分为"财政扩张""信用违约""民营企业融资"。

(3)试查相关数据库进行初步检索,借鉴相关文献的用词

为使用户检索更加方便快捷,中国知网、维普期刊等很多系统检索结果中提供相关检索词作为参考。也有数据库提供了检索词的扩展词、同义词、修正与提示功能。试查相关数据库,以顺藤摸瓜地扩展、变更检索词。

任务 4-3 使用网络搜索引擎检索信息

子任务 4-3-1 认识搜索引擎的分类

1. 根据数据检索内容划分

（1）综合型

综合型搜索引擎在采集标引信息资源时不限制资源的主题范围和数据类型，又称为通用型检索工具。例如，常见的百度、搜狗和 Google，搜索信息种类繁多。

（2）专题型

专题型搜索引擎专门采集某一主题范围的信息资源或某一类型信息，并用更为详细和专业的方法对信息资源进行标引描述。例如，"LIBClient-IRISWeb 系统"可以用自然语言对网络上的法律信息进行全文检索。专题型检出结果虽可能较综合搜索引擎少，但检出结果重复率低、相关性强、查准率高，适用于较具体而针对性强的检索要求。目前已经涉及购物、旅游、汽车、工作、房产、交友等行业，如比价购物搜索引擎、微博搜索引擎。

（3）特殊型

特殊型检索工具是指那些专门用来检索图像、声音等特殊类型信息和数据的检索工具，如查询地图及图像的检索工具等。如 SOOGIF 中文动图搜索网站。

2. 根据搜索引擎工作方式划分

（1）全文搜索引擎

全文搜索引擎是目前广泛应用的主流搜索引擎，国外代表有 Google，国内则有百度。根据搜索结果来源的不同，全文搜索引擎可分为两类：一类拥有自己的检索程序，能自建网页数据库，搜索结果直接从自身的数据库中调用，如 Google 和百度；另一类则是租用其他搜索引擎的数据库，并按自定的格式排列搜索结果，如 Lycos。

（2）目录索引

目录索引是将网站分门别类地存放在相应的目录中。因此用户在查询信息时，可选关键词搜索，也可按分类目录逐层查找。

目前，全文搜索引擎与目录索引有相互融合渗透的趋势。原来一些纯粹的全文搜索引擎现在也提供目录搜索，如 Google 就借用 OpenDirectory 目录提供分类查询。而像雅虎（Yahoo）这些老牌目录索引则通过与 Google 等搜索引擎合作扩大搜索范围。在默认搜索模式下，一些目录类搜索引擎首先返回的是自己目录中匹配的网站,如搜狐、新浪、网易等;而另外一些则默认的是网页搜索,如雅虎。这种引擎的特点是搜索的准确率较高。

(3)元搜索引擎

元搜索引擎是一种与传统不同的独立搜索引擎,其本身没有搜索引擎的网页搜寻机制,也没有自身独立的索引数据库,而只是定制统一的检索界面,通过调用其他搜索引擎的检索功能来实现网络资源的查询。

子任务 4-3-2　主要搜索引擎介绍

与我们日常学习和工作相关的主要搜索引擎有国内的百度和国外的(Google)谷歌。

1.百度

百度是全球最大的中文搜索引擎,2000年1月由李彦宏、徐勇两人创立于北京中关村,致力于向人们提供"简单,可依赖"的信息获取方式。"百度"二字源于中国宋朝词人辛弃疾的《青玉案》诗句"众里寻他千百度",象征着百度对中文信息检索技术的执着追求。

2017年11月,百度搜索推出惊雷算法,严厉打击通过刷点击来提升网站搜索排序的作弊行为,以此保证搜索用户体验,促进搜索内容生态良性发展。

百度使用了超链分析,就是通过分析链接网站的多少来评价被链接的网站质量,这保证了用户在百度搜索时,越受用户欢迎的内容排名越靠前。百度总裁李彦宏就是超链分析专利的唯一持有人,该技术已为世界各大搜索引擎普遍采用。

百度的搜索服务产品主要包括网页搜索、图片搜索、视频搜索、音乐搜索、新闻搜索、地图搜索、百度学术、百度识图、百度医生和百度房产等。

百度搜索引擎的使用方法有以下几种。

(1)基本搜索

打开百度的主页,如图4-4所示。在搜索框中输入需要查询的关键词,单击"百度一下",即可得到搜索结果。例如,搜索"张成叔"的结果如图4-5所示。

图 4-4　百度主页

图 4-5 百度搜索"张成叔"的结果参考

(2) 高级搜索

打开百度的高级搜索主页,如图 4-6 所示,可以实现更加精准的搜索效果。根据提示,可以输入多个包含的关键词和不包含的关键词,设置时间、网页格式、关键词位置等,单击"百度一下"即可。可以根据搜索的结果进一步设置搜索选项。

图 4-6 百度高级搜索页面

(3) 百度识图

常规图片搜索是通过输入关键词的形式搜索互联网上的相关图片资源,而"百度识图"是一款支持"以图搜图"的搜索引擎。用户上传图片或输入图片地址,百度识图即可通过世界领先的图像识别技术和检索技术,为用户展示该张图片的详细相关信息,同时也可得到与这张图片相似的其他海量图片资源,如图 4-7 所示。

当你需要了解一个不熟悉的人物的相关信息,如姓名、新闻等;想要了解某张图片背后的相关信息,如拍摄时间、地点、相关事件;或者手上已经有一张图片,想要找一张尺寸更大,或是没有水印的原图时,通过百度识图都可以方便地获取到需要的结果。

图 4-7　百度识图主页

(4) 百度学术

百度学术搜索是百度旗下提供海量中英文文献检索的学术资源搜索平台,如图 4-8 所示。于 2014 年 6 月初上线,涵盖了各类学术期刊、会议论文,旨在为国内外学者提供最好的科研体验。

图 4-8　百度学术主页

在百度学术搜索页面下,会针对用户搜索的学术内容,呈现出百度学术搜索提供的合适结果。用户可以选择查看学术论文的详细信息,也可以选择跳转至百度学术搜索页面查看更多相关论文。

2. Google

Google 搜索引擎是 Google 公司的主要产品,也是世界上最大的搜索引擎之一,由两名斯坦福大学的理学博士生拉里·佩奇和谢尔盖·布林在 1996 年建立。

Google 搜索引擎拥有网站、图像、新闻组和目录服务四个功能模块,提供常规搜索和高级搜索两种功能。

Google 搜索引擎以它简单、干净的页面设计和最有关的搜索结果赢得了因特网使用者的认同。搜索页面里的广告以关键词的形式出售给广告主。为了要使页面设计不变而且快速呈现,广告以文本的形式出现。

Google 搜索引擎具有以下基本特点。

(1)特有的 PR(PageRank)技术

PR 能够对网页的重要性做出客观的评价,PR 是 Google 评价一个网站质量高低的重要标准,PR 分为十个等级,从 1 至 10,数字越大代表网站质量和权威性越高,排名也就越靠前。

(2)更新和收录快

Google 收录新站一般在 10 个工作日左右,是所有搜索引擎中收录最快的,更新也比较稳定,一般一个星期都会有大的更新。

(3)重视链接的文字描述和链接的质量

链接的文字描述也就是做链接用的文字,这个文字对 Google 排名起一定作用,如果网站要做某些关键词,在交换链接时要用这个关键词链向网站,链接的质量与链接网站的权威性将影响网站的排名,权威越高则网站获得的排名越好。

(4)重视 Description 描述

在 Google 排名靠前的网站在描述中均含有关键词,而且有些重复两次,因此可推断其对描述还是相当重视。

(5)超文本匹配分析

Google 的搜索引擎同时也分析网页内容,并不采用单纯扫描基于网页的文本(网站发布商可以通过元标记控制这类文本)的方式,而是分析网页的全部内容以及字体及每个文字精确位置等因素。同时还会分析相邻网页的内容,以确保返回与用户查询最相关的结果。

任务 4-4 使用中文学术期刊数据库和专利检索系统检索信息

子任务 4-4-1 使用中国知网学术期刊数据库检索信息

1. 数据库简介

中国知网是中国知识基础设施工程(China National Knowledge Infrastructure,CNKI)网络平台的简称。目前中国知网已建成十几个系列知识数据库,其中,《中国学术期刊(网络版)》(China Academic Journal Network Publishing Database,简称 CAJD)是第一部以全文数据库形式大规模集成出版学术期刊文献的电子期刊,是目前具有全球影响力的连续动态更新的中文学术期刊全文数据库。

CAJD收录我国自1915年以来的国内出版的8 000余种学术期刊,内容涵盖十大专辑:基础科学、工程科技Ⅰ辑、工程科技Ⅱ辑、农业科技、医药卫生科技、哲学与人文科学、社会科学Ⅰ辑、社会科学Ⅱ辑、信息科技、经济与管理科学。该库有独家出版刊物和优先出版物,还有引文链接功能,有助于利用文献耦合原理扩大检索收获,还可用于个人、机构、论文、期刊等方面的计量与评价,并能共享中国知网系列数据库的各种服务功能,如RSS订阅推送、CNKI汉英/英汉辞典、跨库检索、查看检索历史等。其全文显示格式有两种,即CAJ和PDF,可直接打印,也可用电子邮件发送或存盘。

目前高校可通过云租用或本地镜像的形式购买CAJD,校园网内的用户既可以通过图书馆网页提供的相应链接进入,也可以直接输入中国知网的网站地址进入。有些单位下载期刊全文可能还要使用本单位的密码,而CAJD题录库在网上没有任何限制,可以免费检索。

2. 检索方式

通过输入网址进入中国知网主页,如图4-9所示。单击"学术期刊"按钮,即可进入中国知网期刊检索界面。

图4-9 中国知网主页

在中国知网平台,各数据库界面及功能相似,学术期刊检索界面曾多次改版,现设有高级检索、专业检索、作者发文检索、句子检索和一框式检索,此外还有期刊导航。

(1)一框式检索

一框式检索是一种简单检索,快速方便,默认只有一个检索框,只在全文中检索,可输入单词或一个词组进行检索,并支持二次检索,但不分字段,因此查全率较高、查准率较低。如图4-10所示为一框式查找苏炳添发表的期刊论文的结果。

(2)高级检索

高级检索是一种较一框式检索复杂的检索方式,支持使用运算符 * 、+ 、- 、" "、( )进行同一检索项内多个检索词的组合运算,检索框内输入的内容不得超过120个字符。输入运算

图 4-10　中国知网学术期刊一框式检索界面

符 *（与）、+（或）、-（非）时，前后要空一个字节，优先级需用英文半角括号确定。若检索词本身含空格或 *、+、-、( )、/、%、= 等特殊符号，进行多词组合运算时，为避免歧义，须将检索词用英文半角单引号或英文半角双引号引起来。

例如，要查找中国科学技术大学 2019－2021 年期间申报基金项目的情况，且要求文献的来源必须是声誉较高的学术性资源（SCI 来源或者 EI 来源），检索界面如图 4-11 所示。

图 4-11　中国知网学术期刊高级检索界面

（3）专业检索

专业检索需要用户根据系统的检索语法编制检索式进行检索，适用于熟练掌握检索技术的专业检索人员。在高级检索界面单击专业检索即可进入专业检索界面，专业检索只提供一个大检索框，用户要在其中输入检索字段、检索词和检索运算符来构造检索表达式进行检索，如图 4-12 所示。

图 4-12 中国知网学术期刊专业检索界面

专业检索提供 21 个可检字段：SU＝主题，TKA＝篇关摘，TI＝篇名，KY＝关键词，AB＝摘要，CO＝小标题，FT＝全文，AU＝作者，FI＝第一作者，RP＝通讯作者，AF＝作者单位，LY＝期刊名称，RF＝参考文献，FU＝基金，CLC＝中图分类号，SN＝ISSN，CN＝CN，DOI＝DOI，QKLM＝栏目信息，FAF＝第一单位，CF＝被引频次。

(4) 期刊导航

单击中国知网学术期刊一框式检索界面左下角的"期刊导航"按钮，即可进入期刊导航界面，如图 4-13 所示。

图 4-13 中国知网期刊导航界面

期刊导航展现了中国知网目前收录的中文学术期刊，用户既可以按刊名（曾用刊名）、主办单位、ISSN、CN 四种查询方式检索期刊，又可以按照中国知网提供的 13 种期刊导航方式直接浏览期刊的基本信息及索取全文。

项目4 信息检索

经典案例 4-10

检索"袁隆平"发表期刊论文的主题中含有水稻及粮食的文献。

由需求内容可知,本案例要检索的是袁隆平发表的期刊论文,并且主题中含有水稻或含有粮食,该案例使用专业检索较好,在图 4-14 所示的"检索框"中输入检索表达式为:"AU=袁隆平 AND SU=水稻+粮食"。检索结果如图 4-15 所示。

图 4-14 中国知网学术期刊专业检索界面

图 4-15 检索结果界面

3. 检索结果

(1)结果显示

在中国知网检索结果界面可以看到检出的文献记录总数，检索结果以"篇名、作者、刊名、发表时间、被引、下载、操作"的题录形式显示，如图 4-15 所示。若想看文章摘要、关键词、引文网络等信息，则需要单击篇名链接，如图 4-16 所示；若要看全文，则要单击 HTML 阅读、CAJ 下载、PDF 下载图标。

图 4-16　文献摘要关键词引文网络等信息

(2)全文阅读浏览器

中国知网学术期刊的全文显示格式有 CAJ 和 PDF 两种，第一次阅读全文必须下载并安装 CAJ 或 PDF 全文浏览器，否则无法阅读全文。

子任务 4-4-2　使用维普期刊库检索信息

1. 数据库简介

维普期刊库是国家科学技术部西南信息中心重庆维普资讯有限公司研制开发的中文期刊服务平台，是国内最早的中文光盘数据库，也是目前国内较大的综合性文献数据库。该库收录中国境内历年出版的中文期刊 15 000 余种，回溯年限为 1989 年至今，部分期刊回溯至 1955 年，学科遍布理、工、医、农及社会科学。

购买维普期刊库的高校用户在校园网内可通过图书馆提供的链接或直接输入网址的方式访问该库。

2. 检索方式

维普期刊库可提供一框式检索、高级检索、检索式检索和期刊导航四种检索方式，并支持逻辑与、逻辑或、逻辑非和二次检索。

(1) 一框式检索

一框式检索为维普期刊库的默认检索方式，可在平台首页的检索框直接输入检索表达式进行检索，如图4-17所示。

图 4-17 维普期刊库主页

可以选择在任意字段、题名或关键词、题名、关键词、文摘、作者、第一作者、机构、刊名、分类号、参考文献、作者简介、基金资助、栏目信息等字段中进行检索。

(2) 高级检索

单击维普期刊库一框式检索框右侧的"高级检索"链接，即可进入高级检索界面，如图4-18所示。

图 4-18 维普期刊库高级检索界面

高级检索默认情况下提供3行列表框式检索，可针对14个检索字段使用逻辑运算符与、或、非进行组配检索，表框检索一次最多能进行5个检索词（5行）的逻辑组配检索，可通过每行右端的"＋""－"按钮增减列表框。此外，用户还可以按时间、期刊范围、学科限定等对检索条件进行限定。

(3) 检索式检索

检索式检索隐含在高级检索界面，单击"高级检索"旁边的"检索式检索"标签，即可进入检索式检索界面，如图4-19所示。

图 4-19　检索式检索界面

检索式检索界面虽然只有一个检索框,但不受检索词的限制,可灵活使用各种字段和逻辑运算符进行检索,该检索界面很适合复杂检索。使用检索式检索时要注意:分别用 AND、OR、NOT 代表"与""或""非",检索运算符必须大写且运算符两边必须空一格。检索字段要使用字段标识符表示,可参考检索框上方的检索说明。

(4)期刊导航

单击维普期刊库首页左上角"期刊导航"按钮,即可进入期刊导航界面,如图 4-20 所示。

图 4-20　维普期刊率期刊导航界面

期刊检索界面可分别按刊名、任意字段、ISSN、CN、主办单位、主编、邮发代号进行检索。页面左侧导航栏目按核心期刊(包括中国科技核心期刊、北大核心期刊、中国人文社科核心期刊、中国科学引文数据库 CSCD、中国社会科学引文索引 CSSCI 等)、国内外数据库收录(国家

项目 4 信息检索

哲学社会科学学术期刊数据库 NSSD、日本科学技术振兴机构数据库、化学文摘网络版、哥白尼索引等)、地区、主题等聚类方式对期刊进行分组。

经典案例 4-11

检索《青年记者》上发表的有关媒介素养或媒介素质方面的文献资料。

由需求内容可知,本案例是要检索在《青年记者》杂志上发表的论述有关媒介素养或媒介素质方面的文献资料。如果使用检索式检索,在图 4-19 所示的检索框中输入表达式:"(M=媒介素养 OR M=媒介素质) AND J=青年记者",检索结果按照"时效性排序",如图 4-21 所示。

图 4-21 检索结果界面参考

3. 检索结果

维普期刊库检索结果界面一般可显示检索条件、检出文献总篇数。检出文献可按文摘、详细、列表方式进行显示。全文显示格式有 VipOCR 和 PDF 两种,PDF 是一种标准化电子格式,目前多数数据库都采用这种全文格式,因此计算机最好预先下载 PDF 阅读软件,否则无法阅读全文。

此外,还可以对检索结果进行"全选、清空、导出题录、引用分析、统计分析"处理。

子任务 4-4-3 认识专利检索

1. 专利的含义

专利是专利权的简称。专利就是受法律保护的发明,即法律保障创造发明者在一定时期内独自享有的权利。专利从不同的角度叙述有不同的含义。

(1) 从法律角度上讲

从法律角度上讲，专利就是专利权，是指国家专利主管机关依法授予专利申请人独占实施其发明创造的权利。专利权是一种专有的、排他性的权利，其他人未经专利权人许可，不得实施其专利，否则就是侵权。专利权是知识产权的一种，具有时间性和地域性限制。在一个国家或地区批准的专利，仅在那个国家有效。

专利的有效期限一般为6~20年。我国专利法规定：发明专利权保护期限为20年，实用新型和外观设计专利权的保护期限为10年，均自申请之日起计算。

专利权只在一定期限内有效，期限届满后，它所保护的发明创造就成为社会的公共财富，任何人都可以自由使用。

(2) 从技术角度上讲

从技术角度上讲，专利是取得了专利权的发明创造，即指发明创造成果本身，是指享有独占权的专利技术。专利技术是受保护的技术发明。在一项技术申请专利时，申请人必须将该项技术内容详细记载于说明书中，专利说明书由各国专利局公开出版发行。因此，专利技术是不保密的。

(3) 从文献信息角度上讲

从文献信息角度上讲，专利是指专利文献。即记载着发明创造详细内容、受法律保护的技术范围的法律文书。

2. 专利的类型

我国专利主要有三种类型：发明专利、实用新型专利、外观设计专利。

(1) 发明专利

发明专利是指对产品、方法或者改进所提出的新技术方案。发明专利要求有较高的创造性水平，是三种专利中最重要的一种。

(2) 实用新型专利

实用新型专利是指对产品的形状、构造或者其结合所提出的适于实用的新的技术方案。实用新型专利与发明专利有两点不同：一是技术含量比发明专利的低，所以有人称之为"小发明"；二是保护期限比发明专利要短。

(3) 外观设计专利

外观设计专利是指对产品形状、图案、色彩或者其结合所做出的富有美感并适于工业上应用的新设计方案，注重装饰性和艺术性。

3. 专利的特点

并不是所有的发明都能自动成为专利，它必须经过一定的程序，如申请、审查、授权等。此外,发明专利和实用新型专利还应具备新颖性、创造性和实用性,即通常所说的专利"三性"。

(1)新颖性

新颖性是指申请日之前没有同样的发明。

(2)创造性

创造性是指同申请日以前已有的技术相比,该发明具有突出的实质性特点和显著的进步,该实用新型具有实质性特点和进步。

(3)实用性

实用性是指该发明能够制造或者使用,并且能够产生积极效果。实用性应具备可实施性、再现性和有益性。可实施性是指申请专利的发明创造必须是已经完成的,使其所属技术领域的普通技术人员能够按照说明书实施;再现性是指发明创造必须具有多次重复再现的可能性,即能在工业上重复制造出产品来;有益性是指发明创造实施后能够产生一定的经济或社会效益。

4. 专利的检索

国家专利检索可以通过中华人民共和国国家知识产权局的专利检索与分析系统来实现,主页如图 4-22 所示。在主页单击"服务"标签,选择其下方的"专利检索及分析系统",打开"专利检索及分析"页面,如图 4-23 所示。

专利检索与分析系统由国家知识产权局和中国专利信息中心开发,该专利检索系统收录 1985 年中国实施专利制度以来的全部中国专利文献,可以免费检索及下载专利说明书,数据每周更新。该系统是国内最具权威性的专利检索系统之一,检索方便。

图 4-22 中华人民共和国国家知识产权局主页

图 4-23 专利检索与分析系统主页

该系统提供常规检索、高级检索、导航检索、药物检索、命令行检索五种检索方式，并提供专利的法律状态查询。支持逻辑检索和截词检索。常用的检索运算符有"AND"、"OR"、"NOT"、"％"和"?"，分别表示逻辑"与"、"或"、"非"、"无限截词"和"有限截词"。

该系统不支持匿名检索，必须先注册用户，再进行检索。

(1)常规检索

常规检索可以快速定位检索对象（如一篇专利文献或一个专利申请人等）。常规检索中提供了基础的、智能的检索入口，主要包括自动识别、检索要素、申请号、公开(公告)号、申请(专利权)人、发明人以及发明名称。常规检索中可以使用截词符，但不能使用逻辑运算符。

①通过发明人检索。例如，检索发明人为"张成叔"的专利信息，可以在检索框中输入"张成叔"，选择"发明人"，如图 4-24 所示。单击"检索"按钮，就可以检索到相关结果，如图 4-25 所示。

图 4-24 利用常规检索的信息输入

②通过申请(专利权)人检索。例如，检索"申请(专利权)人"为"华为"的专利信息，如图 4-26 所示。

图 4-25 检索发明人为"张成叔"的专利信息参考结果

图 4-26 检索申请(专利权)人为"华为"的专利信息参考结果

（2）高级检索

高级检索适用于各类用户。在高级检索方式下可以在发明专利、实用新型专利和外观设计专利数据库中进行选择，也可以对国家和地区进行选择，默认选择为全部专利和全部地区。高级检索支持 14 个检索字段，系统默认各字段间为逻辑"与"检索。

（3）导航检索

在"专利检索"首页，可以通过单击页面中分类导航下面列出的八大部分进入导航检索页面，或者通过"专利检索"下拉菜单中的"导航检索"按钮进入导航检索页面。

导航检索支持分类号查询、中文含义查询、英文含义查询 3 种检索方式。

（4）命令行检索

命令行检索是面向行业用户提供的专业化的检索模式，该检索模式具有支持以命令的方式进行检索、浏览等操作功能。

任务 4-5　检索就业信息

就业也是一种匹配行为,就是找到与自己知识、能力结构和喜好选择相匹配的企业或机构,对要加入的企业和机构进行深入了解,可以增加面试和就业的满意度。

子任务 4-5-1　检索企业信息

通过对企业的全面检索,使用者可以加深对企业的了解,减少就业盲目性。详细检索方式见表 4-6。

表 4-6　　企业信息检索内容与方式

类别	检索内容	检索方式	信息源举例
企业通信	地址与联系方式	用产业特征或者地域名称在黄页检索	中国 114 黄页、中华大黄页
企业目录	企业名称与注册信息	用公司名称、产品名称或者品牌检索	万方数据资源机构库
技术信息	申请的专利	用公司名称在申请人字段检索	中华人民共和国国家知识产权局专利检索
	发表的论文	用公司名称在作者单位字段检索	中国知网 CNKI 学术期刊网络出版总库
	科技成果	用公司名称检索	中国知网 CNKI 国家科技成果数据库
管理信息	招聘、公司文化、治理结构	进入公司主页浏览	
	经销商与渠道	进入公司主页浏览	
产品信息	价格	用产品名称加品牌在购物网站检索	
	性能	用产品名称加品牌在网站或论坛检索	新浪数码社区
信用信息	评级	用公司名称检索	新浪财经等
	有无违规记录	用公司名称检索	在国家企业信用信息公示系统和企查查等网站

检索黄页,可以了解一个地区的企业分布情况;检索企业的信用信息,可以了解企业的规范程度,避免上当;检索企业员工发表的科技论文和申请的专利,可以了解企业的技术开发及其与自己的专业和兴趣是否吻合;检索企业所在行业的行业分析报告,可以了解一个行业的整体发展程度;检索与企业声誉、产品相关的网页、论坛与贴吧可以了解企业在网民心目中的形象。

1. 企业名录信息检索

企业名录是了解企业情况和产品信息的检索工具。企业名录一般都有以下内容：企业名称、详细地址、邮政编码、创立日期、注册资金、法人代表、联系人、联系电话、传真、职工人数、经营范围、产品及服务、年营业额、网址及 E-mail 等企业联络信息。

企业名录来源于各种信息渠道，如统计部门、管理部门、海关、商务部、工商局、行业协会、金融机构、企业信息出版物、黄页、展览会会刊、报刊媒体、互联网络、各种名录出版物等。

提供主要企业名录（信息）的网站如下：

(1) 商业搜索引擎，如 Accoona。

(2) 公司信息数据库，如 CorporateInformation。

2. 企业内部信息查找

在获取到企业基本信息后，使用者可以进一步了解招聘企业的内部信息，如企业的财务信息、技术信息、治理结构、企业负责人个人信息、企业文化等。

(1) 通过企业主页查找企业的管理、治理结构、企业文化、财务等方面的信息。

如果该企业是上市公司，可以通过"百度股市通"搜索股票，通过查看其公司年度或季度报告了解其经营、财务状况，也可通过其主页的"投资者关系"栏目查看上市公司的经营、财务状况，对于国内企业，可通过新浪财经、东方财经等查找。

(2) 企业技术信息，包括企业的专利、科技成果、制定的标准，如企业申请的专利，可通过国家知识产权局专利检索系统查询。

(3) 公司发表的论文。从公司人员发表的论文可以了解企业技术重点与管理要点。

3. 企业外部信息查找

企业外部信息主要是指行业的整体发展状况。这类信息可以通过以下途径获得。

(1) 行业网、行业协会/学会网、行业主管部门网站。

中国行业研究网，专注市场研究的权威资讯门户，简称"中研网"，从事市场调研、投资分析、研究报告，汇集了各行业市场分析、预测报告、咨询报告、市场调查。

(2) 国研网、高校财经数据库、中宏产业数据库等事实性数据库。

4. 企业评价信息查找

(1) 有关企业的信用信息

国家企业信用信息公示系统，如图 4-27 所示。提供在全国各地工商部门登记的各类市场主体信息查询服务，包括企业、农民专业合作社、个体工商户等。用户可输入市场主体名称或注册号进行查询，注册号是精确查询，市场主体名称是模糊查询。

(2) 公司评级信息检索

在一些大型的财经网站，使用者可以查到一些企业的评级信息，尤其是上市企业的评级信息，如和讯网、东方财富网、新浪财经等。

图 4-27　国家企业信用信息公示系统主页

(3) 有关企业的新闻报道

利用搜索引擎的新闻搜索功能或者各门户网站的新闻频道,可以查询有关企业的新闻报道,进而了解该企业在行业的排名、业界、媒体及消费者对该企业的评价等信息。

(4) 查询企业经营信息、工商信息、信用信息的专门网站

例如,企查查、天眼查等,查询失信信息(中国执行信息公开网),查询涉及法律诉讼信息(中国裁判文书网)。

企业信用信息查询是人人都可使用的商业安全工具,通过查询可快速了解被查询企业工商信息、法院判决信息、关联企业信息、法律诉讼、失信信息、被执行人信息、知识产权信息、公司新闻、企业年报等,为求职或者企业经营往来提供参考。

5. 企业产品信息查找

了解产品信息,就是要对各类产品性能、质量、款式、包装、商标、价格、产量、供货量、销量,做到心中有数。产品信息检索工具包括产品年鉴、手册、文摘、报告、样本集、产品目录、产品及其价格数据库等。

若要查找产品的价格、型号、规格、品种等信息,最快捷有效的检索工具是搜索引擎。通过搜索引擎,可以选用各种综合性或专业性产品网络、数据库、专卖店等。

子任务 4-5-2　检索公务员考试信息

自 1994 年我国开始实行国家公务员考试录用制度之后,在校园和社会上,都掀起了一股公务员考试热。网络上的公务员考试信息数量也随之剧增。公务员考试信息主要包括公务员

报考指南、各地招考信息、经验交流、政策资讯、试题集锦等。要想在公务员考试中获得满意的成绩,及时获取相关信息非常重要。

1. 获取报考和录取阶段信息

报考阶段,考生必须对报考条件、报考过程、考试流程等公务员考试常识,以及中央和地方公务员考试的时间、考试科目、招考单位、职位、人数及有关考试最新政策等考试最新动态进行了解,做到心中有数,及早安排。

中央、国家机关公务员招考工作的时间已经固定,报名时间在每年10月中旬,考试时间在每年11月的第四个周末。省以下国家公务员考试时间尚未固定,欲报考者应密切关注各级、各类新闻媒体有关招录公务员的信息,以免错过报考时机。

国家公务员考试网是中央机关招考部门建设的专门用于发布国家公务员考试相关招考信息、报名公告,国家各部门招考公告、复习资料的专业性公务员招考网站。

各省、市、区的人事考试网是发布地方公务员考试信息的官方网站,提供最权威的地方公务员招考、录取信息。考生可以通过搜索引擎,运用关键词"地名人事考试网",如"浙江人事考试网""福建人事考试网"等,获得地方人事考试网的网址后,单击进入查看。

2. 获取复习备考阶段信息

复习阶段信息获取的主要任务,是了解如何备考,即考试科目有哪些,需要看哪些考试参考书、复习资料,复习时要注意哪些问题等;笔试通过后,对于获得面试资格的考生还要及时准备面试,了解面试的时间、考试范围、复习资料等信息。

网络上有丰富的公务员考试复习资料,考生可以通过公务员考试官方网站(如国家公务员考试网是历年笔试、面试真题及内部资料独家发布的网站)了解,也可查看一些专门的公务员考试资料网站。

项目小结

信息检索能力是信息素养的集中表现,提高信息素养最有效的途径是通过学习信息检索的基本知识,进而培养自身的信息检索能力。本项目介绍了信息检索的过程、信息检索的方法和技术,并重点介绍了最主要的网络搜索引擎"百度"、数据库检索和专利检索。就业信息的检索能力也是大学生必备的综合能力之一,本项目系统介绍了企业信息的检索和公务员考试信息检索,旨在帮助大学生找到与自己知识、能力结构和喜好选择相匹配的企业或机构,对要加入的企业和机构进行深入了解和分析,可以增加面试和就业的满意度。

习题 4

一、单项选择题

1. 在信息检索的通配符功能中,"＊"匹配(　　)字符。
   A. 1 个　　　　　　B. 2 个　　　　　　C. 多个　　　　　　D. 单个

2. 在中国知网 CNKI 数据库中,要想获得以"高校图书馆信息化建设"作为标题的文献,应该检索(　　)。
   A. 高校图书馆信息化建设　　　　　　B. 篇名:高校图书馆信息化建设
   C. 关键词:高校图书馆信息化建设　　D. 摘要:高校图书馆信息化建设

3. 在进行项目"三全育人环境下图书馆创新服务"研究过程中,对该项目任务进行分析,以下(　　)信息调研活动是合适的。
   ①为了了解项目的最新研究进展,使用数据库查找相关的专业期刊
   ②为了了解项目的现有研究成果,使用数据库查找相关的文献
   ③为了了解项目的发展状况和图书馆开展创新服务的信息,使用搜索引擎查找网络信息
   ④为了了解三全育人环境下对图书馆的发展要求,使用数据库查找相关的标准文献
   A. ②③　　　　　　B. ①②③④　　　　C. ①④　　　　　　D. ①②③

4. 互联网上有很多大型旅游网站或旅游爱好者发布的各地详细的旅游攻略,这些攻略大多都是 PDF 文档。在百度搜索引擎中搜索关于安徽黄山旅游攻略的 PDF 文档,最正确的检索方式是(　　)。
   A. 安徽黄山 旅游 file:pdf　　　　　B. 安徽黄山 旅游 filetype:pdf
   C. 安徽黄山 旅游 type:pdf　　　　　D. 安徽黄山 旅游 pdf

5. 布尔逻辑表达式:在岗人员 NOT(青年 AND 教师)的检索结果是(　　)。
   A. 检索出除了青年教师以外的在岗人员的数据
   B. 青年教师的数据
   C. 青年和教师的数据
   D. 在岗人员的数据

6. 在计算机信息检索中,用于组配检索词和限定检索范围的布尔逻辑运算符正确的是(　　)。
   A. 逻辑"与",逻辑"或",逻辑"在"　　B. 逻辑"与",逻辑"或",逻辑"非"
   C. 逻辑"与",逻辑"并",逻辑"非"　　D. 逻辑"和",逻辑"或",逻辑"非"

7. 全球最大的中文搜索引擎是(　　)。
   A. 谷歌　　　　　　B. 百度　　　　　　C. 迅雷　　　　　　D. 雅虎

8. 信息的四个属性中,其最高价值所在是(　　)。
   A. 客观性　　　　　B. 时效性　　　　　C. 传递性　　　　　D. 共享性

9. 在信息时代,伴随着科学技术的迅速发展,出现的信息爆炸、信息平庸化以及噪声化趋势,人们难以根据自己的需要和当前的信息能力选择并消化自己所需要的信息,这种现象称之为(　　)。
   A. 信息失衡　　　　B. 信息污染　　　　C. 信息超载　　　　D. 信息障碍

10."信息素养"可以描述成具有（　　）的能力。

A. 阅读复杂文献　　　　　　　　B. 有效地查找、评估并有道德地运用信息

C. 搜索"免费网站"查找信息　　　D. 概括阅读的信息

二、简答和实践题

1. 文献按出版形式区分，可分为十大文献信息源，请列举其中的五种。

2. 请简述利用计算机进行信息检索时必须具备哪些条件。

3. 请通过中国知网（CNKI）检索自己学校的作者在"SCI来源、EI来源"期刊上发表的文献。

4. 请通过国家知识产权局的专利检索与分析系统，查询申请（专利权）人为自己学校的发明专利。

5. 小李准备出国，想参加雅思考试，可以通过哪些数据库检索相关资料？

项目 5
认识新一代信息技术

项目工作任务
- 在了解信息和信息技术的基础上理解信息技术的价值
- 在了解新一代信息技术的基础上理解它们之间的关系

项目知识目标
- 了解信息和信息技术的概念
- 理解物联网的概念和典型应用
- 了解云计算的概念和应用
- 理解大数据的概念和应用
- 理解人工智能的概念和应用
- 了解区块链的概念和应用
- 理解新一代信息技术之间的关系
- 了解新一代信息技术产业的发展和应用

项目技能目标
- 通过互联网工具了解和学习新一代信息技术的特点和典型应用
- 通过微信"扫一扫"中的"识物"功能体验人工智能技术的应用
- 通过智能手机的 AI 拍照功能体验人工智能在图像处理方面的应用

项目重点难点
- 了解新一代信息技术之间的关系
- 通过体验新一代信息技术来理解信息技术的价值

信息和信息技术无处不在，新一代信息技术，不只是指信息领域的一些分支技术，更主要的是指信息技术的整体平台和产业的代际变迁。

任务 5-1　了解信息与信息技术

计算机科学的研究内容主要包括信息的采集、存储、处理和传输。这些都与信息的量化和表示密切相关。

子任务 5-1-1　信息与信息处理

1. 信息

信息是什么？控制论创始人诺伯特·维纳曾经说过："信息就是信息，它既不是物质也不是能量。"站在客观事物立场上来看，信息是指"事物运动的状态及状态变化的方式"。站在认识主体立场上来看，信息则是"认识主体所感知或所表述的事物运动及其变化方式的形式、内容和效用"。

信息、物质和能量是客观世界的三大构成要素。世间一切事物都在运动，都具有一定的运动状态。这些运动状态都按某种方式发生变化，因而都在产生信息。哪里有运动的事物，哪里就存在信息。信息是普遍和广泛存在的，它作为人们认识世界、改造世界的一种基本资源，与人类的生存和发展有着密切的关系。

2. 信息处理

信息处理指的是与下列内容相关的行为和活动。

(1) 信息的收集。如信息的感知、测量、获取和输入等。

(2) 信息的加工和记忆。如分类、计算、分析、综合、转换、检索和管理等。

(3) 信息的存储。如书写、摄影、录音和录像等。

(4) 信息的传递。如邮寄、出版、电报、电话、广播和电视等。

(5) 信息的应用。如控制、显示和打印等。

子任务 5-1-2　认识信息技术

信息技术（Information Technology，IT）指的是用来扩展人们信息器官功能、协助人们更有效地进行信息处理操作的一类技术。人们的信息器官主要有感觉器官、神经网络、大脑及效应器官，它们分别用于获取信息、传递信息、加工/记忆信息和存储信息，以及应用信息使其产生实际效用。

基本的信息技术主要包括以下几种。

(1) 扩展感觉器官功能的感测（获取）与识别技术。

（2）扩展神经系统功能的通信技术。
（3）扩展大脑功能的计算（处理）与存储技术。
（4）扩展效应器官功能的控制与显示技术。

现代信息技术的主要特征是以数字技术为基础，以计算机为核心，采用电子技术进行的信息收集、传递、加工/记忆、存储、显示和控制。涉及通信、广播、计算机、互联网、微电子、遥感遥测、自动控制、机器人等诸多领域。

子任务5-1-3　了解新一代信息技术之间的关系

新一代信息技术，更主要的是指信息技术的整体平台和产业的代际变迁，《国务院关于加快培育和发展战略性新兴产业的决定》中列出了国家战略性新兴产业体系，其中就包括"新一代信息技术产业"。

近年来，以物联网、云计算、大数据、人工智能、区块链为代表的新一代信息技术产业正在酝酿着新一轮的信息技术革命，新一代信息技术产业不仅重视信息技术本身和商业模式的创新，而且强调将信息技术渗进、融合到社会和经济发展的各个行业，推动其他行业的技术进步和产业发展。

新一代信息技术产业发展的过程，实质上就是信息技术融入涉及社会经济发展的各个领域，创造新价值的过程。

1. 大数据拥抱云计算

云计算的 PaaS 平台中的一个复杂的应用是大数据平台，大数据需要一步一步地融入云计算中，才能体现大数据的价值。

大数据中的数据分为三种类型：结构化的数据、非结构化的数据和半结构化的数据。其实数据本身并不是有用的，必须经过一定的处理。例如，人们每天跑步时运动手环所收集的就是数据，网络上的网页也是数据。虽然数据本身没有什么用处，但数据中包含一种很重要的东西，即信息（Information）。

数据十分杂乱，必须经过梳理和筛选才能够称为信息。信息中包含了很多规律，人们将信息中的规律总结出来，称之为知识（Knowledge）。有了知识，人们就可以利用这些知识去实战，有的人会做得非常好，这就是智慧（Intelligence）。因此，数据的应用分为四个步骤：数据、信息、知识和智慧。

2. 物联网技术完成数据收集

数据的处理分为几个步骤，第一个步骤即数据的收集。在物联网层面上，数据的收集是指通过部署成千上万个传感器，将大量的各种类型的数据收集上来。在互联网网页的搜索引擎层面，数据的收集是指将互联网所有的网页都下载下来。这显然不是单独一台机器能够做到的，需要多台机器组成网络爬虫系统，每台机器下载一部分，机器组同时工作，才能在有限的时间内，将海量的网页下载完毕。

3. 人工智能拥抱大数据云

人工智能算法依赖于大量的数据，而这些数据往往需要面向某个特定的领域（如电商、快递）进行长期的积累。如果没有数据，人工智能算法就无法完成计算，所以人工智能程序很少像云计算平台一样给某个客户单独安装一套,让客户自己去使用。因为客户没有大量的相关数据做训练,结果往往很不理想。

但云计算厂商往往是积累了大量数据的,可以为云计算服务商安装一套程序,并提供一个服务接口。例如,想鉴别一个文本是不是涉及暴力,则直接使用这个在线服务即可。这种形式的服务,在云计算中被称为软件即服务(Software as a Service,SaaS),于是人工智能程序作为SaaS平台进入了云计算领域。

一个大数据公司,通过物联网或互联网积累了大量的数据,会通过一些人工智能算法提供某些服务;一个人工智能服务公司,也不可能没有大数据平台作为支撑。

任务 5-2 了解物联网技术

物联网(Internet of Things,IoT)是信息科技产业的第三次革命。

子任务 5-2-1 物联网概述

1. 物联网的定义

物联网指的是将无处不在的"内在智能"末端设备和"外在智能"设施,通过各种无线或有线的长距离或短距离通信网络实现互联互通(M2M)、应用大集成(Grand Integration)以及基于云计算的 SaaS 营运等模式,在内网、专网或者互联网环境下,采用适当的信息安全保障机制,提供安全可控乃至个性化的实时在线监测、定位追溯、报警联动、调度指挥、预案管理、远程控制、安全防范、远程维保、在线升级、统计报表、决策支持、领导桌面等管理和服务功能,实现对"万物"的"高效、节能、安全、环保"的"管、控、营"一体化。

"内在智能"设备包括传感器、移动终端、工业系统、数控系统、家庭智能设施、视频监控系统等。"外在智能"是指贴上 RFID 标签的各种资产、携带无线终端的个人与车辆等。

2. 物联网的诞生和发展

"物联网"的概念是在 1999 年提出的,2005 年国际电信联盟(ITU)发布《ITU 互联网报告 2005:物联网》。报告指出,无所不在的"物联网"通信时代即将来临,世界上所有的物体从轮胎到牙刷、从房屋到纸巾都可以通过因特网主动进行交换。射频识别(RFID)技术、传感器技术、纳米技术、智能嵌入技术将得到更加广泛的应用。

自 2009 年 8 月提出"感知中国"以来,物联网被正式列为国家五大新兴战略性产业之一,写入"政府工作报告",物联网在中国受到了全社会极大的关注,其受关注程度是在美国、欧盟以及其他各国不可比拟的。

3. 物联网的关键技术

把网络技术运用于万物,组成"物联网",如把感应器嵌入装备到油网、电网、路网、水网、建筑、大坝等物体中,然后将"物联网"与"互联网"整合起来,实现人类社会与物理系统的整合。

在物联网应用中有以下关键技术。

(1)传感器技术

这也是计算机应用中的关键技术。计算机处理的都是数字信号,这就需要传感器把模拟信号转换成数字信号,计算机才能处理。

(2)RFID 技术

这也是一种传感器技术,RFID 技术是将无线射频技术和嵌入式技术融为一体的综合技术,RFID 在自动识别、物品物流管理有着广阔的应用前景。

(3)嵌入式系统技术

嵌入式系统技术是将计算机软、硬件,传感器技术,集成电路技术,电子应用技术融为一体的复杂技术。经过几十年的演变,以嵌入式系统为特征的智能终端产品随处可见。嵌入式系统正在改变着人们的生活,推动着工业生产以及国防工业的发展。如果把物联网用人体做一个简单比喻,传感器相当于人的眼睛、鼻子、皮肤等感官,网络就是神经系统,用来传递信息,嵌入式系统则是人的大脑,在接收信息后要进行分类处理。

(4)智能技术

智能技术是为了有效达到某种预期的目的,利用知识所采用的各种方法和手段。通过在物体中植入智能系统,可以使物体具备一定的智能性,能够主动或被动地实现与用户的沟通,这也是物联网的关键技术之一。

(5)无线网络技术

在物联网中,物与物无障碍地通信,必然离不开能够传输海量数据的高速无线网络。无线网络不仅包括允许用户建立远距离无线连接的全球语音和数据网络,还包括短距离蓝牙技术、红外线技术和 Zigbee 技术等。

4. 物联网的体系架构

物联网典型体系架构分为三层,自下而上分别是感知层、网络层和应用层。如图 5-1 所示。

应用层	物流监控	污染监控	远程医疗	智能电力	数字农业	智能交通
网络层	云计算平台					
	互联网	移动通信	卫星通信	有线电视网	信息中心	
感知层	射频识别读写器		传感器网关		接入网关	
	射频识别标签		传感器网关		智能设备	

图 5-1 物联网典型体系架构

感知层实现物联网全面感知的核心能力,是物联网中关键技术、标准化、产业化方面亟待突破的部分,关键在于具备更精确、更全面的感知能力,并解决低功耗、小型化和低成本问题。

网络层主要以广泛覆盖的移动通信网络作为基础设施,是物联网中标准化程度最高、产业化能力最强、最成熟的部分，关键在于为物联网应用特征进行优化改造，形成系统感知的网络。

应用层提供丰富的应用，将物联网技术与行业信息化需求相结合，实现广泛智能化的应用解决方案，关键在于行业融合、信息资源的开发利用、低成本高质量的解决方案、信息安全的保障及有效商业模式的开发。

子任务 5-2-2　物联网应用

1. 物联网与交通

传统路联网和车联网两种系统仅属于区域间的通信，一般民众并没有渠道取得路联网和车联网中的信息。为了为一般民众提供最实时的路况信息，智能交通运用了物联网的概念，将路联网和车联网感应到的道路信息传送到云端的数据库中，数据经过系统的整合之后，上传至网络平台。此后，民众即可通过智能手机和计算机进入平台得知最新的道路信息。

比较典型的应用是智能型感知行车记录仪。随着时代的进步，人们出行大部分以车为代步工具，为了提升行车时的安全性，行车记录仪也日渐普及。但是，传统的行车记录仪只能记录行车时的影像，以及监控车外死角。随着科技的进步和网络的发达，智能型感知行车记录仪结合了传统的行车记录仪、环境传感器和网络，让人们除了可以记录行车信息之外，也可以通过网络得知在任何时间点上道路的行驶状况和环境信息。当人们想得知某路段在某时间的路况信息时，可利用智能装置通过互联网进入云端数据库，经过身份认证后，即可观看云端数据库中任何时间任何路段的道路环境信息。

2. 物联网与农业

农业物联网指的是将各种各样的传感器节点自动组织起来构成传感器网络，通过各种传感器实时采集农田信息并及时反馈给农户，使农民足不出户便可以掌握监控区域的农田环境及作物信息。另外，农民也可以通过手机或者计算机远程控制设备，自动控制系统减少了灌溉、作物管理的用工人数，提高了生产效率。

3. 物联网与医疗

物联网在医疗领域的应用被称为"智能医疗"，具有信息的实时采集、信息流通的特点。例如，监控慢性病与危机状态时，如果没有信息的实时采集，则可能会使得病情渐渐恶化，导致无法医治；而危机状态下若没有信息的实时采集，则可能隔一段时间后，导致危机扩散开来，以致局势恶化，无法收拾。但是抑制危机的扩散不能只有信息的实时采集，还需要信息的高度流通，因此，在医疗领域中，信息的实时采集与信息流通是非常重要的环节。

任务 5-3　了解云计算和大数据技术

云计算(Cloud Computing)，分布式计算技术的一种，是透过网络将庞大的计算处理程序自动分拆成无数个较小的子程序，再交由多部服务器所组成的庞大系统经搜寻、计算分析之后将处理结果回传给用户。

子任务 5-3-1　了解云计算技术

1. 云计算的概念

"云计算"是分布式处理(Distributed Computing)、并行处理(Parallel Computing)和网格计算(Grid Computing)的发展和这些计算机科学概念的商业实现。

中国网格计算、云计算专家刘鹏给"云计算"定义为："云计算将计算任务分布在大量计算机构成的资源池上，使各种应用系统能够根据需要获取计算力、存储空间和各种软件服务。"

"云计算"既不是一种技术，也不是一种理论，是一个时代需求的代表，反映了市场关系的变化，谁拥有更为庞大的数据规模，谁就可以提供更广、更深的信息服务，而软件和硬件的影响相对缩小。

2. 云计算的关键技术

(1) 虚拟机技术

服务器虚拟化是云计算底层架构的重要基石。在服务器虚拟化中，虚拟化软件需要实现对硬件的抽象，资源的分配、调度和管理，虚拟机与宿主操作系统及多个虚拟机间的隔离等功能。

(2) 数据存储技术

云计算系统需要同时满足大量用户的需求，并行地为大量用户提供服务。因此，云计算的数据存储技术必须具有分布式、高吞吐率和高传输率的特点。

(3) 数据管理技术

云计算的特点是对海量的数据存储、读取后进行大量的分析，如何提高数据的更新速率以及进一步提高随机读速率是未来的数据管理技术必须解决的问题。

(4) 分布式编程与计算

为了使用户能更轻松地享受云计算带来的服务，让用户能利用该编程模型编写简单的程序来实现特定的目的，云计算上的编程模型必须十分简单。

(5) 虚拟资源的管理与调度

云计算区别于单机虚拟化技术的重要特征是通过整合物理资源形成资源池，并通过资源管理层（管理中间件）实现对资源池中虚拟资源的调度。

(6) 云计算的业务接口

为了方便用户业务由传统IT系统向云计算环境的迁移，云计算应对用户提供统一的业务接口。业务接口的统一不仅方便用户业务向云端的迁移，也会使用户业务在云与云之间的迁移更加容易。

(7) 云计算相关的安全技术

云计算模式带来一系列的安全问题，包括用户隐私的保护、用户数据的备份、云计算基础设施的防护等,这些问题都需要更强的技术手段,乃至法律手段去解决。

3. 云计算应用

云计算的应用领域主要包括 IaaS 平台的典型应用、PaaS 平台的典型应用和 SaaS 平台的典型应用,以及云计算的综合应用。

(1)IaaS 平台的典型应用

亚马逊公司是目前世界上最成功的 IaaS 服务提供者之一,拥有非常成功的 AWS(Amazon Web Services)云计算服务平台,为全世界范围内的客户提供云解决方案。国内相关产品主要有阿里云、腾讯云和华为云等。

(2)PaaS 平台的典型应用

Cloud Foundry 是由 VMware 设计与开发的业界第一个开源 PaaS 云平台,它支持多种框架、语言、运行环境,开发人员能够很方便地进行应用程序的开发、部署和扩展,无须担心任何基础架构的问题。类似的 PaaS 云平台还有谷歌的 GAE(Google App Engine),其支持 Python 语言、Java 语言、Go 语言和 PHP 语言等。国内的相关产品有码云(Gitee)等。

(3)SaaS 平台的典型应用

Google Docs 是谷歌公司推出的一款完全基于浏览器的 SaaS 云平台,它提供在线文档服务,允许用户在线创建文档,并提供了多种布局模板。用户不必在本地安装任何程序,只需要通过浏览器登录服务器,就可以随时随地获得自己的工作环境。在用户体验上,该服务做到了尽量符合用户的使用习惯,不论是页面布局、菜单设置还是操作方法,都与用户所习惯的本地文档处理软件(如 Microsoft Office 等)相似。国内的相关产品有金山云文档、用友云财务等。

子任务 5-3-2　了解大数据技术

大数据(Big Data,BD)是指无法在一定时间范围内用常规软件工具进行捕捉、管理和处理的数据集合,是需要新处理模式才能具有更强的决策力、洞察发现力和流程优化能力的海量、高增长率和多样化的信息资产。

1. 大数据的定义

"大数据"研究机构 Gartner 对大数据的定义:"大数据是指需要新处理模式才能具有更强的决策力、洞察发现力和流程优化能力来适应海量、高增长率和多样化的信息资产。"

麦肯锡全球研究所对大数据的定义:"大数据是一种规模大到在获取、存储、管理、分析方面大大超出了传统数据库软件工具能力范围的数据集合,具有海量的数据规模、快速的数据流转、多样的数据类型和价值密度低四大特征。"

从技术上看,大数据与云计算的关系就像一枚硬币的正反面一样密不可分。大数据必然无法用单台的计算机进行处理,必须采用分布式架构。它的特色在于对海量数据进行分布式数据挖掘。但它必须依托云计算的分布式处理、分布式数据库和云存储、虚拟化技术。

2. 大数据的结构

大数据包括结构化、半结构化和非结构化数据,非结构化数据越来越成为数据的主要部分。IDC 的调查报告显示：企业中 80% 的数据都是非结构化数据，这些数据每年都按指数增长 60%。

大数据三个层面分别为理论层面、技术层面和实践层面，如图 5-2 所示。

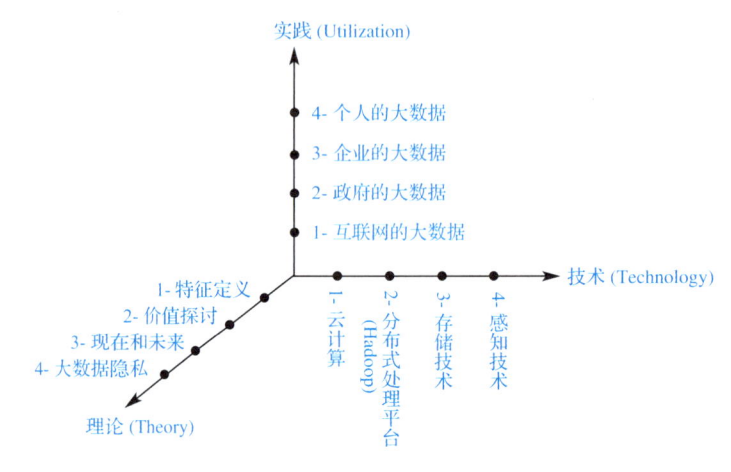

图 5-2　大数据的三个层面

(1) 理论层面

理论是认知的必经途径，也是被广泛认同和传播的基线。在这里从大数据的特征定义理解行业对大数据的整体描绘和定性；从对大数据价值的探讨来深入解析大数据的珍贵所在；洞悉大数据的发展趋势；从大数据隐私这个特别而重要的视角审视人和数据之间的长久博弈。

(2) 技术层面

技术是大数据价值体现的手段和前进的基石。在这里分别从云计算、分布式处理平台、存储技术和感知技术的发展来说明大数据从采集、处理、存储到形成结果的整个过程。

(3) 实践层面

实践是大数据的最终价值体现。在这里分别从互联网的大数据、政府的大数据、企业的大数据和个人的大数据四个方面来描绘大数据已经展现的美好景象及即将实现的蓝图。

3. 大数据的意义

有人把数据比喻为蕴藏能量的煤矿。煤炭按照性质有焦煤、无烟煤、肥煤、贫煤等分类，而露天煤矿、深山煤矿的挖掘成本又不一样。与此类似，大数据并不在"大"，而在于"有用"。价值含量、挖掘成本比数量更为重要。

大数据的价值体现在以下三个方面：

(1) 对大量消费者提供产品或服务的企业可以利用大数据进行精准营销。

(2) 做小而美模式的中小微企业可以利用大数据做服务转型。

(3) 面临互联网压力必须转型的传统企业需要与时俱进地充分利用大数据的价值。

4. 大数据的发展趋势

(1) 数据的资源化

数据的资源化指大数据成为企业和社会关注的重要战略资源，并已成为大家争相抢夺的新焦点。

(2) 与云计算的深度结合

大数据离不开云处理,云处理为大数据提供了弹性可拓展的基础设备,是产生大数据的平台之一。

(3) 科学理论的突破

大数据是新一轮的技术革命。随之兴起的数据挖掘、机器学习和人工智能等相关技术,可能会改变数据世界里的很多算法和基础理论,实现科学技术上的突破。

(4) 数据科学和数据联盟的成立

各大高校将设立专门的数据科学类专业,也会催生一批与之相关的新的就业岗位。与此同时,基于数据这个基础平台,也将建立起跨领域的数据共享平台,扩展到企业层面,并且成为未来产业的核心一环。

(5) 数据泄露泛滥

未来几年数据泄露事件的增长率也许会达到100%,除非数据在其源头就能够得到安全保障。在财富500强企业中,超过50%的企业将会设置首席信息安全官这一职位。

5. 大数据应用

大数据技术已经给生产生活带来了天翻地覆的变化,带来了时代的变革。

(1) 社交网络

LinkedIn 只是一家普通的科技公司,建成的一个最重要的数据库是 Espressoo。它是继亚马逊的 Dynamo 数据库之后的一个最终一致性关键值存储数据库,用于高速存储某些确定数据,Espresso 作为一个事务一致性文件存储数据库,通过对整个公司的网络操作取代遗留的 Oracle 数据库。

(2) 医疗行业

IBM 最新沃森技术的医疗保健内容可以分析预测首个客户,该技术允许企业找到大量病人相关的临床医疗信息,通过大数据处理,更好地分析病人的信息。

在加拿大多伦多的一家医院,针对早产婴儿,每秒有超过30次的数据读取。通过这些数据分析,医院能够提前知道哪些早产儿出现问题并且有针对性地采取措施,避免早产婴儿夭折。

更多的创业者可以更方便地开发健康类 App 产品。例如,通过社交网络来收集数据,也许未来数年后,它们搜集的数据能使医生对病人的诊断变得更为精确,如药品用量不再是通用的成人每日三次、一次一片,而是检测到病人的血液中药剂已经代谢完成就自动提醒病人再次服药。

(3) 保险行业

大多数疾病可以通过药物来达到治疗效果,但如何让医生和病人能够专注参与一个可以真正改善病人健康状况的干预项目却极具挑战。安泰保险目前正尝试通过大数据达到此目的。

安泰保险为了帮助改善代谢综合征患者的发病率,从1 000名患者中选择了其中的102人来进行实验。在一个独立的实验室工作内,通过患者的一系列代谢综合征的检测结果,在连续三年内,扫描了60万个化验结果和18万起索赔事件。将最后的结果组成一个高度个性化的治疗方案,以评估患者的危险因素和重点治疗方案。这样,医生就可以通过提供服用他汀类药物及减重2.3公斤等建议,降低患者未来10年内50%的发病率。

(4)零售业

"我们的某个客户是一家领先的专业时装零售商,通过当地的百货商店、网络及其邮购目录业务为客户提供服务。公司希望向客户提供差异化服务,如何定位公司的差异化呢?他们通过从社交网站上收集的社交信息,对化妆品的营销模式进行更深入的理解,随后他们认识到必须保留两类有价值的客户:高消费者和高影响者。他们希望通过接受免费化妆服务,让用户进行口碑宣传,这是交易数据与交互数据的完美结合,为业务挑战提供了解决方案。"Informatica 的技术帮助这家零售商使用社交平台上的数据充实了客户主数据,使其业务服务更具有目标性。

零售企业也监控客户的店内走动情况以及与商品的互动。它们对这些数据与交易记录进行分析,从而在销售哪些商品、如何摆放货品以及何时调整售价上给出意见,此类方法已经帮助某业界领先的零售企业减少了17%的存货,同时在保持市场份额的前提下,增加了高利润率自有品牌商品的比例。

任务5-4 了解人工智能技术

人工智能(Artificial Intelligence,AI)是研究、开发用于模拟、延伸和扩展人的智能的理论、方法、技术及应用系统的一门新的技术科学。

子任务5-4-1 人工智能概述

人工智能是一门极富挑战性的科学,从事这项工作的人必须懂得计算机知识、心理学和哲学。人工智能包括十分广泛的科学,它由不同的领域组成,如机器学习、计算机视觉等。总的说来,人工智能研究的一个主要目标是使机器能够胜任一些通常需要人类智能才能完成的复杂工作。但不同的时代、不同的人对这种"复杂工作"的理解是不同的。

1. 人工智能的基本概念

人工智能的定义可以分为两部分,即"人工"和"智能"。"人工"比较好理解,争议也不大。有时我们会需要考虑什么是人力所能制造的,或者人自身的智能程度有没有高到可以创造人工智能的地步。但总的来说,"人工系统"就是通常意义下的人工智能。

人工智能在20世纪70年代以来被称为世界三大尖端技术之一(空间技术、能源技术、人工智能),也被认为是21世纪三大尖端技术(基因工程、纳米科学、人工智能)之一。这是因为近三十年来它获得了迅速的发展,在很多学科领域都获得了广泛应用,并取得了丰硕的成果,人工智能已逐步成为一个独立的分支,在理论和实践上都已自成一个系统。

人工智能是研究如何使计算机来模拟人的某些思维过程和智能行为(如学习、推理、思考、规划等)的学科，主要包括计算机实现智能的原理、制造类似于人脑智能的计算机，使计算机能实现更高层次的应用。人工智能将涉及计算机科学、心理学、哲学和语言学等学科，可以说几乎是自然科学和社会科学的所有学科，其范围已远远超出了计算机科学的范畴，人工智能与思维科学的关系是实践和理论的关系，人工智能处于思维科学的技术应用层次，是它的一个应用分支。从思维观点看，人工智能不能仅限于逻辑思维，还要考虑形象思维、灵感思维，才能促进人工智能的突破性的发展，数学常被认为是多种学科的基础科学，数学不仅在标准逻辑、模糊数学等范围发挥作用，也进入了语言、思维领域，人工智能学科也必须借用数学工具，它们将互相促进而更快地发展。

2. 人工智能科学介绍

(1)实际应用

人工智能可以应用在机器视觉、指纹识别、人脸识别、视网膜识别、虹膜识别、掌纹识别、专家系统、自动规划、智能搜索、定理证明、博弈、自动程序设计、智能控制、机器人学、语言和图像理解、遗传编程等。

(2)学科范畴

人工智能是一门交叉学科，属于自然科学和社会科学的交叉，属于一类学科。

(3)涉及学科

人工智能涉及的学科有哲学和认知科学、数学、神经生理学、心理学、计算机科学、信息论、控制论、不定性论。

(4)研究范畴

人工智能的研究范畴包括自然语言处理，知识表现，智能搜索、推理、规划，机器学习，知识获取，组合调度问题，感知问题，模式识别，逻辑程序设计软计算，不精确和不确定的管理，人工生命，神经网络，复杂系统，遗传算法。

(5)意识和人工智能

人工智能就其本质而言，是对人的思维的信息过程的模拟。

对于人的思维模拟可以从两条道路进行，一是结构模拟，仿照人脑的结构机制，制造出"类人脑"的机器；二是功能模拟，暂时撇开人脑的内部结构，而从其功能过程进行模拟。现代电子计算机的产生便是对人脑思维功能的模拟，是对人脑思维的信息过程的模拟。

子任务 5-4-2　人工智能应用

1. 图像处理

人工智能在拍照方面被广泛应用，"美图秀秀"软件在 PC 端的横空出世引领了美颜界的科技风向。如今的智能手机系统自带美颜功能,利用 AI 技术模拟场景预设光源,实现前景虚化、自动美颜。在拍照方面,AI 技术可以通过深度学习算法以及对数据库的分析,智能识别人脸和拍照场景,判断最佳拍照时间、智能完美虚化,呈现"奶油化开"般的迷人境界,帮助人们轻松拍出"大师级"的美照。

2. 模式识别

模式识别有 2D 识别引擎、3D 识别引擎、驻波识别引擎以及多维识别引擎。2D 识别引擎已推出指纹识别、人像识别、文字识别、图像识别和车牌识别;驻波识别引擎已推出语音识别。

3. 自动工程

自动工程包括自动驾驶(OSO 系统)、猎鹰系统(YOD 绘图)等。

4. 知识工程

知识工程以知识本身为处理对象,研究如何运用人工智能和软件技术,设计、构造和维护知识系统。

5. 专家系统

专家系统包括智能搜索引擎、计算机视觉和图像处理、机器翻译和自然语言理解、数据挖掘和知识发现等。

6. 机器人

机器人已经成为当下科技发展的重要领域之一,未来将会渗透到人们日常生产生活当中。主要包括搬运机器人、服务机器人和工业机器人。

任务 5-5　了解移动通信技术和区块链技术

子任务 5-5-1　了解移动通信技术

1. 移动通信的基本概念

移动通信(Mobile Communication)是移动体之间的通信,或移动体与固定体之间的通信。移动体可以是人,也可以是汽车、火车、轮船、收音机等在移动状态中的物体。

移动通信是进行无线通信的现代化技术,这种技术是电子计算机与移动互联网发展的重要成果之一。移动通信技术经过第一代、第二代、第三代、第四代技术的发展,目前,已经迈入了第五代发展的时代(5G 移动通信技术),这也是目前改变世界的几种主要技术之一。

2. 移动通信的基本特征

(1)移动性

移动性就是指要保持物体在移动状态中的通信,因而它必须是无线通信,或无线通信与有线通信的结合。

(2)电波传播条件复杂

因移动体可能在各种环境中运动,电磁波在传播时会产生反射、折射、绕射、多普勒效应等现象,产生多径干扰、信号传播延迟和展宽等效应。

(3)受到的噪声和干扰严重

受到的噪声和干扰包括在城市环境中的汽车火花噪声、各种工业噪声,移动用户之间的互调干扰、邻道干扰、同频干扰等。

(4)系统和网络结构复杂

移动通信系统是一个多用户通信系统和网络,必须使用户之间互不干扰,能协调一致地工作。此外,移动通信系统还应与市话网、卫星通信网、数据网等互联,整个网络结构是很复杂的。

(5)要求频带利用率高、设备性能好

移动通信过程中要求频带利用率高,设备性能好。

3. 5G移动通信技术

5G移动通信技术是第四代移动通信技术的升级和延伸。从传输速率上来看,5G移动通信技术要快一些、稳定一些,在资源利用方面也会将4G移动通信技术的约束全面打破。同时,5G移动通信技术会将更多的高科技技术纳入进来,使人们的工作、生活更加便利。

5G移动通信网络的特点有五个方面:

(1)关注用户体验。5G最突出的特点就是高度重视用户体验,能够将网络的广域覆盖功能全面实现。倘若4G和3G对比,主要是速度提升,则5G和4G进行比较,其突出之处就是范围更广阔,能够使无处不在的连接功能得以实现。也就是不管使用者人在哪里,使用的是何种设备,都能快速与网络相连。

(2)低功耗。结合白皮书的规定,5G会使低功耗得以实现。4G虽然在速度上与3G相比有了明显的改进,然而其使得手机对电池的要求也发生了很大的变化。

(3)对于通信管线设计中的现网数据,5G可从勘察终端中获得,同时还在勘察终端中适当增加一定的设计数据,并将系统与GIS地图进行有效结合,发挥管线视图的功能。勘察数据表可通过系统成图,然后再通过网络数据表导出。管理人员通过对项目进行检查,即得到与GIS相连的网络视图,准确了解项目勘察进度以及质量。

(4)确定生产管理系统储存管线概预算定额、管线施工所需材料的价格以及数据库,并选择适宜的计算方式对工程量进行计算,综合考虑各方面影响因素,制定完善的预算表格和设计模板。另外,还应该注意综合考虑通信管线设计指标以便进行调整,最后利用计算机信息技术形成设计方案的说明文件。

(5)加强管线设计管理以及网络数据管理,在此过程中,可采用全生命周期管理方式。对通信管线项目建设以及施工质量检测验收进行监督管理,另外,还需要与运营商管理系统以及资源管理系统进行连接,进而实现信息数据互通。通过应用上述管理方式,能够为用户设计提供可靠依据。

子任务 5-5-2　了解区块链技术

区块链(Initial Coin Offering,ICO)是信息技术领域的术语。在科技层面,区块链涉及数学、密码学、互联网和计算机编程等多种学科。

区块链在本质上是一个共享数据库,是一个个分布式的共享账本,存储于其中的数据或信息,具有"不可伪造""全程留痕""可以追溯""公开透明""集体维护"等特征。这些特征保证了区块链的"诚实"与"透明",为区块链创造信任奠定了基础。而区块链丰富的应用场景,基本上都基于区块链能够解决信息不对称问题,实现多个主体之间的协作信任与一致行动。

1. 特征

(1) 去中心化

区块链技术不依赖额外的第三方管理机构或硬件设施,没有中心管制,除了自成一体的区块链本身,通过分布式核算和存储,各个节点实现了信息自我验证、传递和管理。去中心化是区块链最突出、最本质的特征。

(2) 开放性

区块链技术基础是开源的,除了交易各方的私有信息被加密外,区块链的数据对所有人开放,任何人都可以通过公开的接口查询区块链数据和开发相关应用,因此整个系统信息高度透明。

(3) 独立性

基于协商一致的规范和协议(类似比特币采用的哈希算法等各种数学算法),整个区块链系统不依赖其他第三方,所有节点能够在系统内自动安全地验证、交换数据,不需要任何人为的干预。

(4) 安全性

只要不能掌控全部数据节点的 51%,就无法肆意操控修改网络数据,这使区块链本身变得相对安全,避免了主观人为的数据变更。

(5) 匿名性

除非有法律规范要求,单从技术上来讲,各区块节点的身份信息不需要公开或验证,信息传递可以匿名进行。

2. 架构模型

一般说来,区块链系统由数据层、网络层、共识层、激励层、合约层和应用层组成,如图 5-3 所示。

其中,数据层封装了底层数据区块以及相关的数据加密和时间戳等基础数据和基本算法;网络层则包括分布式组网机制、数据传播机制和数据验证机制等;共识层主要封装网络节点的各类共识算法;激励层将经济因素集成到区块链技术体系中来,主要包括经济激励的发行机制和分配机制等;合约层主要封装各类脚本、算法和智能合约,是区块链可编程特性的基础;应用

项目 5　认识新一代信息技术

```
┌─────────────────────────────────────────┐
│  ┌────────┐  ┌────────┐  ┌────────┐    │
│  │可编程货币│  │可编程金融│  │可编程社会│   │
│  └────────┘  └────────┘  └────────┘    │
│                应用层                    │
└─────────────────────────────────────────┘
┌─────────────────────────────────────────┐
│  ┌────────┐  ┌────────┐  ┌────────┐    │
│  │脚本代码 │  │算法机制 │  │智能合约 │    │
│  └────────┘  └────────┘  └────────┘    │
│                合约层                    │
└─────────────────────────────────────────┘
┌─────────────────────────────────────────┐
│       ┌────────┐       ┌────────┐       │
│       │发行机制 │       │分配 机制│       │
│       └────────┘       └────────┘       │
│                激励层                    │
└─────────────────────────────────────────┘
┌─────────────────────────────────────────┐
│  ┌────┐  ┌────┐  ┌────┐  ┌────┐        │
│  │PoW │  │PoS │  │DPoS│  │……  │        │
│  └────┘  └────┘  └────┘  └────┘        │
│                共识层                    │
└─────────────────────────────────────────┘
┌─────────────────────────────────────────┐
│  ┌────────┐  ┌────────┐  ┌────────┐    │
│  │P2P网络 │  │传播机制 │  │验证机制 │    │
│  └────────┘  └────────┘  └────────┘    │
│                网络层                    │
└─────────────────────────────────────────┘
┌─────────────────────────────────────────┐
│  ┌────────┐  ┌────────┐  ┌────────┐    │
│  │数据区块 │  │链式结构 │  │时间戳  │    │
│  └────────┘  └────────┘  └────────┘    │
│  ┌────────┐  ┌────────┐  ┌────────┐    │
│  │哈希函数 │  │Merkle树│  │非对称加密│   │
│  └────────┘  └────────┘  └────────┘    │
│                数据层                    │
└─────────────────────────────────────────┘
```

图 5-3　区块链基础架构模型

层则封装了区块链的各种应用场景和案例。该模型中,基于时间戳的链式区块结构、分布式节点的共识机制、基于共识算力的经济激励和灵活可编程的智能合约是区块链技术最具代表性的创新点。

3. 核心技术

(1) 分布式账本

分布式账本指的是交易记账由分布在不同地方的多个节点共同完成,而且每一个节点记录的是完整的账目,因此它们都可以参与监督交易合法性,同时也可以共同为其作证。

(2) 非对称加密

存储在区块链上的交易信息是公开的,但是账户身份信息是高度加密的,只有在数据拥有者授权的情况下才能访问到,从而保证了数据的安全和个人的隐私。

(3) 共识机制

共识机制就是所有记账节点之间怎么达成共识,去认定一个记录的有效性,这既是认定的手段,也是防止篡改的手段。

区块链的共识机制具备"少数服从多数"以及"人人平等"的特点,其中"少数服从多数"并不完全指节点个数,也可以是计算能力、股权数或者其他的计算机可以比较的特征量。"人人平等"是当节点满足条件时,所有节点都有权优先提出共识结果、直接被其他节点认同后并最后有可能成为最终共识结果。以比特币为例,采用的是工作量证明,只有在控制了全网超过51%的记账节点的情况下,才有可能伪造出一条不存在的记录。当加入区块链的节点足够多的时候，这基本上不可能，从而杜绝了造假的可能。

(4) 智能合约

智能合约是基于这些可信的不可篡改的数据，可以自动化地执行一些预先定义好的规则和条款。以保险为例，如果说每个人的信息（包括医疗信息和风险发生的信息）都是真实可信的，那就很容易地在一些标准化的保险产品中，去进行自动化的理赔。在保险公司的日常业务中，虽然交易不像银行和证券行业那样频繁，但是对可信数据的依赖是有增无减的。因此，笔者认为利用区块链技术，从数据管理的角度切入，能够有效地帮助保险公司提高风险管理能力。具体来讲主要分投保人风险管理和保险公司的风险监督。

4. 区块链应用

(1) 金融领域

区块链在国际汇兑、信用证、股权登记和证券交易所等金融领域有着潜在的巨大应用价值。将区块链技术应用在金融行业中，能够省去第三方中介环节，实现点对点的直接对接，从而在大大降低成本的同时，快速完成交易支付。

(2) 物联网和物流领域

区块链在物联网和物流领域也可以天然结合。通过区块链可以降低物流成本，追溯物品的生产和运送过程，并且提高供应链管理的效率。

区块链＋大数据的解决方案就利用了大数据的自动筛选过滤模式，在区块链中建立信用资源，可双重提高交易的安全性，并提高物联网交易便利程度，为智能物流模式应用节约时间成本。

(3) 公共服务领域

区块链在公共管理、能源、交通等领域都与民众的生产生活息息相关，但是这些领域的中心化特质也带来了一些问题，这些问题可以用区块链来改造。区块链提供的去中心化的完全分布式 DNS 服务通过网络中各个节点之间的点对点数据传输服务就能实现域名的查询和解析，可用于确保某个重要的基础设施的操作系统和固件没有被篡改，可以监控软件的状态和完整性，发现不良的篡改，并确保使用了物联网技术的系统所传输的数据没有经过篡改。

(4) 数字版权领域

通过区块链技术，可以对作品进行鉴权，证明文字、视频、音频等作品的存在，保证权属的真实、唯一性。作品在区块链上被确权后，后续交易都会进行实时记录，实现数字版权全生命周期管理，也可作为司法取证中的技术性保障。

(5) 保险领域

在保险理赔方面，保险机构负责资金归集、投资、理赔，往往管理和运营成本较高。通过智能合约的应用，既无须投保人申请，也无须保险公司批准，只要触发理赔条件，即可实现保单自动理赔。

(6) 公益领域

区块链上存储的数据，高可靠且不可篡改，天然适合用在社会公益场景。公益流程中的相关信息，如捐赠项目、募集明细、资金流向、受助人反馈等，均可以存放于区块链上，并且有条件地进行透明公开公示，方便社会监督。

项目小结

新一代信息技术产业发展的过程，就是信息技术融入涉及社会经济发展的各个领域，创造新价值的过程。物联网将新一代信息技术充分运用到各行各业中，再将"物联网"与现有的互联网整合起来，实现了人类社会与物理系统的整合，给予经济发展巨大的推动力。云计算需要大数据，通过大数据来展示平台的价值。大数据需要云计算，通过云计算将数据转化为生产力。人工智能作为计算机科学的重要分支，是发展中的综合性前沿学科，将会引领世界的未来。区块链的"不可伪造""全程留痕""可以追溯""公开透明""集体维护"特征，使得区块链技术具有坚实的"信任"基础，创造了可靠的"合作"机制，具有广阔的运用前景。

习题5

一、单项选择题

1. 关于人工智能概念表述正确的是（　　）。
   A. 人工智能是为了开发一类计算机使之能够完成通常由人类所完成的事情
   B. 人工智能是研究和构建在给定环境下表现良好的智能体程序
   C. 人工智能是通过机器或程序展现的智能
   D. 人工智能是人类智能体的研究

2. 下列不属于人工智能应用领域的是（　　）。
   A. 局域网　　　　B. 自动驾驶　　　　C. 自然语言学习　　　　D. 专家系统

3. 人工智能的研究领域包括（　　）。
   A. 机器学习　　　B. 人脸识别　　　　C. 自然语言处理　　　　D. 以上所有选项

4. 光敏传感器接收（　　）信息，并将其转换为电信号。
   A. 力　　　　　　B. 声　　　　　　　C. 光　　　　　　　　　D. 位置

5. 以下不是物理传感器的是（　　）。
   A. 视觉传感器　　B. 嗅觉传感器　　　C. 听觉传感器　　　　　D. 触觉传感器

6. RFID属于物联网的（　　）。
   A. 应用层　　　　B. 网络层　　　　　C. 业务层　　　　　　　D. 感知层

7. 下列（　　）技术不适用于个人身份认证。
   A. 手写签名识别技术　　　　　　　　B. 指纹识别技术
   C. 语言识别技术　　　　　　　　　　D. 二维码识别技术

8. 以下各个活动中，不涉及价值转移的是（　　）。
   A. 通过微信发红包给朋友
   B. 在抖音上上传并分享一段自己制作的视频

C. 在书店花钱购买了一本区块链相关的书籍

D. 从银行取出到期的 10 万元存款

9. 区块链是一个分布式共享的账本系统,这个账本有三个特点,以下不属于区块链账本系统特点的一项是(　　)。

A. 可以无限增加　　　B. 加密　　　C. 无顺序　　　D. 去中心化

10. 以下对区块链系统的理解正确的有(　　)。

A. 区块链是一个分布式账本系统　　　B. 存在中心化机构以建立信任

C. 每个节点都有账本,不易篡改　　　D. 能够实现价值转移

二、简答和实践题

1. 简述物联网、云计算、大数据、人工智能和区块链之间的关系。

2. 简述未来物联网的发展趋势。

3. 简述大数据技术的特点。

4. 举例说明区块链技术的应用实践。

5. 通过智能手机的 AI 拍照功能体验人工智能在图像处理方面的应用。

项目 6
培养信息素养和社会责任

项目工作任务

- 在理解信息素养的基础上提升自己的信息素养
- 在理解信息安全的基础上提升自己信息安全的防范意识
- 在了解计算机病毒的基础上为自己的计算机安装并维护防病毒软件

项目知识目标

- 了解信息素养的概念和组成要素
- 理解信息修养的评价标准
- 了解信息安全的概念及主要的防范措施
- 了解网络安全及防范措施
- 了解计算机病毒的含义、特征和主要防范措施
- 了解个人素养和社会责任的养成途径

项目技能目标

- 通过网络等途径学习信息素养的经典案例提升自己的信息素养
- 为自己的计算机安装防病毒软件并更新为最新"病毒库"
- 培养自己的职业道德等个人素养

项目重点难点

- 信息素养的养成途径
- 信息安全的主要防御措施

任务 6-1　了解信息素养概述和评价

谁掌握了知识和信息，谁就掌握了支配它的权力。因此，明确信息素养的内涵及其构成要素，培养自身的信息意识和信息能力，是信息社会每一位生存者发展、竞争及终身学习的必备素质之一。

子任务 6-1-1　了解信息素养的概念

信息素养（Information Literacy，IL）也称为"信息素质"。最早是由美国信息产业协会主席保罗·泽考斯基在 1974 年提出的，泽考斯基将其定义为"利用大量信息工具及主要信息源使问题得到解答的技能"。"而具有信息素养的人，是指那些在如何将信息资源应用到工作中这一方面得到良好训练的人。有信息素养的人已经习得了使用各种信息工具和主要信息来源的技术和能力，以形成信息解决方案来解决问题。"

国内外关于信息素养的定义比较多，影响较大的定义有以下几种。

1987 年，信息学家 Patrieia Breivik 将信息素养概括为一种"了解提供信息的系统并能鉴别信息价值、选择获取信息的最佳渠道、掌握获取和存储信息的基本技能"。

1989 年，美国图书馆学会（American Library Association，ALA），将信息素养简单地定义为"具有信息素养的人，能够判断什么时候需要信息，并懂得如何去获取信息，如何去评价和有效利用所需的信息。"

进入 20 世纪 90 年代后，随着网络技术的发展和以知识经济为主导的信息时代的到来，信息素养的内涵又有了新的解读。布拉格会议将信息素养定义为一种能力，它能够确定、查找、评估、组织和有效地生产、使用和交流信息来解决问题。

1992 年，Doyle 在《信息素养全美论坛的终结报告》中，再次对信息素养的概念做了详尽表述："一个具有信息素养的人，他能够认识到精确的和完整的信息，并做出合理的决策，确定对信息的需求，形成基于信息需求的问题，确定潜在的信息源，制订成功的检索方案，从包括基于计算机和其他信息源获取信息、评价信息、组织信息于实际的应用，将新信息与原有的知识体系进行融合以及在批判性思考和问题解决的过程中使用信息。"根据美国大学与研究图书馆协会最新给出的定义，信息素养是一种综合能力，即对信息的反思性发现，理解信息的产生及对其评价，利用信息创造新知识，在遵守社会公德的前提下，加入学习交流社区。

我国关于信息素养的定义主要由著名教育技术专家李克东教授和徐福荫教授分别提出。李克东教授认为，信息素养应该包含信息技术操作能力、对信息内容的批判与理解能力，以及对信息的有效运用能力。

徐福荫教授认为，从技术学视角看，信息素养应定位在信息处理能力；从心理学视角看，信息素养应定位在信息问题解决能力；从社会学视角看，信息素养应定位在信息交流能力；从文化学视角看，信息素养应定位在信息文化的多重建构能力。

因此，信息素养是一个含义非常广泛而且不断变化发展的综合性概念，不同时期、不同国家的人们对信息素养赋予了不同的含义。

子任务 6-1-2　掌握信息素养的组成要素

信息素养是一种个人综合能力素养，同时又是一种个人基本素养。

在信息化社会中，获取信息、利用信息、开发信息已经普遍成为对现代人的一种基本要求，是信息化社会中人们必须掌握的终身技能。信息素养是在信息化社会中个体成员所具有的各种信息品质，一般而言，信息素养主要包括信息意识、信息知识、信息能力和信息道德四个要素。

1. 信息意识

"意识"是人类头脑中对于客观世界的反映，是感觉和思维等心理过程的总和。信息意识是意识的一种，是信息在人脑中的集中反映。

信息意识是指对信息、信息问题的敏感程度，是对信息的捕捉、分析、判断和吸收的自觉程度。具体来说，就是人作为信息的主体在信息活动中产生的知识、观点和理论的总和。它包括两方面的含义：一方面，是指信息主体对信息的认识过程，也就是人对自身信息需要、信息的社会价值、人的活动与信息的关系及社会信息环境等方面的自觉心理反应；另一方面，是指信息主体对信息的评价过程，包括对待信息的态度和对信息质量的变化等所做的评估，并能以此指导个人的信息行为。

通俗地讲，面对不懂的东西，能积极主动地去寻找答案，并知道在哪里、用什么方法去寻求答案，这就是信息意识。信息意识的强弱表现为对信息的感受力的大小，并直接影响到信息主体的信息行为与行为效果。

信息时代处处蕴藏着各种信息，能否充分地利用现有信息，是人们信息意识强弱的重要体现。

经典案例 6-1

2005年6月，美国Google公司推出了"Google Earth"这一搜索工具，它将卫星图片与全球卫星定位数据、地理信息系统、图形、视频流以及3D等技术结合在一起，能实时地为用户提供图片和数据。"Google Earth"结合了本地搜索和卫星图片，本地搜索可以搜索饭店、酒馆等，还能提供驾驶指导等服务，其提供的3D图形技术能让用户从任意角度浏览到高清的地图。"Google Earth"推出后，各方反应不一。

印度、韩国、泰国和俄罗斯等国相继对"Google Earth"服务发出警告，称Google暴露了其国家的军事机密，对其国家安全造成威胁。因为"Google Earth"提供了涵盖范围非常广泛、非常详细的卫星图片与3D画面，甚至包括某些国家的重要军事基地或国家元首的办公地点。他们担心恐怖分子会利用这些图片对其发动恐怖袭击。

持乐观态度的人认为，"Google Earth"提供的一系列服务给人们的社会生活提供了极大的方便：通过下载地图，人们可以获得车辆驾驶方向、世界卫星图片和当地商业建筑等信息；用户可以在地图上搜索旅店、公园、地铁、提款机、道路交通状况等信息；甚至Google还能为警方提供数据，跟踪罪犯；"Google Earth"可以辅助地理教学，更好地了解全世界的地形地貌，可以清晰地看到各地的高山、河流、湖泊、公路甚至足球场。

由此看出，发现信息、捕获信息，想到用信息技术去解决问题，是信息意识的表现。信息意识的强弱决定着人们捕捉、判断和利用信息的自觉程度，影响着人们利用信息的能力和效果。信息意识是可以培养的，经过教育和实践，可以由被动的接受状态转变为自觉活跃的主动状态，而被"激活"的信息意识又可以进一步推动信息技能的学习和训练。

2. 信息知识

信息知识是人们在利用信息技术工具、拓展信息传播途径、提高信息交流效率过程中积累的认识和经验的总和，是信息素养的基础，是进行各种信息行为的原材料和工具。信息知识既包括专业性知识，也包括技术性知识。既是信息科学技术的理论基础，又是学习信息技术的基本要求。只有掌握了信息技术的知识，才能更好地理解与应用它。信息知识主要指以下几方面。

（1）传统文化素养

传统文化素养包括读、写、算的能力。尽管进入信息时代之后，读、写、算方式产生了巨大的变革，被赋予了新的含义，但传统的读、写、算能力仍然是人们文化素养的基础。信息素养是传统文化素养的延伸和拓展。

（2）信息的基本知识

信息的基本知识包括信息的理论知识，对信息、信息化的性质、信息化社会及其对人类影响的认识和理解。

（3）现代信息技术知识

现代信息技术知识主要包括信息技术的原理、信息技术的作用、信息技术的发展趋势等。

（4）外语

信息社会是全球性的，在互联网上有大半的信息是英语，此外还有其他语种的信息。

经典案例 6-2

汉字激光照排系统的发明人王选教授，走的正是这样一条"捷径"。

1986年，他只是北京大学一名助教，仅有10万元科研经费，却要研制取代铅字印刷的新技术。当时国内权威都认为应该跟着国外的步伐，完善光学机械式印刷系统。但是王选就是不盲从权威，开题立项之前他曾用了一年的时间，检索和研究了大量国外专利信息，了解到照排技术从"手动式""光学机械式""阴极射线管式"已经发展到第四代，即"激光照排"，但是激光照排还不完善，国外尚无商品。于是，王选便越过当时日本流行的光机式、欧美流行的阴极射线管式，直接研制成功第四代激光照排系统，实现了跨越式发展，节约了科研经费和时间。

任何科学研究都是在继承前人的知识后有所发明、有所创新的。也就是说，每个人都把前人认识事物的终点作为继承探索的起点。任何人从事某一特定领域的学术活动，或开始做一项新的科研工作，都要花费大量的时间对有关文献进行全面的调查研究，摸清国内外是否有人做过或者正在做同样的工作，取得了一些什么成果，尚存在什么问题，以便借鉴。只有这样才能有所发现、有所前进、有所创新。所有这些都需要信息知识的支撑,掌握信息知识是做好科学研究的基础和前提,如果在科学研究中,忽视信息检索,不能做好继承和借鉴工作,则容易重复研究,浪费大量人力、物力和财力。总之,信息转变为知识,知识涌现出智慧。

3. 信息能力

信息能力是信息素养中最重要的一个组成部分。它是指运用信息知识、技术和工具解决信息问题的能力,包括专业知识能力、信息检索能力、信息获取能力、信息评价能力、信息组织能力、信息利用能力和信息交流能力等。具体是指对基本概念和原理等知识的理解和掌握、信息资源的收集整理与管理、信息技术及其工具的选择和使用、信息处理过程的设计等能力。

经典案例 6-3

20世纪70年代末,荷兰飞利浦公司推出数码激光唱片,这项突破性的音响技术吸引了众多欧美大公司纷纷投入巨资设厂生产。日本公司在得知这条信息后,经过细致的研究分析,做出了不放弃原已占领的磁带市场的决策。他们悄悄地研制出效果更佳、功能更强的数码录音带及配套设备,使有些刚刚投产或刚完成庞大的基建工程的激光唱片公司面临严峻的挑战。

能否采取适当的方式方法,选择适合的信息技术及工具,通过恰当的途径去解决问题,最终要看有没有信息能力了。如果只是具有强烈的信息意识和丰富的信息知识,却无法有效地利用各种信息工具去搜集、获取、传递、加工、处理有价值的信息,也无法适应信息时代的要求。

4. 信息道德

信息道德是指在信息的采集、加工、存储、传播和利用等信息活动各个环节中,用来规范其间产生的各种社会关系的道德意识、道德规范和道德行为的总和。它通过社会舆论、传统习俗等,使人们形成一定的信念、价值观和习惯,从而使人们自觉地通过自己的判断规范自己的信息行为。

信息道德作为信息管理的一种手段,与信息政策、信息法律有密切的关系,它们各自从不同的角度实现对信息及信息行为进行规范和管理。信息道德以其巨大的约束力在潜移默化中规范人们的信息行为,而在自觉、自发的道德约束无法涉及的领域,信息政策和信息法律则能够充分地发挥作用。信息政策弥补了信息法律滞后的不足,其形式较为灵活,有较强的适应性。而信息法律则将相应的信息政策、信息道德固化为成文的法律、规定、条例等形式,从而使信息政策和信息道德的实施具有一定的强制性,更加有法可依。信息道德、信息政策和信息法律三者相互补充、相辅相成,共同促进各种信息活动的正常进行。

信息道德包括以下内容:

(1)遵守信息法律法规

要了解与信息活动有关的法律法规,培养遵纪守法的观念,养成在信息活动中遵纪守法的意识与行为习惯。

(2)抵制不良信息

提高判断是非、善恶和美丑的能力,能够自觉选择正确信息,抵制垃圾信息、黄色信息、反动信息和封建迷信信息等。

(3)批评与抵制不道德的信息行为

培养信息评价能力，认识到维护信息活动的正常秩序是每个人应担负的责任，对不符合社会信息道德规范的行为应坚决予以批评和抵制，营造积极的舆论氛围。

(4)不损害他人利益

个人的信息活动应以不损害他人的正当利益为原则，要尊重他人的财产权、知识产权，不使用未经授权的信息资源、尊重他人的隐私、保守他人秘密、信守承诺、不损人利己。

(5)不随意发布信息

个人应对自己发出的信息承担责任，应清楚自己发布的信息可能产生的后果，应慎重表达自己的观点和看法，不能不负责任或信口开河，更不能有意传播虚假信息、流言等误导他人。

经典案例6-4

一款名为"MSN Chat Monitor & Sniffer"的软件制造的"MSN 偷窥门事件"，让众多 MSN 用户绷紧了神经。普通人使用该软件，不仅可以轻松看到局域网内部所有的 MSN 用户的 MSN 地址，而且能够窥视其中的聊天内容，整个过程无须网管的协助，这就是一种侵犯别人隐私的不道德信息行为。

信息道德在潜移默化中调整人们的信息行为，使其符合信息社会基本的价值规范和道德准则，从而使社会信息活动中个人与他人、个人与社会的关系变得和谐与完善，并最终对个人和组织等信息行为主体的各种信息行为产生约束或激励作用。同时，信息政策和信息法律的制定及实施必须考虑现实社会的道德基础，所以说，信息道德是信息政策和信息法律建立和发挥作用的基础。

总之，信息素养四个要素的相互关系共同构成一个不可分割的统一整体。可归纳为，信息意识是前提，决定一个人是否能够想到用信息和信息技术；信息知识是基础；信息能力是核心，决定能不能把想到的做到、做好；信息道德则是保证、是准则，决定在做的过程中能不能遵守信息道德规范、合乎信息伦理。

子任务6-1-3　掌握评价信息素养的方式

1. 信息素养评价概述

信息素养评价是依据一定的目的和标准，采用科学的态度与方法，对个人或组织等进行综合信息能力考察的过程。它既可以是对一个国家或地区的整体评价，也可以是对某个特定人的个体评价。具体地说，就是要判断被评价对象的信息素质水平，并衡量这些信息素质对其工作与生活的价值和意义。群体评价往往是建立在个体评价基础之上的，因此，个体信息素质评价是信息素质评价的基础和核心。

当前,信息素质已成为大学生必备的基本素质之一。对大学生开展信息素质水平评估,一方面可以让学生在正确认识自己的优势与不足的基础上,从正反两个方面受到激励,增强其发展信息素养的积极性和主动性;另一方面,信息素养评价也是大学生信息素养教育过程中的重要环节。通过科学的测量与评价,促使大学生朝着有利于提高自身信息素养的方向发展。

2. 信息素养的评价标准

在学习国外信息素养评价标准基础上,国内学者针对中国国情提出了多种关于信息素养的评价标准,比较有代表性的人物有陈文勇和杨晓光。他们从大学生信息素养能力中总结出学生必须掌握的核心能力,以此为依据,参照美国 ACRL 标准,制定了我国《高等院校学生信息素养能力标准》共计十条,作为我国大学生毕业时评价信息素养的指南。孙建军和郑建明等人认为,美国 ACRL 的评价标准侧重于对信息能力、信息道德的评估,用以评估我国的信息素养教育尚不够全面,应补充有关信息意识等方面的评价指标,在此基础上,制定出符合我国实际情况的信息素养教育评价标准。刘美桃则指出,我国应结合本国具体实际,从以下八个方面来制定我国信息素质教育的评价标准。

(1) 信息意识的强弱,即对信息的敏锐程度。

(2) 信息需求的强烈程度,确定信息需求的时机,明确信息需求的内容与范围。

(3) 所具有的信息源基础知识的程度。

(4) 高效获取所需信息的能力。

(5) 评估所需信息的能力。

(6) 有效地利用信息以及存储组织信息的能力。

(7) 具有一定的经济、法律方面的知识,获取与使用信息符合道德与法律规范。

(8) 终身学习的能力。

另外,"北京地区高校信息素养能力指标体系"由 7 个维度、19 项标准、61 个三级指标组成。该指标体系作为北京市高校学生信息素养评价的重要指标,是我国第一个比较完整、系统的信息素养能力体系。

(1) 维度1,具备信息素养的学生能够了解信息以及信息素质能力在现代社会中的作用、价值与力量。

(2) 维度2,具备信息素质的学生能够确定所需信息的性质与范围。

(3) 维度3,具备信息素养的学生能够有效地获取所需要的信息。

(4) 维度4,具备信息素养的学生能够正确地评价信息及其信息源,并且把选择的信息融入自身的知识体系中,重构新的知识体系。

(5) 维度5,具备信息素养的学生能够有效地管理、组织与交流信息。

(6) 维度6,具备信息素养的学生作为个人或群体的一员能够有效地利用信息来完成一项具体的任务。

(7) 维度7,具备信息素养的学生了解与信息检索、利用相关的法律、伦理和社会经济问题,能够合理、合法地检索和利用信息。

信息意识是信息需求的前提,它支配着用户的信息行为并决定着信息的利用率,而终身学习能力是信息素质教育的最终目标。

任务 6-2　了解信息安全

子任务 6-2-1　信息安全概述

1. 信息安全的含义

ISO（国际标准化组织）对信息安全（Information Security，IS）的定义为：为数据处理系统建立和采用的技术、管理上的安全保护，目的是保护计算机硬件、软件、数据不因偶然和恶意的原因而遭到破坏、更改和泄露。

2. 信息安全存在的主要原因

(1) 个人信息没有得到规范采集

信息时代，虽然生活方式呈现出简单和快捷性，但其背后也伴有诸多信息安全隐患。例如诈骗电话、大学生"裸贷"问题、推销信息以及人肉搜索信息等均对个人信息安全造成影响。不法分子通过各类软件或者程序来盗取个人信息，并利用信息来获利，严重影响了公民生命、财产安全。除了政府部门和得到批准的企业外，还有部分未经批准的商家或者个人对个人信息实施非法采集，甚至部分调查机构建立调查公司，并肆意兜售个人信息。

(2) 公民欠缺足够的信息保护意识

网络上个人信息的肆意传播、电话推销源源不绝等情况时有发生，从其根源来看，这与公民欠缺足够的信息保护意识密切相关。公民在个人信息层面的保护意识相对薄弱，给信息被盗取创造了条件。比如，随便点进网站便需要填写相关资料，有的网站甚至要求精确到身份证号码等信息。很多公民并未意识到上述行为是对信息安全的侵犯。

(3) 相关部门监管不力

政府针对个人信息采取监管和保护措施时，可能存在界限模糊的问题，这主要与管理理念模糊、机制缺失联系密切。大数据需要以网络为基础，网络用户较多并且信息较为繁杂，因此政府也很难实现精细化管理。再加上与网络信息管理相关的规范条例等并不系统，使得政府很难针对个人信息做到有力监管。

3. 信息安全的主要防御技术

(1) 身份认证技术

身份认证技术是用来确定访问或介入信息系统用户或者设备身份的合法性的技术，典型的手段有用户名口令、身份识别、PKI 证书和生物认证等。

(2) 防火墙以及病毒防护技术

防火墙是一种能够有效保护计算机安全的重要技术，由软、硬件设备组合而成，通过建立检测和监控系统来阻挡外部网络的入侵。用户可以使用防火墙有效控制外界因素对计算机系统的访问，确保计算机的保密性、稳定性以及安全性。病毒防护技术是指通过安装杀毒软件进行安全防御,并且及时更新软件,如金山毒霸、360安全防护中心、电脑安全管家等。病毒防护技术的主要作用是对计算机系统进行实时监控,同时防止病毒入侵计算机系统对其造成危害,将病毒进行截杀与消灭,实现对系统的安全防护。

(3)数字签名以及生物识别技术

数字签名技术主要针对电子商务,该技术有效保证了信息传播过程中的保密性以及安全性,同时也能够避免计算机受到恶意攻击或侵袭等问题发生。生物识别技术是指通过对人体的特征识别来决定是否给予应用权利,主要包括指纹、视网膜、声音等方面。这种技术能够最大限度地保证计算机互联网信息的安全性,现如今应用最为广泛的就是指纹识别技术,该技术在安全保密的基础上也有着稳定简便的特点,为人们带来了极大的便利。

(4)信息加密处理与访问控制技术

信息加密技术是指用户可以对需要进行保护的文件进行加密处理,设置有一定难度的复杂密码,并牢记密码保证其有效性。此外,用户还应当对计算机设备进行定期的检修以及维护,加强网络安全保护,并对计算机系统进行实时监测,防范网络入侵与风险,进而保证计算机的安全稳定运行。访问控制技术是指通过用户的自定义对某些信息进行访问权限设置,或者利用控制功能实现访问限制,该技术能够保护用户信息,也避免了非法访问等情况的发生。

(5)安全防护技术

安全防护技术是防止外部网络用户以非法手段进入内部网络,访问内部资源,保护内部网络操作环境的相关技术。安全防护技术包含网络防护技术(如防火墙、UTM、入侵检测防御等);应用防护技术(如应用程序接口安全技术等);系统防护技术(如防篡改、系统备份与恢复技术等)。

(6)入侵检测技术

在使用计算机软件学习或者工作的时候,多数用户会面临程序设计不当或者配置不当的问题,就使得他人能更加容易地入侵自己的计算机系统。例如,黑客可以利用程序漏洞入侵他人计算机,窃取或者损坏信息资源,对他人造成一定程度的经济损失。因此,在出现程序漏洞时用户必须及时处理,可以通过安装漏洞补丁来解决这个问题。

(7)安全检测与监控技术

安全检测与监控技术对信息系统中的流量以及应用内容进行二至七层的检测并适度监管和控制,避免网络流量的滥用、垃圾信息和有害信息的传播。

(8)加密解密技术

加密解密技术是在信息系统的传输过程或存储过程中进行信息数据加密和解密的技术。

(9)安全审计技术

安全审计技术包含日志审计和行为审计。日志审计可能协助管理员在受到攻击后查看网络日志,从而评估网络配置的合理性、安全策略的有效性,追溯分析安全攻击轨迹,并能为实时防御提供手段。通过对员工或用户的网络行为进行审计,确认行为的合规性,确保信息及网络使用的合规性。

子任务 6-2-2　了解网络安全

1. 威胁网络安全的因素

计算机网络面临的安全威胁大体可分为两种：对网络本身的威胁和对网络中信息的威胁。

影响计算机网络安全的因素很多，对网络安全的威胁主要来自人为的无意失误、人为的恶意攻击以及网络软件系统的漏洞和"后门"三个方面的因素。

人为的无意失误是造成网络不安全的重要原因。网络管理员在这方面不但肩负重任，还面临越来越大的压力。稍有考虑不周，安全配置不当，就会造成安全漏洞。另外，用户安全意识不强，不按照安全规定操作，如口令选择不慎，将自己的账户随意转借他人或与别人共享，都会对网络安全带来威胁。

人为的恶意攻击是目前计算机网络所面临的最大威胁。人为攻击又可以分为两类：一类是主动攻击，它以各种方式有选择地破坏系统和数据的有效性和完整性；另一类是被动攻击，它是在不影响网络和应用系统正常运行的情况下，进行截获、窃取、破译以获得重要机密信息。这两种攻击均可对计算机网络造成极大的危害，导致网络瘫痪或机密泄漏。

网络软件系统不可能百分之百无缺陷和无漏洞。另外，许多软件都存在设计编程人员为了方便而设置的"后门"。这些漏洞和"后门"恰恰是黑客进行攻击的首选目标。

2. 网络安全的防范措施

(1) 深入研究系统缺陷，完善计算机网络系统设计

全面分析网络系统设计是建立安全可靠的计算机网络工程的首要任务。用户入网访问控制可分为三个过程：用户名的识别与验证；用户口令的识别与验证；用户账号的检查。三个过程中任意一个不能通过，系统就将其视为非法用户，用户不能访问该网络。

各类操作系统要经过不断检测，及时更新，保证其完整性和安全性。

(2) 完善网络安全保护，抵制外部威胁

构建计算机网络运行的优良环境，服务器机房建设要按照国家统一颁布的标准进行建设、施工，经公安、消防等部门检查验收合格后投入使用。要安装防火墙，防止外部网络用户以非法手段进入内部网络访问或获取内部资源，即过滤危险因素的网络屏障。通过病毒防杀技术防止网络病毒对整个计算机网络系统造成破坏，当以"防"为主。

设置好网络的访问权限，尽量将非法访问排除在网络之外。采用文件加密技术，使未被授权的人看不懂它，从而保护网络中数据传输的安全性。

(3) 加强计算机用户及管理人员的安全意识培养

计算机个人用户要加强网络安全意识的培养，根据自己的职责权限，选择不同的口令，对应用程序数据进行合法操作，防止其他用户越权访问数据和使用网络资源。

(4) 建设专业团队，加强网络评估和监控

网络安全的防护一方面要依靠专业的网络评估和监控人员，另一方面要依靠先进的软件防御。

子任务 6-2-3　了解计算机病毒

1. 什么是计算机病毒

《中华人民共和国计算机信息系统安全保护条例》中明确将计算机病毒定义为:"编制或者在计算机程序中破坏计算机功能或者破坏数据,影响计算机使用并且能够自我复制的一组计算机指令或者程序代码。"

计算机病毒都是人为故意编写的小程序。编写病毒程序的人,有的是为了证明自己的能力,有的是出于好奇,也有的是因为个人目的没能达到而采取的报复方式等。大多数病毒制作者的信息,从病毒程序的传播过程中,都能找到一些蛛丝马迹。

2. 计算机感染上病毒的常见症状

(1)异常要求输入口令。

(2)程序装入时间比平时长,计算机发出怪叫声,运行异常。

(3)有规律地出现异常现象或显示异常信息。如异常死机后又自动重新启动,屏幕上显示白斑或圆点等。

(4)计算机经常出现死机现象或不能正常启动。

(5)程序和数据神秘丢失,文件名不能辨认,可执行文件的大小发生变化。

(6)访问设备时发生异常情况,如访问磁盘的时间比平时长,打印机不能联机或打印时出现奇怪字符。

(7)发现不知来源的隐含文件或电子邮件。

3. 计算机病毒的特征

各种计算机病毒通常都具有以下特征:

(1)传染性

计算机病毒具有很强的再生机制,一旦计算机病毒感染了某个程序,当这个程序运行时,病毒就能传染到这个程序有权访问的所有其他程序和文件。

计算机病毒可以从一个程序传染到另一个程序,从一台计算机传染到另一台计算机,从一个计算机网络传染到另一个计算机网络,在各系统上传染、蔓延,同时使被传染的计算机程序、计算机、计算机网络成为计算机病毒的生存环境及新的传染源。

(2)破坏性

任何计算机病毒只要侵入系统,就会对系统及应用程序产生不同程度的影响,轻者会降低计算机工作效率,占用系统资源(如占用内存空间、占用磁盘存储空间以及系统运行时间等),只显示一些画面或音乐、无聊的语句,或者根本没有任何破坏性动作,例如"欢乐时光"病毒的特征是超级解霸不断地运行系统,资源占用率非常高。

有的计算机病毒可使系统不能正常使用,破坏数据,泄露个人信息,导致系统崩溃等;有的对数据造成不可挽回的破坏,比如"米开朗基罗"病毒,当米氏病毒发作时,硬盘的前17个扇区将被彻底破坏，使整个硬盘上的数据无法恢复，造成的损失是无法挽回的。

(3) 隐蔽性

计算机病毒具有隐蔽性，以便不被用户发现及躲避反病毒软件的检测，因此系统感染病毒后，一般情况下用户感觉不到病毒的存在，只有在其发作，系统出现不正常反应时用户才知道。

为了更好地隐藏，病毒代码设计得非常短小，一般只有几百字节或 1 KB，以现在计算机的运行速度，病毒转瞬之间便可将短短的几百字节附着到正常程序中，使计算机很难察觉。

(4) 潜伏性和触发性

大部分病毒感染系统之后不会马上发作，而是悄悄地隐藏起来，然后在用户没有察觉的情况下进行传染。病毒的潜伏性越好，在系统中存在的时间也就越长，病毒传染的范围越广，其危害性也越大。

计算机病毒的可触发性是指满足其触发条件或者激活病毒的传染机制，使之进行传染或者激活病毒的表现部分或破坏部分。

计算机病毒的可触发性与潜伏性是联系在一起的，潜伏下来的病毒只有具有可触发性，其破坏性才成立，也才能真正成为"病毒"。如果一个病毒永远不会运行，就像死火山一样，那它对网络安全就不构成危险。触发的实质是一种条件的控制，病毒程序可以依据设计者的要求，在一定条件下实施攻击。

(5) 寄生性

计算机病毒与其他合法程序一样，是一段可执行程序，但它一般不独立存在，而是寄生在其他可执行程序上，因此它享有一切程序所能得到的权力。也鉴于此，计算机病毒难以被发现和检测。

4. 计算机病毒的预防

计算机病毒的防治包括计算机病毒的预防、检测和清除，要以预防为主。

(1) 经常从软件供应商处下载、安装安全补丁程序和升级杀毒软件。

(2) 新购置的计算机和新安装的系统，一定要进行系统升级，保证修补所有已知的安全漏洞。

(3) 使用高强度的口令。

(4) 经常备份重要数据。特别是要做到经常性地对不易复得数据(个人文档、程序源代码等)完全备份。

(5) 选择并安装经过公安部认证的防病毒软件，定期对整个硬盘进行病毒检测、清除工作。

(6) 安装防火墙(软件防火墙，如 360 安全卫士)，提高系统的安全性。

(7) 不要打开陌生人发来的电子邮件，无论它们有多么诱人的标题或者附件。同时也要小心处理来自熟人的邮件附件。

(9) 正确配置、使用病毒防治软件，并及时更新。

任务 6-3　培养个人素养与社会责任

子任务 6-3-1　培养职业道德

职业态度不同于科学态度。科学态度是指好奇心、尊重实证、批判性思考，具有灵活性，对变化世界敏感，是对待一切事物的正确态度。而职业态度则具体指在职业活动中所应具有的工作态度，如诚实、守信、严谨。

1. 诚实：避免弄虚作假

诚信，是中华民族的传统美德。诚实是每个人都要具备的基本美德，是立身处世的准则，是人格的体现，是衡量个人品行优劣的道德标准之一。它对民族文化、民族精神的塑造起着不可或缺的作用。在中国源远流长的历史传承中，中华民族形成了重承诺、守信义、以诚立业、以信取人的道德传统，形成比较稳定的社会结构、凝聚力强大的传统文化和延绵不绝的中华文明，"千金一诺""一言既出，驷马难追"之类的美谈佳话永存史册。

2. 守信杜绝商业欺诈

守信，有多么重要？让我们先看一则故事。

经典案例 6-5

古时候，济阳有个商人过河时船沉了，他大声呼救，有个渔夫闻声而至。商人喊："我是济阳最大的富翁，你若能救我，给你一百两金子。"待被救上岸后，商人却翻脸不认账了。他只给了渔夫十两金子。渔夫责怪他，富翁却说："你一个打鱼的，一生都挣不了几个钱，突然得十两金子还不满足吗？"渔夫只得快快而去。可后来那富翁又一次在原地翻船了。有人欲救，那个曾被他骗过的渔夫说："他就是那个说话不算数的人！"于是商人被淹死了。

程颐的"学贵信，信在诚。诚则信矣，信则诚矣。人无忠信，不可立于世"，以及孔子的"信以成之，君子哉"，均强调诚实守信是一个人安身立命之根基。荀子的"诚信生神，夸诞生惑"，认为诚实守信能够产生意想不到的效果，而虚夸造假则会致使人们思想混乱。

守信意味着表里如一，说实话，做实事，不夸大其词，不文过饰非。做事做人，实事求是，不投机取巧，不巧舌如簧，满口谎言而不知耻。人生，即使一时的哄骗能够得到片刻的安逸，能够获取眼前的利益，但是对于我们来说，每说一次谎话，每欺骗一次别人，诚信度就下降一些，为人水准便降低一点，即使目前的人生是辉煌的，但这个辉煌的人生是不能持久的，只因它由谎言构成，经不住事实的敲打，别人很容易用事实推倒你的谎言，摧毁你用谎言得到的一切。

要做一个守信的人，就要杜绝商业欺诈。目前，在市场化经济大潮下，存在形式各样的欺诈行为，如有的销售掺杂、掺假、以假充真、以次充好的商品；有的采取虚假或者其他不正当手段，商品分量不足；有的销售处理品、残次品、等次品等商品而谎称是正品；还有的以虚假的"清仓价""甩卖价""最低价""优惠价"或者其他欺诈性价格来销售商品。这些商业欺诈行为影响极其恶劣，干扰了正常的市场经济秩序。要做一个守信的人，就要远离这些商业欺诈行为。

子任务6-3-2　秉持职业操守

职业操守是指人们在从事职业活动中必须遵从的最低道德底线和行业规范。它既是对人在职业活动中的行为要求，也是人对社会所承担的道德、责任和义务。一个人不管从事何种职业，都必须具备端正的职业操守，否则将一事无成。秉持职业操守要做到遵章律己、遵循职业规范和严守公私秘密。

1. 遵章律己

赫尔岑曾说过："没有纪律，就不会有平心静气的信念，也不会有服从，更不会有保护健康和预防危险的方法。"纪律是集体面貌，也是集体的声音。只有遵章律己，企业才能有良好的工作氛围，才能调动所有人的积极性，追求最大化的商业利润。

追求利润千万不能越线，更不能违法，要能够按章办事，守住道德的底线。中国向来是礼仪之邦，也是文明之国，但随着现代化进程的持续加快，伴随市场化的不断深入，近些年来，出现了一些比较严重的"违规"事件。

如股市"老鼠仓"、"三鹿"毒奶粉、"周老虎"事件、郭美美事件，就连地沟油、瘦肉精曝光也层出不穷，还有学术造假以及扶起被撞老人被诬陷事件等，当事人也都因此入狱或身败名裂。

如日中天的快播公司也曾拥有3亿用户，却因为没有监管视频内容，而遭深圳市市场监管局2.6亿元行政处罚。公司创始人王欣在逃往境外110天后被抓捕归案，并被海淀区人民法院以传播淫秽物品牟利罪，判处有期徒刑三年六个月，个人罚款人民币100万元。

同样，"魏则西事件"也引发人们对百度竞价搜索规则的质疑，导致百度公司向社会公开道歉，公司形象受损。

遵章看起来很简单，但做起来却非常困难，尤其是在面对巨大金钱诱惑时，更能体现企业和个人的担当精神。

2. 遵循职业规范

常言道，"没有规矩，不成方圆"。无论何种行业，都将纪律、规章制度放在首要位置，纪律面前，人人平等。"师出以律"，古今中外，莫不如此。守纪，是为了更好地工作，更好地生活。

守纪，是一个人对社会规则的认同，是对他人的尊重，从而使人与人的交往更加简单和谐，使社会发展更加有序。孔子曰，"随心所欲而不渝矩"就是这个道理。守纪，要求我们每个人在工作中都要遵循职业规范。职业规范的范围很广，职业道德、工作规范和行为守则都是职业规范的一部分。要有良好的职业规范，必须有良好的职业道德。职业道德看起来很空，但落到实处就是对待工作的态度，比如要热爱工作，要自洁自律、廉洁奉公，不议论他人的私事。当你跳槽时，也能做到严守企业秘密，有序跳槽。

查理·芒格是一生只跳过一次槽，却极其成功的优秀跳槽人。1959年冬，查理·芒格见到一位新客户，两人相谈甚欢，没过多久，查理·芒格便辞去律师工作，跳槽到这位客户的公司。当时，他的这个决定遭到家人的极力反对，这份无人看好的新工作他一做就是55年，而且相当成功。他的合伙人就是投资大师沃伦·巴菲特。在过去的半个世纪里，查理·芒格和沃伦·巴菲特这对黄金搭档联手创造有史以来最优秀的投资纪录——伯克希尔公司股票账面值以年均20.3%的复合收益率创造了投资神话,每股股票价格从19美元升至84 487美元。

随着个人计算机的普及,越来越多的人借助计算机处理工作,但并不是所有的系统都是好系统,也并不是所有的软件都是好软件,有些病毒软件肆意入侵,违法窃取个人资料。与此同时,还有一些流氓软件也乘虚而入。流氓软件起源于"Badware"一词,是一种跟踪你上网行为并将你个人信息反馈给"躲在暗处"的市场利益集团,或者通过该软件不断弹出广告,以形成整条灰色产业链的行为。流氓软件可分为间谍软件(spyware)、恶意软件(malware)和欺骗性广告软件(deceptiveadware)三大类。一个装机量大的广告插件公司,凭借流氓软件,月收入可在百万元以上。

尽管这些流氓软件能获取巨额利润,但这些利润都建立在侵害用户利益基础之上,是一种非法收入。

3. 严守公私秘密

职业操守还要求每一个从业人员都要对公司重要数据保密,要能确保数据安全。一个好的律师绝对不会把当事人的秘密透露给他人,一个好的医生也绝不会把病人的病情告诉他人。每个行业都有保密的要求,只不过有些岗位的保密性要求很高,有些岗位的保密性要求没那么高。但无论如何,我们都要学会保守公司或当事人的秘密。

经典案例 6-6

> 2011年,前苹果员工 Paul Devine 泄露苹果公司新产品预测、计划蓝图、价格和产品特征等机密信息,还向苹果公司的合作伙伴、供应商和代工厂商提供苹果公司数据,使得这些供应商和代工厂商获得与苹果公司谈判的筹码。作为回报,Devine 得到了一定的经济利益,而苹果公司却因这些信息泄露而亏损240.9万美元。

企业秘密也是商业机密的一种,涉及企业最高利益。企业秘密涉及广泛,是检验企业管理水平的关键。严守秘密,说明员工纪律性强。秘密泄露,说明员工涣散。秘密对企业而言,既是生命,也是生产力。造成企业泄密的原因主要有以下几种:一是企业领导对企业经济、技术保密工作不重视,保密机构不健全;二是涉密人员的保密意识不强或自身素质不高;三是伴随市场经济出现的涉密人员流动、跳槽,以及企业部分涉密人员泄密;四是在对内和对外经济技术合作中,有些企业领导以及涉密人员对内外有别原则掌握不好。

个人隐私是指公民个人生活不愿为他人公开或知悉的秘密。隐私权是自然人享有的,对与公共利益无关的个人信息、私人活动和私有领域进行支配的一种人格权。生活中,每个人都有不愿让他人知道的个人秘密,这个秘密在法律上称为隐私,如个人的私生活、日记、照相簿、生活习惯、通信秘密、身体缺陷等。自己的秘密不愿让他人知道,是自己的权利,这个权利就叫隐私权。比如,未经公民许可,公开其姓名、肖像、住址和电话号码,就是比较严重的个人隐私泄露,会造成个人的不安全感。非法跟踪他人,监视他人住所,安装窃听设备,偷拍他人私生活镜头,窥探他人室内情况等,也属于不合法窃取公民个人隐私。现代社会,每个人都有权利保护自己的个人隐私,不容他人侵犯。

子任务 6-3-3　维护商业利益

知识产权是指人类智力劳动产生的智力劳动成果所有权。它是依照各国法律赋予符合条件的著作者、发明者或成果拥有者在一定期限内享有的独占权利,一般认为它包括版权(著作权)和工业产权。版权(著作权)是指创作文学、艺术和科学作品的作者及其他著作权人依法对其作品所享有的人身权利和财产权利的总称;工业产权则是指包括发明专利、实用新型专利、外观设计专利、商标、服务标记、厂商名称、货源名称或原产地名称等在内的权利人享有的独占性权利。随着知识产权在国际经济竞争中的作用日益上升,越来越多的国家都在制定和实施知识产权战略。

1. 并购激励技术创新

社会进步需要科技创新,任何一项创新都需要专业人才付出大量的智慧和心血,需要大额的研发投入,并承担创新失败和投资无法收回的风险。一旦技术创新被模仿和超越,前期投入就会血本无归,导致无法持续创新。技术收购能够鼓励创新,创新被溢价收购后,研发者更有动力进行新的创新。因此,对于有价值的创新,我们应该鼓励企业间以并购方式来获得相关技术,而不是一味模仿复制。模仿复制既是对技术创新者的不尊重,又会因为扼杀创新而阻碍社会发展。事实证明,模仿也不能长久成功,前几年势头很猛的山寨手机早已不见了踪影。

近年来,行业领先企业越来越重视技术并购,同业并购案例越来越多,各大企业巨头大大小小的收购事件频传。比如:苹果收购德国眼动追踪技术公司 SMI,目的是获得世界上最小的可穿戴处理器的产权;日本软银以 314 亿美元收购英国芯片巨头 ARM;戴尔公司以 600 亿美元收购 EMC。

行业巨头对具有核心技术企业的并购行为是值得充分鼓励和肯定的,其实按照他们的研发能力,在一定时间内掌握同样技术并不难,但本着尊重知识产权、鼓励创新发展的原则,他们更愿意高溢价并购新技术,鼓励更多技术创新。

2. 付费支持行业发展

在人们的传统观念里面,认为只有有形的物品才值得花钱去购买,对于无形的软件往往忽视其价值,认为不值得付费,这种观念实际上是违背了价值观。随着时代的发展,软件的功能逐渐超越硬件,比如现在的一部智能手机可以代替过去的计算机、电视、照相机、导航仪、游戏机等,我们可以只出一部手机的钱买到这么多的替代品,正是因为软件工程师们用他们的智慧将有形的物通过程序形成 App 植入手机载体中,才实现了多种功能的整合。因此,我们的消费观念也要跟随时代的发展,改变只有硬件才能卖高价的陈腐观念,营造一种尊重软件产品和软件系统的机制、主动付费、杜绝盗版的良好氛围。只有这样,人们才有动力研发更多的智能化软件产品来方便我们的生活,让我们体验到更加人性化、智能化的产品,社会才能进步,人类才能发展。

应该选择正版软件,主动付费,抵制盗版软件,这是对别人智力成果的一种支持,也是一种尊重。盗版软件是非法制造或复制的软件,侵犯著作权,危害正版软件特别是国产正版软件的开发与发展,破坏电子出版物市场秩序,危害正版软件市场的发育和发展,损害合法经营,妨碍文化市场的发展和创新。因此,我们必须支持付费而非盗用,让盗版无利可图,让正版获得应有的回报,支持行业良性发展。

3. 执法维护行业秩序

盗版是指在未经版权所有人同意或授权的情况下,对其拥有著作权的作品、出版物等进行由新制造商制造跟源代码完全一致的复制品并再分发的行为。在绝大多数国家和地区,此行为被定义为侵犯知识产权的违法行为,甚至构成犯罪,会受到应有的处罚。盗版出版物通常包括盗版书籍、盗版软件、盗版音像作品以及盗版网络知识产品。盗版,即俗语"D版",购买者无法得到法律的保护。

软件盗版是目前常见的一种盗版类型,它是指非法复制有版权保护的软件程序,假冒并发售软件产品的行为。最为常见的软件盗版形式包括假冒行为和最终用户复制。假冒行为是指针对软件产品的大规模非法复制和销售。许多盗版团伙均涉嫌有组织犯罪——他们大多利用尖端技术对软件产品进行仿制和包装。而经过包装的盗版软件则以类似合法软件的形式进行发售。在大批量生产的情况下,软件盗版行为也就演变成不折不扣的犯罪活动。盗版的危险性极大,由于软件不是完美的,在使用过程中会出现各种问题,如数据丢失等技术风险,盗版用户通常无法以正常途径获得合法的技术支持和维护服务,由此带来的损失可能已经超过了盗版所节约的成本,尤其是非常依赖信息技术的公司。另外,盗版软件在内容上也无法得到充分的保证,销售商无法对完整性和可用性给出任何保证。

软件盗版极大地打击了国内的信息产业,尤其是软件产业。国内软件产业尚在起步阶段,理想的情况是软件从业人员开发、销售软件产品获得利润,再回流到企业,培养、吸引人才,推出更优秀的新产品,壮大产业。事实上,由于盗版盛行,产品要么无人问津,要么盗版泛滥,企业无法获得正常的利润来维持运营。许多优秀人才都聚集到了外企,国内软件企业也因没有资金培养人才,吸引人才来开发优秀的产品,这是典型的恶性循环。许多软件企业都变成了外企的外包服务提供商,难以研发自主产品。

经典案例 6-7

2008年10月21日,微软公司宣布设立"全球反盗版宣传日",其中包括多项本地和全球性计划,在49个国家通过各种教育计划和执法行动打击盗版和假冒软件。这些计划包括知识产权宣传活动、创新展览会、参与合作伙伴的商务和教育论坛,以及打击假冒软件非法贸易犯罪集团的法律行动。这些举措是微软在全球范围内支持社区、政府部门和当地执法部门反盗版努力的一部分,旨在保护客户和合作伙伴的权益并宣传知识产权对于推动创新的重要意义。微软与政府、当地执法部门以及客户和合作伙伴一起,通过跨区域、国家的协作,发现软件盗版与假冒者之间的国际联系环节,打断他们的犯罪链条,从而保护消费者和合法企业免受假冒软件贸易的危害。中国也加入了"全球反盗版宣传日"的行列之中。微软的这种"反盗版宣传日"只是开始。打击盗版,还有很长的路要走。

子任务 6-3-4 规避不良记录

"黑名单"的产生可以说也是市场发展的必然要求。那什么是"黑名单"呢?有资料显示,

"黑名单"最早来源于西方的教育机构。早在中世纪,英国的牛津和剑桥等大学,对那些行为不端的学生,会将其姓名、行为记录在黑皮书上,一旦名字上了黑皮书,就会在相当长时间内名誉扫地。学生们十分害怕这一校规,常常小心谨慎,以防有越轨行为的发生。这个方法后来被英国商人借用以惩戒那些不守合同、不讲信用的顾客。19世纪20年代,面对很多绅士定做服装,而后欠款不还的现象,伦敦的裁缝们为了保护其自身利益,创立了一个交流客户支付习惯信息的机制,将欠钱不还的顾客列在黑皮书上,互相转告,让那些欠账的人在别的商店也做不了衣服。后来,其他行业的商人们争相仿效,随后"黑名单"便在工厂主和商店老板之间逐渐传来传去,"黑名单"就这样发展起来。

2004年,世界银行启动了供应商"取消资格"制度,经过十多年的实践,已经产生广泛影响。2011年,美国贸易代表办公室发布了销售假冒和盗版产品的"恶名市场"名单,将30多个全球互联网和实体市场列入其中。还有比较典型的是美国食品和药品管理局发布的"黑名单"制度,对严重违反药品法规的法人或自然人实施禁令,禁止他们参与制药行业中与上市药品有关的任何活动。

2020年11月25日,国务院召开常务会议,确定完善失信约束制度、健全社会信用体系的措施,为发展社会主义市场经济提供支撑。2021年6月8日,《中华人民共和国安全生产法(修正草案)》提请会议审议,草案明确了平台经济等新兴行业、领域的安全生产责任,加强安全生产监督管理,依法保障从业人员安全。对新兴行业、领域的安全生产监督管理职责不明确的,由县级以上地方各级人民政府按照业务相近的原则确定监督管理部门。

2021年6月10日,中华人民共和国第十三届全国人民代表大会常务委员会第二十九次会议通过《全国人民代表大会常务委员会关于修改〈中华人民共和国安全生产法〉的决定》,自2021年9月1日起施行。

有了行业"黑名单"和行业禁入制度,能够规范企业行为,增强市场透明度,有效防范市场经济中的失信行为,遏制当前市场经济下失信蔓延与加深的势头,营造一个良好的氛围,重建市场信任机制。

经典案例6-8

阿里巴巴曾在其网站上公布了两家网络贷款的非诚信企业的"黑名单",这两家企业都是贷款到期无法偿还。受中国建设银行委托,依据贷款企业与中国建设银行的贷款合同和相关协议,阿里巴巴对违约企业进行曝光。据悉,进入"黑名单"的这两家公司已失去申请贷款机会,同时违约企业在阿里巴巴上的账号也会被关闭,所有商业信息都会被消除。

经典案例6-9

"花呗"接入央行征信。目前,超前消费已经成为年轻人的一种主流消费方式,使用信用卡、支付宝花呗、京东白条等的人越来越多。而随着手机支付的日益流行,支付宝花呗更是成为一种日常消费的主流付款方式,尤其是大学生群体,更是花呗使用群体的主力军。但是由于大学生群体初入社会,正确的消费观还没有完全形成,这就导致了大学生裸贷、网贷、以贷养贷等现象层出不穷。

现在很多消费借贷平台都记录自己用户的信用数据,有些借贷平台甚至接入了我国官方征信系统。例如花呗近期以服务升级的模式,将部分用户接入了央行征信系统,并且在未来,这些分期付款服务平台的征信系统只会越来越完善,甚至可能全部用户的信用记录都会直接与官方征信系统挂钩,然后在整个社会中,会形成一个透明、互通和全面的信用体系。

花呗接入央行征信,意味着花呗用户数据的封闭性被打破,用户发生的借贷行为,其相关信用信息都将及时全面报送至央行征信。倘若有逾期记录,会被记入个人征信报告,今后用户在贷款、消费、出行、子女受教育等方面或将受限,用户的逾期成本增加了不少。如果当代大学生过度超前消费,却又没有能力按时还款进而造成违约的话,就留下了失信记录,损害了自己的信誉,这会非常影响他以后的工作和生活。

项目小结

在大数据和人工智能时代,信息素养已经成为我们发展、竞争和终身学习的重要素养之一,需要积极提升自己的信息意识、信息知识、信息能力和信息道德。信息安全是为数据处理系统建立和采用的技术、管理上的安全保护,为的是保护计算机硬件、软件、数据不因偶然和恶意的原因而遭到破坏、更改和泄露。信息安全的主要防御技术有:身份认证技术、防火墙以及病毒防护技术、数字签名以及生物识别技术、信息加密处理与访问控制技术、安全防护技术、入侵检测技术、安全检测与监控技术、加密解密技术和安全审计技术。计算机网络安全要从事前预防、事中监控、事后弥补三个方面入手,不断加强安全意识,完善安全技术,制定安全策略,从而提高计算机网络系统的安全性。

习题6

一、单项选择题

1. 信息素养不包括( )。
   A. 信息意识　　　　B. 信息知识　　　　C. 信息能力　　　　D. 信息手段
2. 确保信息不暴露给未经授权的实体的属性指的是( )。
   A. 保密性　　　　　B. 完整性　　　　　C. 可用性　　　　　D. 可靠性
3. 通信双方对其收、发过的信息均不可抵赖的特性指的是( )。
   A. 保密性　　　　　B. 不可抵赖性　　　C. 可用性　　　　　D. 可靠性
4. 下列情况中,破坏数据完整性的攻击是( )。
   A. 假冒他人地址发送数据　　　　　B. 不承认做过信息递交行为
   C. 数据在传输中途被篡改　　　　　D. 数据在传输中途被窃听
5. 下列情况中,破坏数据保密性的攻击是( )。
   A. 假冒他人地址接收数据　　　　　B. 不承认做过信息接收行为
   C. 数据在传输中途被篡改　　　　　D. 数据在传输中途被窃听

6. 计算机病毒是指能够入侵计算机系统并在计算机系统中潜伏、传播、破坏系统正常工作的一种具有繁殖能力的（　　）。

A. 指令　　　　B. 程序　　　　C. 设备　　　　D. 文件

7. 下列不是计算机病毒特征的是（　　）。

A. 破坏性和潜伏性　　B. 传染性和隐蔽性　　C. 寄生性　　D. 免疫性

8. 下面关于计算机病毒描述错误的是（　　）。

A. 计算机病毒具有传染性

B. 通过网络传染计算机病毒，其破坏性大大高于单机系统

C. 如果染上计算机病毒，该病毒会马上破坏你的计算机系统

D. 计算机病毒主要破坏数据的完整性

9. 对已感染病毒的U盘应当采用的处理方法是（　　）。

A. 以防传染给其他设备，该U盘不能再使用

B. 用杀毒软件杀毒后继续使用

C. 用酒精消毒后继续使用

D. 直接使用，对系统无任何影响

10. 用某种方法伪装消息以隐藏它的内容的过程称为（　　）。

A. 数据格式化　　B. 数据加工　　C. 数据加密　　D. 数据解密

二、简答和实践题

1. 信息素养包含哪些方面？简述它们之间的关系。

2. 结合自己的学习和未来的规划，谈谈如何提高自己的信息素养。

3. 信息安全的主要防御措施有哪些？

4. 计算机病毒有哪些基本特征，如何预防自己的计算机被病毒感染？

5. 如何让自己很好地规避不良记录？

参考文献

[1] 傅连仲,等.信息技术(基础模块)[M].上册.北京:电子工业出版社,2021.

[2] 陈承欢.信息技术[M].北京:电子工业出版社,2021.

[3] 眭碧霞,著.信息技术基础[M].2版.北京:高等教育出版社,2021.

[4] 张成叔,陈向阳.计算机应用基础[M].北京:高等教育出版社,2019.

[5] 张成叔,马力.办公自动化技术与应用[M].3版.北京:高等教育出版社,2014.